―〈 実務で使う 〉―

バイオマス熱利用の理論と実践

特定非営利活動法人 農都会議　編

日本工業出版

推 薦 文

バイオマス発電は、再生可能エネルギーの中でも脱炭素化の極めて優良な電源であることは疑う余地はない。既に固定価格買い取り制度により、順調に実績を伸ばしている。今後はプレミアム制度へと移行して行くことになる。

バイオマス発電の特徴は、熱効率70％、発電効率30％で、発電だけに使うのは非効率で、熱利用を伴ってはじめて、有効利用される。

バイオマス熱利用を併給し、自立した主力エネルギーにするための早道は、最新の熱利用設備、エンジニアリング技術の積極的な採用と、地産地消の推進である。

地域内で木目細かなエネルギー消費の情報が利用できれば、見守り・駆けつけサービスといった高齢化社会に向けた新しいビジネスモデルも生まれる。こうしたデータベースに基づくサービスビジネスが地域毎に提供できるようになると生活総合産業としても発展し、経済的な自立に近づいて行く。そのためには、まず新しい地域エネルギーシステム構築を官民が一体となってバックアップし、社会実装を進める事が大切である。日本の国益になり、地域創生に大いに役立つ。

本書籍は、石油エネルギーに特化してきた熱エネルギーを、バイオマスエネルギーに変換しようというもので、CO_2削減と共に地球環境問題解決にも大きく貢献する。このバイオマス熱利用の革新的促進という、きわめてクリエイティブな行為を、理詰めで、しっかり筋道を立てて説明している事は、読者も一読すればお分かり頂けるであろう。完成されたバイオマスエネルギー市場創生の良書である。

本書は、バイオマスの熱利用促進の技術、エンジニアリングを体系的に集大成しており、これまで我が国にはなかった革新的な書籍であることを強調したい。

東京工業大学　特命教授・名誉教授　柏木　孝夫

はじめに

本書は、木質バイオマスエネルギーの熱利用を本格的に普及拡大することを目的として、主として技術課題に焦点を当てて執筆したものである。

バイオマス熱利用は、地産地消の典型的なエネルギー源である。その利用は、バイオマス燃料供給者、バイオマス熱利用者、地域経済にとって大きなメリットとなるし、カーボンニュートラルなエネルギーとして、気候変動問題への解決にも貢献する。使えば使うほど地域・環境が豊かになるのがバイオマスの熱利用であり、SDGs推進の核となるエネルギー源といえる。

しかも、日本は国土の３分の２を森林に囲まれた森林大国であり、バイオマス燃料はほとんどどこでも入手可能である。また、産業のプロセス熱、ホテル温浴施設の給湯、オフィスや福祉施設の暖冷房・給湯など、全国いたるところで大量の化石燃料が消費されている。これらはバイオマスで代替できる熱需要である。つまり、木質バイオマス熱利用をすすめるうえで、日本は需給ともに理想的な条件にあるといえる。

しかしながら、現状ではその潜在性の高さに比し、木質バイオマス利用は微々たるものにすぎない。図１は、木質バイオマス熱利用の設備数をあらわしたものである。2002年にバイオマスニッポン総合戦略が策定されてからバイオマスボイラーは増加してきたが、2014年をピークに、以降は減少に転じている。その数も2,000台程度と、欧州の量産バイオマスボイラーメーカー１社が年間に生産する台数にも満たない規模である。

欧州では21世紀に入り、地球温暖化問題を政策の最優先課題として取り組み、バイオマスの熱利用を積極的に推進してきた。化石燃料の高騰がこれを後押しし、バイオマスをはじめ、再生可能エネルギーの利用は飛躍的に拡大している。ドイツやオーストリアでは、今後、石油ボ

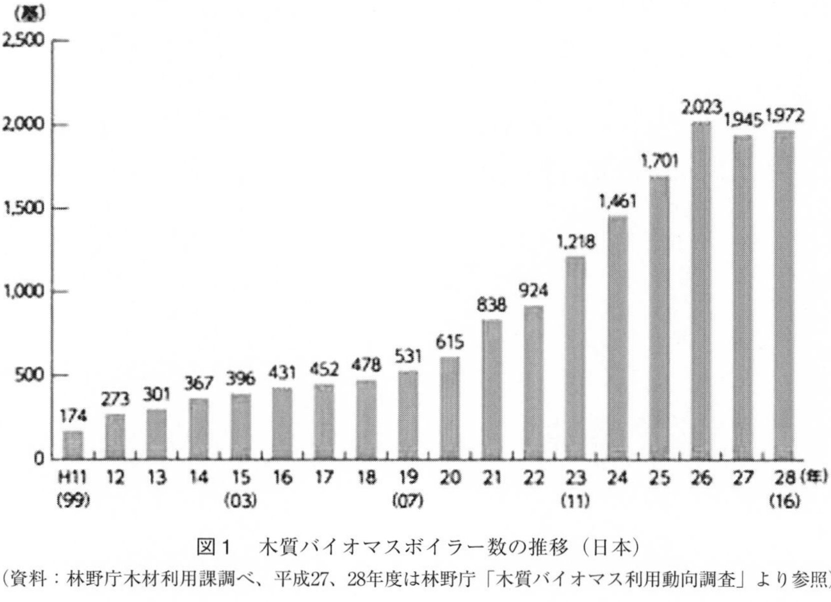

図１　木質バイオマスボイラー数の推移（日本）

（資料：林野庁木材利用課調べ、平成27、28年度は林野庁「木質バイオマス利用動向調査」より参照）

表１　バイオマスボイラーのトラブル例と適切な技術にもとづいて設計・施工された場合の対比

	トラブル事例	ベンチマーク事例
1	「生チップボイラー」とのことで導入したが、うまく燃焼できない、燃料を送ることができないなどで、稼働できずに、石油ボイラーに頼っている。	バイオマス依存率100%で、石油ボイラーはメンテナンスなどの時を除いて使うことはない。 自動運転で普段はボイラー任せ。
2	煙管自動清掃装置がなく、1週間に一度は手動でクリーニング。半日以上、ボイラーを止めなければならない。クリーニング直後から、効率が落ちていくので、実質のボイラー効率は低い。	煙管自動清掃装置で、自動クリーニング可能で、手動で作業することはない。効率は一定。
3	灰の処理が自動ではなく、毎日対応しなければならない。	燃焼灰自動除去装置が付いており、灰箱も大きいので冬季でも２～4週間に一度の対応ですむ
4	ボイラー効率が低く、燃料代削減できず、赤字。	稼働率・バイオマス依存率が高く、燃料代が大幅に削減できている。また、燃料消費量も石油ボイラーを使った時よりも少なく、バイオマス導入によりシステムの効率化が図られている。
5	燃料つまりが頻繁に発生し、つきっきりで管理しなければならない。	燃料つまりなどの不具合対応も多くなく、普段の負担になることはない。
6	電気代がかかりすぎるので、普段は石油ボイラーを使用し、冬季のみ稼働させている。	ボイラー室に電気メータをつけて消費電力を測っている。電気消費量は特に問題となるほどでない。
7	サイロが1日で空になるので、燃料輸送含め、常時人をはりつけている。	サイロはメーカー仕様にのっとり、ピーク期1週間分を確保したので、燃料管理にそれほど気を使うことはない。
8	クリンカが発生しやすく、ボイラーを頻繁に止めて対応。	水分の高いバイオマス燃料を使った時にはが灰が固まりやすくなることはあるが、クリンカが発生することはまれ。
9	事業性も悪く、使い勝手も悪いので、使いたくない。	バイオマスボイラーは、石油ボイラーに比べれば燃料つまりなどの対応などの手間はかかるが、燃料代削減効果が大きいので、安定稼働のためユーザー自ら積極的に対応している。 ボイラー管理者によるボイラーの簡易メンテナンスも月に1回であり、作業時間も１～2時間程度。
10	燃焼すると黒煙が出る、においもする。山の上で人家もないので苦情が出ないのが救い。	煙は、ボイラーが冷えた状態から立ち上がる時にみえる程度。普段は煙が出ることはない。ただし、冬季は水蒸気が見える。
11	バイオマスボイラー導入が決まり、HPで宣伝したが、問題が多いので、HPでの掲載をやめてしまった。	バイオマスボイラーを導入して、入口に掲示板を掲げてアピールしている。HPでも紹介している
12	バイオマス依存率、稼働率のデータ開示一切なし。	顧客了解の上、バイオマス依存率、稼働率のデータを開示している。

イラーが段階的に禁止されることから、バイオマス熱利用はさらに拡大する勢いである。

日本におけるバイオマス熱利用の低迷は、燃料トラブルが頻繁に発生する、煙が出る、灰出し作業の回数が多い、使うのに手間暇がかかる、電気代がかかりすぎる、システム効率が悪く燃料代がかさむなどで、稼働をやめてしまった、苦労しながら使っているなどの事例ばかりで、バイオマスに対する負のイメージが定着しつつあることが背景にある（表１）。

バイオマスは固形燃料であるうえ、形状も水分も均一でなく、これを円滑にボイラーに送り、効率よく燃焼しエネルギーを取り出すには、それに対応した技術でなければならない。また、バイオマスの温水利用は蓄熱タンクとの組み合わせで使うことから、蓄熱タンクを使わず、ボイラーから直接大量の熱を送る日本の石油ボイラーの温水利用の技術の延長で設計しても、システムの整合性はとれず、バイオマス導入の効果を十分に引き出すことはできない。
　ところが、いままで導入されてきたバイオマスボイラーのほとんどは、燃料の特性に対する理解も不十分なまま設計されるとともに、温水供給システムに関しても、従来の石油ボイラーを単にバイオマスボイラーに置き換える程度の対応しかしてこなかった。バイオマス熱利用の混乱は、このバイオマス燃料及びバイオマスボイラーシステムに対する技術不在に起因している。
　木質バイオマスエネルギーがいくら地域経済や環境に貢献するといっても、事業性と使い勝手に問題があれば本格的な普及拡大はできないし、普及拡大ができなければ、地域経済への貢献も環境への貢献もできなくなってしまう。事業性と使い勝手を確保するための前提条件となるものが、バイオマスの特性を踏まえた適切な技術を現場で応用することである。日本におけるバイオマス利用においては、従来、この点が欠落してきた。
　こうした問題意識から、NPO法人農都会議では「バイオマスアカデミー」を設立して、バイオマス熱利用が広く定着している欧州の技術体系を比較して分析を行い、日本にふさわしいバイオマス熱利用の技術を体系的に整理してきた。本書は、その集大成である。
　木質バイオマス本来のポテンシャルを引き出し、SDGs推進とするために、今最も必要とされることは、事業性・利便性に優れる真の模範事例をつくり、これをベンチマークとして、当たり前としていくことである。本書はそのための出発点となるものである。

株式会社WBエナジー　代表取締役　梶山　恵司

実務で使うバイオマス熱利用の理論と実践

目　次

第1章

木質バイオマス熱利用が開く未来と地域社会

1.1　地域社会と木質バイオマス

木質バイオマスエネルギーに関わる取り組みは、最近20年間で非常に活発化している。黎明期である2000年頃は数えるほどの事例しかなかったが、今日では全国的に取り組みが見られ、それらを担う主体も市民レベル、地域レベル、産業レベルで多様化している。

木質バイオマス利用は森林との関わりが不可欠であったり、燃料の生産と消費が狭い範囲でおこなわれる特徴があるなど、地域概念が非常に強いエネルギーである。そのため、単なる代替エネルギーという位置づけにとどまらず、新たな地域社会の構築と関わって大きな期待を寄せられていることが、他の再生可能エネルギーと大きく異なる点である。

このような期待を集める一方、木質バイオマスエネルギーの、特に熱利用の普及は非常にゆっくりとしたテンポである。再生可能エネルギーの固定価格買取制度の施行により木質バイオマス発電所の設立は各地に急増したが、熱利用についてはなお試行錯誤が続いており、むしろ取り残されてしまった感もある。日本の最終エネルギー消費において約５～６割を占める熱利用を再生可能エネルギーに転換する際に最も重要な役割を果たせるのが木質バイオマスであり、また脱化石燃料を通じた地域再生という視点からも木質バイオマスの熱利用をいかに普及させるのかが重要な課題である。

本稿では、まず、木質バイオマスの熱利用をめぐって、今日に至る経緯を振り返ってみたい。その上で、木質バイオマスの熱利用が私たちの未来、あるいは地域社会と関わってどのような意義や意味を持つのか、またそこでの課題について述べてみたい。

1.2　「失われた20年」から地球温暖化防止対策へ

高効率の燃焼機器による近代的な木質バイオマスエネルギーの利用は、石油危機をきっかけとして1980年代以降欧州を中心に積極的な取り組みが行われてきた。日本でも代替エネルギーとして注目され、木質ペレットの生産工場が全国に26工場設立されるなど、活発な取り組みが行われた。しかし、1990年代の原油価格の下落に加え、急激に進んだ円高によって国内の石油製品の価格も下落し、木質ペレットの生産は急速に競争力を失い３工場にまで減少したのである。

当時の木質バイオマスの位置づけは、高騰する化石燃料に代わる安い燃料という位置づけでしかなく、普及を促進する政策もまた、持続可能な社会を目指した再生可能エネルギーへの転換という視点を欠くものであった。以来、木質バイオマスは「失敗したエネルギー」とされ、2002年の改正新エネルギー法において再び政策対象に位置づけられるまでは、研究開発も助成制度もほとんど存在しない「失われた20年」となったのである[1)]。

一方で欧州は、石油危機に加え、1986年のチェルノブイリ原発事故を契機に、再生可能エネルギーへの転換の取り組みが本格化する。木質バイオマス利用の研究と社会実装の試みも着実におこなわれ、日本は大きな遅れをとることになった。

日本において木質バイオマスが再び注目されるようになったのは、地球温暖化防止対策の取り組みによるものである。1992年の地球サミットにおいて「気候変動枠組条約」が採択され、さらに1997年のCOP3において京都議定書を批准したことにより、様々な法律、制度が矢継ぎ早に制定され、本格的な温暖化防止対策が展開し始めたのである。

林業においても、1990年代以降円高の状況が定着し、輸入材との競争力が著しく低下した。その結果、間伐を実施しても搬出する費用が賄えないことから山に伐り捨てられる間伐材が急増したり、あるいは間伐そのものが行われなくなった。こうした林業の苦しい状況を助けるものとして木質バイオマス利用は期待を高めた。

木材産業分野においても、1999年に施行されたダイオキシン類対策特別措置法と2001年施行の産業廃棄物処理法によって、製材工場においてバークや端材の焼却処理が難しくなり、産廃処理の新たな費用負担が生じるようになった。木材価格が下落する中で経営の厳しさを増していた木材加工工場においては、これらの有効利用が喫緊の課題となったのである。

こうした新たな状況を背景に、地域レベルでは地域再生や林業振興を目的として木質バイオマスボイラーの導入や木質ペレット工場の設立が進んだ。木質バイオマスボイラーは2003年の396基から10年後の2013年には1,701基へと、ペレット工場は同じく10工場から115工場へと大きく増加した[2)]。しかし、林業を含めた燃料の供給体制、燃料の品質（形状と含水率）、導入する施設の熱需要特性を踏まえたボイラー選定など、欧州では常識化している知識や技術がなく、トータルで設計・計画ができる人材もほとんどいなかったことから、全国で様々なミスマッチが生じ試行錯誤が繰り返されることとなった[3)]。

1.3　東日本大震災以降

日本が再生可能エネルギーの導入へと大きく舵を切るきっかけとなったのは、言うまでもなく2011年に発生した東日本大震災である。福島第一原子力発電所の事故によって発生した未曾有の原子力災害は、翌年の再生可能エネルギーの固定価格買取制度（以下、FIT）の施行の契機となった。

一方で、被災地では別の視点からの新たな気づきがあった。ひとつは、中央集中型の巨大システムへの依存とその脆弱さへの気づきのきっかけとなったことである。当時、交通網が寸断し物流がストップしたことに加え、東日本地域にある９ヶ所の製油所のうち６ヶ所が一時操業停止に陥ったため、１カ月前後ガソリンや灯油の供給が困難になった。木質バイオマスエネルギーは、地球温暖化防止や林業振興を枕詞として語られることが多かったが、巨大システム依存から脱却し地域の自立に寄与する再生可能エネルギーのひとつとして捉えられるようになった。

もうひとつの気づきは、被災した地域がそもそも抱えていた課題である。津波災害に遭った沿岸地域は、過疎や高齢化が既に進んでおり、ここ20～30年で人口が半減するとみられている地域であった。よって、都市機能やインフラを整備しさえれば復興するという地域ではない。復興には農山漁村問題全般の解決を避けて通れず、これまでとは大きく価値観と手法を転換する必要がある。木質バイオマスを含む再生可能エネルギーが地域再生の道具立てとなり得るのかということが問われたのである。

こうして、再生可能エネルギーが単なる温暖化防止対策や個別の産業問題の解決にとどまらず、持続可能な新たな社会経済の構築の重要な手段として広く認識されるようになったのである。

1.4　木質バイオマス発電の諸課題

FITの施行は、太陽光発電を中心に、再生可能エネルギーの導入を大きく促進した。木質バイオマスによる発電も再生可能エネルギーとして位置づけられ、全国に木質バイオマス発電所が乱立することとなった。未利用材の活用が進んだり、地域の雇用が増加するなど歓迎される面がある一方、いくつかの課題も指摘されている。それは、FITが電源の再エネ化を目的とした制度であり、多くの木質バイオマス発電所は発電効率を優先し、熱利用を伴わず、大型化する傾向にあることによって生じている。その諸課題とは以下の５点である。

１点目は、エネルギー効率の低さである。熱利用を伴わない専焼型の発電所の場合、木材の持つエネルギーの２割程度しか電力に変換・利用できない。そもそもこのような低効率な設備から生産されたエネルギーを再生可能エネルギーと呼んでよいのかという疑問が生じる。欧州では既に、このような低効率な設備は排除されるよう制度設計がなされている。

２点目は、一部の地域を除いて、地域の林業は大規模なバイオマス燃料需要に応えることが難しいということである。5,000kW級の発電所の場合、１年間に丸太換算で約10万m^3のバイオマス燃料を消費するといわれている。これは、例えば新潟県の年間素材生産量に迫る量である。また、単価の低い燃料材のみの生産では木材生産のコストを吸収することはできないので、製材や合板用材などの安定した需要が一方では必要となる。このように、燃料材の安定供給の条件は単純ではない。

３点目は、地域の経済社会への波及効果に関わる点で、発電事業の利益の行き先についてである。FITの制度設計の問題から、発電規模が大きくなる傾向にあり、様々な業界やファンドが参入してきている。地域が主体となった事例はごく限られ、地域は安い燃料の提供に終始し、利益の再配分や波及効果が十分なものとなっていない。

４点目は、大量の木質資源を消費するにもかかわらず、地域の化石燃料の純減にほとんど貢献しないことである。脱化石燃料の戦略のひとつは、地域外への支払いを減らし、地域内のキャッシュフローを増加させることで波及効果を最大化するという点にある。欧州が再生可能エネルギーの導入に熱心なのは、こうした戦略に基づいているからである。熱を利用しない発電施設は、化石燃料の純減を通じての地域経済への波及効果を大きく損なうのである。

５点目は、発電所の設立の過程で、十分な民主的なプロセスを経ているかということである。すなわち、再生可能エネルギーの理念には地域自らがエネルギー生産に参画し責任を持つというエネルギー自治が含まれている。特に東日本大震災の際、あらゆるインフラが寸断された被災地域において希求されたことでもある。防災的な意味においても、そして経済的、精神的にも一定の自立を果たす地域再生の文脈としてのエネルギー自治である。残念ながら、多くの発電施設はこうした文脈のエネルギー自治に貢献していない。

ここであえて木質バイオマス発電を批判しているのは、熱利用においても単に普及しさせすればよいということではなく、地域の再生や持続性と関わって有効な手段たり得るかどうかという点に、常に注意を払う必要があるためである。

1.5　自治体の取り組み

木質バイオマスの熱利用の取り組みは、2000年頃の黎明期においては市場が未形成あるいは未成熟な段階で、自治体の関与が不可欠であった。これは現在も状況は大きく変わってはいないと思われる。いくつか事例を紹介しよう。

岩手県は、岩手・木質バイオマス研究会の取り組みと連携を図りつつ、2003年に「いわて木質バイオマスエネルギー利用拡大プラン」を策定した。これは、環境生活部、商工労働観光部、農林水産部、県土整備部、企業局による部局横断的な取り組みで、ペレットストーブやチップボイラーの民間企業との共同開発や、ペレットストーブの設置補助、普及啓発等、総合的な対策がとられた[4)]。これにより、岩手県の木質バイオマスエネルギーの導入は大きく前進することとなった。特に、国内初の湿潤チップ対応のチップボイラーの開発・販売は、その後のチップボイラーの導入台数増加に大きく貢献した。2017年現在、岩手県内では、ペレットボイラー62台、チップボイラー54台と、合わせて100台以上のバイオマスボイラーが導入されている。このように、産官学が連携しながら、小さいながらも木質バイオマスの市場が形成されたわけであるが、そのためには、木質バイオマスが生産者、消費者の双方において「商品」として認識され「信用」で結ばれることが必須条件となる。そのためには、市場イメージを共有したり、信頼関係を積み重ねるなど、長い助走期間が必要であった。

市町村で著名なのは北海道下川町や岩手県紫波町であろう。いずれも地域熱供給に取り組んでいる町であるが、木質バイオマスだけに取り組んで来たわけではない。下川町は、遡ると1950年代から林業振興に取り組み、1990年代には森林組合が都市部の若者を積極的に雇用したり、地域住民による産業クラスタの取り組みなど、森林を軸としたまちづくりで注目を集めていた町である[5)]。紫波町においても、2000年より循環型のまちづくりを軸とした取り組みが行われ、循環型の農業や町産材活用など一連の取り組みの延長として木質バイオマスの取り組みが行われてきた。まちづくりの重要な手段として位置付いているのである。

このような先進事例は、首長の強いリーダーシップのもと、粘り強い取り組みが行われた成果である。自治体は、木質バイオマスの普及に大きな役割を果たすことに間違いないが、このような取り組みがどの自治体でもできるかと言えばそうではない。そこに、木質バイオマスをめぐる課題がある。

1.6　持続可能な社会への貢献

木質バイオマス利用の真の目的は、持続可能な社会の実現に貢献することである。持続可能な社会とは、自然との関わりで言えば、生態系サービスから享受する便益を将来世代にも同水準で引き継ぐような社会経済の仕組みを構築することであろう。

1992年の地球サミットを起点とした持続可能な開発に関わる一連の取り組みは、今日SDGsとして集約されており、それは国際的な目標としてだけでなく、地域において実現可能な具体的な目標として取り組むべき内容となっている。特に木質バイオマスエネルギーは、SDGsの複数の目標に関わる重要な取り組み課題であろう。

また、再生可能エネルギーの視点からは、ヘルマン・シェーアが提唱した自然エネルギー社会を常に念頭に置く必要がある。それは、「民主的でグリーン（＝持続的）な社会」と「地域住民に富が還元される経済」である[6)]。実際に、ドイツをはじめとする欧州諸国では、環境政策が経済・産業構造のグリーン化の手法として認識され、「エコロジー的近代化論」へと展開している[7)]。

そして、木質バイオマスの熱利用は、脱化石燃料の重要な手段として認識され、再生可能エネルギーの熱利用の大きな部分を担っているのである。さらに、木質バイオマスの熱利用は、小規模分散型で地域と強く結びついて実現する点に特徴があり、その普及には、地域社会の未来をどのように描くのかということと深く関わるのである。

1.7　地域社会の課題

木質バイオマスの熱利用を進める上でも、今後重要となる地域社会の課題について認識しておく必要があるだろう。

⑴　人口減少とバイオマス

１点目は、人口減少社会である。20〜30年後に人口が半減する地域が珍しくないと予測されている。かつての農山村の過疎は、都市との格差に基づくものとされていたが、今日の人口減少は日本全体に及ぶ話しであり、都市との格差を解消すれば解決するという問題ではない。

人口が減少するということを受け入れ、その上で新たな地域社会をどのように構築するのか、そのために木質バイオマスエネルギーがどのような役割を果たしていくのかについて構想しておく必要があるだろう。

木質バイオマスエネルギーは、富の還元と雇用の双方において経済波及効果が大きい再生可能エネルギーであり、この点は人口減少社会において大きな役割を果たすはずである。また、欧州において木質バイオマスの設備やシステムが合理性や効率性を追求する方向に進んでいるが、人口減少社会を前提にした時、その方向は必然であろう。

⑵　森林・林業とバイオマス

２点目は、森林・林業の持続性の問題である。現在、戦後に造林された人工林が収穫期を迎えており、国産材の生産量は増加基調にある。しかしながら、山元立木価格は史上最低の状況にあり、誤解を恐れずに言えば、国有林がそうであったように、森林経営は2000年頃に破綻したといってよい状況である。

林業を支えてきた山村社会も崩壊しかけており、自助努力のみで森林・林業の持続性を確保していくのは難しい状況である。それはすなわち、木質バイオマス利用の前提条件が崩れつつあるということである。

林業の後退は新たな問題を引き起こしている。メガソーラーによる大規模な森林開発が各地でおこなわれている。林業生産による地代よりも太陽光発電により地代が上回る状況で、皮肉にもFITが森林や林業の持続性を損なう事態を招いているのである。また、こうした状況に抗うことができないほど、林業や農山村が疲弊しているともいえるだろう。

このことからも、木質バイオマス利用は、森林・林業や農山村ともっと強い関わりを持ちながら、持続可能性に貢献していく必要があると言うことであろう。

⑶　自治体の体制

３点目は、自治体においてエネルギー政策を受け止める部局が定まっていない点も木質バイオマス利用を進める上での課題である。エネルギー政策は、環境、産業、生活のあらゆる面に関わっているため、縦割りの部局体制では効果的なエネルギー政策を展開できないのである。あるいは、予算や首長の交代等により大きくぶれることも珍しくない。

行政の体制は今すぐに変えられるものではないが、少なくとも炭素税などの環境税制や熱エネルギー政策の導入を急ぎ、自治体や事業者のがんばりだけに依存する状況は解消する必要があるだろう。

⑷　地域社会の未来の共有

木質バイオマスの熱利用は、地域熱供給のように高度な利用が存在する一方、薪利用など大きな設備投資を必要とせず、誰もが参画しやすい領域を持っていることが特徴である。そもそも、再生可能エネルギーの特徴は、誰もがエネルギーの生産者になれることであり、そのことが自立しつつ支え合うという地域社会を形成していく原動力になっていく。木質バイオマスにおいても、多くの市民や地域住民の参画を得ていくことが重要で、地域社会の未来を共有していくことにつながっていくだろう。

＜引用文献＞

1)　伊藤幸男：“木質バイオマス利用の視点・政策・課題”、林業経済、56⑾、pp.18-19（2004）

2)　林野庁編：“平成27年版森林・林業白書”、全国林業改良普及協会、p.164（2015）

3)　相川高信：“木質バイオマス事業 林業地域が成功する条件とは何か”、全国林業改良普及協会、pp.1-144（2014）

4)　伊藤幸男：“木質バイオマスエネルギーによる地域再生の可能性と戦略”、農業市場研究、21⑶、pp.3-12（2012）

5)　柿澤宏昭：“地域における森林政策の主体をどう考えるか－市町村レベルを中心にして” 林業経済研究、50⑴、pp.3-14（2004）

6)　ヘルマン・シェーア:「ソーラー地球経済」、岩波書店（2001）

7)　諸富徹：“エネルギー自治と経済・産業構造ビジョン”、季刊政策・経営研究、23、pp.11-32（2012）

第2章

木質バイオマス熱利用と燃料

2.1 熱利用の事業性確保とバイオマス燃料価格の考え方

第1章にて分析している通り、木質バイオマス利用の基本は発電ではなく熱利用であり、本書も木質バイオマス熱利用を普及拡大させることを目的として、その理論と実践を詳しく解説するものである。そして、バイオマス熱利用の普及拡大のそもそもの前提となるのが、事業性であることはいうまでもない。木質バイオマス熱利用がいくら地域や環境に貢献するといっても、事業性が成立せず、その利用が一部にとどまっている限り、絵に描いた餅に終わってしまう。

このため、本章ではまず事業性について、民間企業はどう考えているかを整理する。また、バイオマス熱利用は、割高なイニシャルコストを燃料のランニングコスト差で回収する事業構造であることから､事業性を検討するうえでは、燃料の特性やその価格について的確に理解することが重要であるので、この点について詳しく分析する。

特に、木質バイオマスは、化石燃料と異なり、その原料も丸太や林地残材、工場残材、廃材など多様であるうえ、燃料の形態もチップ、ペレット、薪と分かれているうえ、チップに関しては、その性状や水分など品質は様々である。このような燃料の諸条件を十分に理解することも、バイオマス導入の成否を左右する大きな要因である。

2.2 コスト低下が続く太陽光発電と高止まりする木質バイオマス発電

再生可能エネルギーを用いた発電コストはとりわけ太陽光発電において年々低減しており、2019年度上半期においては国際的な加重平均価格が5.7USセント/kWh（1ドル＝110円として、6.3円/kWh）程度まで低下している。ドイツやインド、オーストラリアでは太陽光発電の発電コストがどの化石燃料よりも安くなっており、アメリカ、イギリス、中国では化石燃料と同レベルに達している。

日本においては2018年度の太陽光発電の平均コストは17.6円/kWhとまだ高いものの、今後の国内における目標値として太陽光発電は2025年に事業用太陽光が7円/kWh、風力発電は2030年に8～9円/kWhという目標値が現実的なものとして示されている。そして、太陽光発電と風力発電については「急速なコストダウンが見込まれる電源」として定義づけられており、今後数年間で化石燃料を用いた発電よりも太陽光発電の方が安価になることが予想されている。

即ち、20年程度の耐用年数を持つ太陽光発電については、一般家庭や民間企業においても

FIT制度での売電に頼らず、「化石燃料よりも安い」という理由で自家消費型も含めて一気に導入が進む余地があるということになる。

これに対し、バイオマス発電は太陽光発電や風力発電と異なり、発電コストのうち毎年継続的に発生する燃料費が最大の割合を占めることや発電コスト低減が進んでいない状況にあることもあり、地熱や水力発電と共に「FIT制度からの中長期的な自立化を目指す、地域との共生を図りつつ緩やかに自立化に向かう電源」と定義されている。言い換えると、「バイオマス発電はFIT制度が無い限り、短中期的に考えるとそれだけでは採算は合わず、同じ再エネでも太陽光発電にコストでは勝てない」ということになる。

2.3　発電から熱へのシフト

現在資源エネルギー庁では、FIT制度の抜本見直しを伴う具体的な制度設計が検討されており、FIT枠外となる「競争電源」と、様々な前提条件付きでFIT対象となる「地域活用電源」への２分化の方向性が示されている。

競争電源については市場価格にプレムアム価格を付与した仕組みである「FIP制度」への移行が方向性として示されている。それ以外の地域活用電源については、自家消費等を優先的に評価する仕組みを前提としつつ、当面は現行のFIT制度の基本的枠組みを維持すると整理されているが、具体的にどのように取組を評価し、支援の対象としていくかが現在討議されている。

この方針に基づくと、今後考えられる動きとしては、木質バイオマス発電事業については海外の輸入材等を燃料にした大規模発電の買い取りは無くなり、基本的には木質バイオマス発電事業も「自家消費型」を優先的に推進していくということになる。

例外的に売電事業として認められるものは、⑴台風や地震等の災害時に停電が起こったとしても、電力の自給が地域内の避難所等の拠点施設で利用可能となるよう、普段から地域の需要家に対し熱電併給も活用しながらエネルギーの融通がなされ、全体としてレジリエンス強化に資するものか、⑵温浴施設等の熱需要先に隣接して小規模な発電所を建設する等の形でバイオマス発電の発電時に生み出される熱を地域で有効活用（熱電併給）する事例の、どちらかに限定される方向になることが考えられる。

即ち、これまで国内において木質バイオマス発電事業の主流となっていた木質バイオマスの専焼発電所というモデルが、近い将来新設事業としては成り立たなくなるということである。

2019年６月末時点で、バイオマス発電の新規認定分は859.7万kW、導入のうち184.6万kW、2019年６月の買い取り金額は278億円という規模まで拡大したが、今後はこれまで大半を占めていた数万kW級のバイオマス発電所の新規認定はなくなっていくと思われる。すると、木質バイオマスの今後のエネルギー利用は「熱」にシフトしていくことが見込まれるのである。

2.4　CO_2削減にかかわる木質バイオマス熱利用の位置づけ

脱炭素社会の構築に向けて国際的にも具体的な方策提示が各国に求められている中で、政府は最終到達点として「脱炭素社会」を今世紀後半のできるだけ早期に実現していくことを目指しており、2050年までに80％の温室効果ガスの排出削減という目標を掲げている。

「CO_2の80％削減」という前提で基準年を2013年度とした場合、基準となるCO_2排出量は約12.35億トンとなる。このうち、電力ではなく熱利用において排出されるCO_2の発生量の推計値としては、化石燃料を用いた熱供給によって排出されるCO_2が4.5億トン、電力をもとにした熱供給により排出されるCO_2が１億トンとされている。

熱供給は経済面・技術面の制約から全般的に電力で代替しづらいのが現状である。特に100～200℃程度の蒸気を使う産業用のプロセスはほとんど電気が使用されず、ほぼ化石燃料のみとなっている。この温度帯が、木質バイオマスの蒸気ボイラー等の利用によって代替することが他の再エネに比べても経済的にも有利となる分野であり、木質バイオマスのエネルギー利用の狙い目となる。

0～100℃程度の温水をはじめとする低温の給湯・空調等の利用においては、電気のヒートポンプ利用も盛んになってきており、海外事例を参考にすると2050年頃までには「日中の太陽光発電の余剰電力を活かしたヒートポンプでの熱利用」が安価に利用され始めることが想定されている。

他方で木質バイオマスに関しては、季節・昼夜を問わず燃料の貯蔵やオン・オフが調整可能で、この範囲での高い温度帯への対応度にすぐれるなど、優位性も高く、拡大のポテンシャルはまだまだ大きい。

言い換えると、木質バイオマスは他の再エネと比べてコスト高になりがちな発電分野よりも、電気だけでは賄いきれない・賄うことが難しい「熱利用」という分野の方が経済的に優位であり、導入が進みやすいと考えられる。

温暖化ガス排出量を2013年比80％削減のうち、化石燃料分4.5億トンを実現するためには、木質バイオマスの利用拡大が重要な役割を果たすことは間違いなく、そこに至るロードマップと必要となる具体的な政策を提示すれば、木質バイオマス拡大の大きな推進力になるだろう。

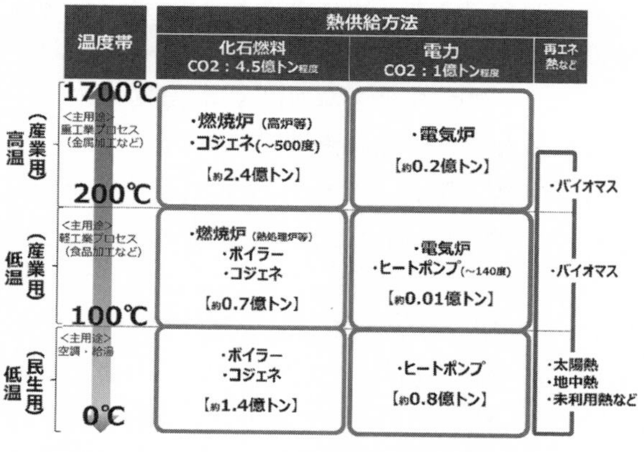

図2-1　現在の日本における温度帯別の熱の主な供給方法[1)]

2.5　民間事業者の「木質バイオマス熱利用の事業採算性」の捉え方

このように、熱利用におけるCO_2排出量削減のためには木質バイオマス利用の拡大が重要な役割を担っている。しかし、いくらCO_2削減に貢献する、地域資源利用により地域経済に貢献するといっても、事業として成立しなければ、普及拡大は困難である。本格的な普及拡大がなければ、地域経済への貢献も環境への貢献もできず、それを進める存在意義そのものが問われることになる。

このため、木質バイオマスの潜在性を引き出し、熱利用の普及拡大を加速化させるためには、事業性をどうやって確保していくかが最大のポイントであり、第7章「ランニングコスト・事業性分析」において、バイオマス熱利用のコストについて詳しく分析するが、ここではその前に、まず、民間企業が、木質バイオマスの熱利用についてどのように捉えているかを、各種アンケート調査にてみてみよう。

(1)　アンケート結果

鹿児島県が2018年に実施した事業者へのアンケートにおいて、再生可能エネルギーを「導入しない」理由について聞いたところ、第1位は「初期投資、経済性」、第2位が「設置スペースがない」という回答となっている。

同様に、松本市が2015年に実施した民間事業者へのアンケートにおいても、再生可能エネルギーを「今後も導入する予定はない」、「よく分からない」と考える理由について、「初期投資が大きすぎる」が第1位で約72パーセント、「物理的に設置するスペースがない」が47％で第2

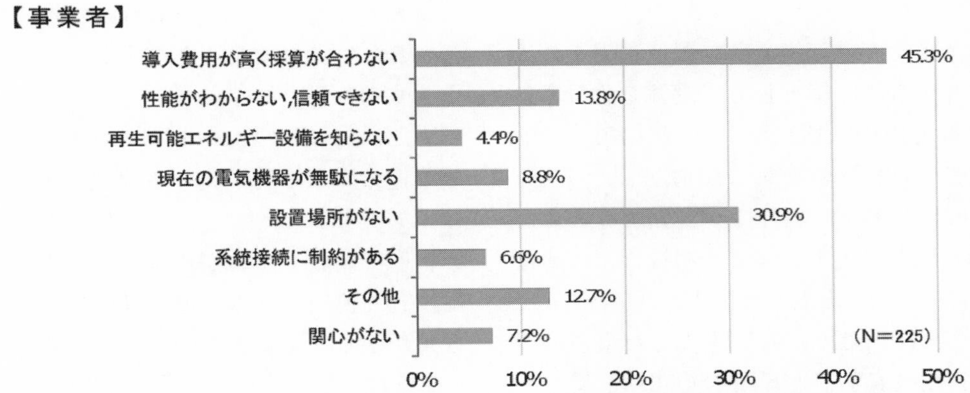

図2-2　再生可能エネルギーを「導入しない理由」についての事業者意識調査（鹿児島県）[2)]

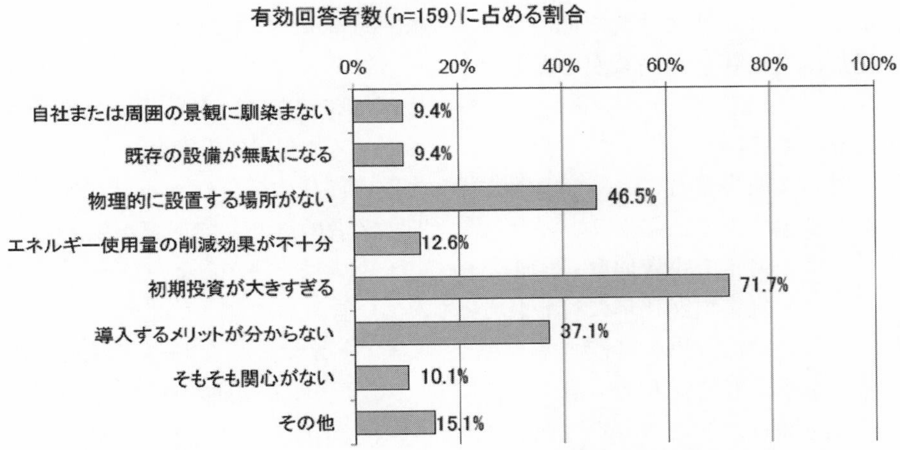

図2-3　再生可能エネルギーを「今後も導入する予定はない」等との回答理由（松本市）[3)]

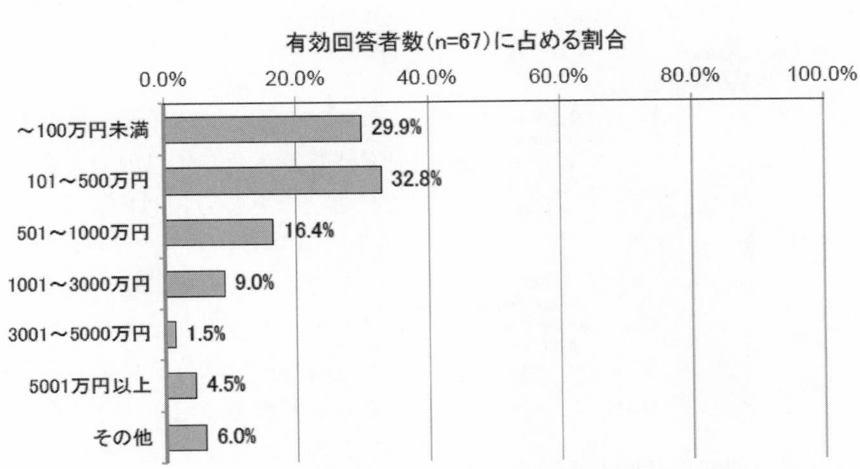

図2-4　既に再エネ設備を導入した民間企業が考える、許容できる投資費用上限（松本市）[3)]

位となっている。

一方で、既に再生可能エネルギー設備を導入した事業者からの回答として、設備を設置するための投資費用の上限については「101 ～ 500万円」まで許容できる事業者が約33%、「100万円未満」の約30%を合わせて６割強となっており、1,000万円を超えるような初期投資が可能な民間事業者は15%にとどまっていた。

また、導入に当たって特に重視した事項については「初期投資額」が最多の約46%、導入理由としては「光熱費の節約のため」が最多の約58%となっており、経済的な優位性を動機とする事業者が多数を占める結果となっている。このことから、松本市では「初期投資を低減させる施策の情報提供、又は新しい施策が必要」と結論づけている。

⑵　投資回収の考え方

それでは、一般の民間事業者にとって「初期投資・経済性をクリアできる、儲かるバイオマス熱利用事業」とは、何年で投資回収ができる範囲なのだろうか。広島市で2016年に行われた民間事業者向けの調査では、再生可能エネルギー設備等を未導入の事業者に対して「導入可能な投資回収年数」を問うたところ、投資回収年数が10年以上でも導入してよいという企業は5%に満たず、「６～ 10年以内」を加えても25%に満たない結果となっている。「投資回収年数３～５年であれば導入しても良い」を加えてようやく50%弱である。

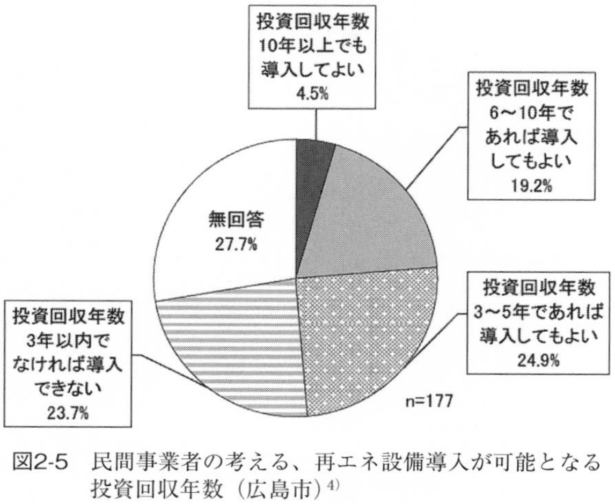

図2-5　民間事業者の考える、再エネ設備導入が可能となる投資回収年数（広島市）[4]

また、自社工場にチップボイラーを導入して熱電併給事業を行っている建機・重機メーカーのインタビューでは、「製造業の設備投資は３年程度で回収するのが原則であるが、今回の設備投資４億円（うち２億円補助）は投資回収に５年かかる事業であり、このバイオマスボイラー事業はCSRです」と強調している。

木質バイオマスボイラーが運転を開始してから壊れるまでの実際の耐用年数は10 ～ 20年を超える程度であることからするとはるかに短い年数であるが、多くの企業ではこうした耐用年数よりもはるかに短い期間を投資回収年数として求める傾向がある、ということを理解した上でバイオマス熱利用の提案を行うことが必須となる。

他の同様のアンケート結果を解析すると、民間事業者の声として下記が見えてくる。

- 企業は「儲からないバイオマス事業はやらない」。
- バイオマスボイラーを導入しない２大要因は、「経済性・初期投資額」と「設置スペース」。
- 「経済性」の考え方は、業種によっても変わるが投資回収年数で５年以内を求める声が最も大きい。
- 「初期投資額」にも許容範囲がある（融資等制約）→リースのような「初期投資ゼロ」のニーズはある。

さらに言えば、バイオマス熱利用機器の導入提案時点から「５年以内で投資回収するためには初期投資を○万円以内に抑える必要がある」「何とか10年以内程度での投資回収年数を認めてもらえるのならば、初期投資は△万円までを上限に設定できる」という形で、ランニングコストの削減額の試算結果をもとに初期投資の概算での上限額を設定し、その金額内に収まるようなシステム選定・設計を行っていくという考え方の切り替えが、民間事業者への導入の推進に当たっては設計業者側には不可欠である。

また、投資回収期間を早めるためには、設備利用率を可能な限り高めることが重要となる。この点については、第７章「ランニングコスト・事業性分析」のコスト分析にて詳しく見てみる。

2.6　再生可能エネルギー熱利用の政策的な位置づけと政治的意思

上記アンケート結果は、日本のエネルギー政策における再生可能エネルギー・木質バイオマス熱利用の政策的位置づけが明確でなく、かつ、従来の日本における木質バイオマス熱利用が課題だらけで、欧州のような事業性・利便性に優れたモデル事例が少ないという現状でのものであることに留意する必要がある。

気候変動が大きな問題として提起されるようになった1990年代、欧州では再生可能エネルギー拡大のための施策が実施されるようになり、木質バイオマスについては、熱利用にも積極的な支援策が導入されていった。90年代と言えばまだ化石燃料が安価だった時代であり、木質バイオマスの価格優位性を確保するのが難しかった。このため、たとえば、北欧では炭素税を導入することによって木質バイオマスの競争力を高める施策を打ち出して、化石燃料から木質バイオマス燃料へのシフトを後押ししていった。

また、オーストリアでは複数州で、2020年より新設建物での石油ボイラーの設置を禁止する法律が施行されるなど、ここにきて脱化石燃料の動きがさらに加速化している。

さらに、欧州ではバイオマスボイラーのみならず、温水利用に関しても、技術的整理が進んでおり、ボイラー効率、システム効率（熱損失・動力費の最小化）は大幅に改善されている。導入件数も日本とは桁違いであり、運転の自動化やインターネットによる遠隔監視・操作など、利便性の面でもイノベーションが進んでいる。

日本においても、木質バイオマス熱利用がエネルギー政策・気候変動政策の中で明確に位置付けられ、かつ、事業性・利便性に優れた事例が出てくるようになれば、民間企業のバイオマスに対する認識も大きく変わってくると思われる。

2.7　バイオマス燃料の価格特性

バイオマスの熱利用を行う視点から考えた場合、バイオマス燃料としての加工を行う前に、受け入れる原材料の品質として確認すべき要素を大別すると下記の通りである。

- 原材料の性状・寸法
  （均一な方がより望ましい）
- 原材料の水分（乾いている方が望ましい）
- 原材料に含まれる灰分、重金属・化学物質の有無

これらの評価項目については、例えばチップの場合には、一般社団法人日本木質バイオマスエネルギー協会が全国木材資源リサイクル協会連合会とともに定めた「燃料用木質チップの品質規格」がある。燃料用木質チップの適切な利用を進めるために、その品質に関して原料、形状、大きさや水分などを定めており、第15章に参考資料として載せた。

ここでは主にバイオマス燃料の価格について分析する。

木質バイオマス燃料の原材料の取引価格帯は、燃料としての品質の高低とは必ずしも合致しない。以下に木質バイオマス燃料の原材料ごとに、取引価格帯と品質の中でも水分の目安の関係性を整理した。

木質バイオマスの中で最も安価に入手ができるのは、廃棄物として取引がされており「お金を払って引き取ってもらう」建築解体材、支障木、剪定枝等である。これらは原材料の状態では、廃棄物処理業者が10 ～ 40円/kg程度の処理費を受け取って引き取るという状況にあり、チップ等の燃料にした状態になって初めて１～４円/kg程度の値がついて販売される状態になる。

図2-6　木質バイオマス燃料となる原材料の種類ごとの取引価格・水分の関係性[5]

この廃棄物系の木質チップ燃料の価格帯は、森林から搬出した林地残材・チップ材を原材料にしたチップの価格帯の目安（水分を含んだ状態で、８～20円/kg程度）と比較すると１桁違うといっても良いくらい安価な価格である。

ただし、同じ廃棄物系でも、水分が20％以下程度と低く燃焼しやすいが防腐剤等の重金属・塗料等の混合が避けられないため燃焼機器での対策に注意する必要のある建築解体材と、クリーンではあるが水分が高く土砂等の混合にも気を付ける必要のある剪定枝とでは品質が異なり、適したボイラーも異なる。

バイオマス利用の基本的な原則とされる「ゴミを宝に」（Waste to Energy）という考え方に基づけば、現在の発生量に対して利用用途が限られており飽和気味の「剪定枝、支障木、製材端材」といったクリーンかつ安価な木質バイオマス燃料を、バイオマス発電所だけでなく中～大規模のバイオマスボイラーで熱利用を行っていくことが望ましく、採算性も確保しやすい。

なお、本章では詳述は避けるが、バイオマス熱利用ではなく小規模ガス化コジェネ等の機器でペレットを活用する場合、日本において最も活用が期待されているスギ100％ペレットの場合には組成上の問題でクリンカが発生しやすく、トラブルが生じやすいことが報告されている。樹種による各種燃焼機器との相性についても、事前にメーカー各社の日本国内における導入・稼働実績を見定めて確認しておくことが必要である。

2.8 「カスケード利用」の原則

バイオマスは、燃料代を中心とするランニングコストを可能な限り削減することによって、投資回収をするのが、基本的なビジネスモデルである。バイオマス燃料は、チップ、ペレット、薪と種類が多く、かつ、チップに関しては、水分や形状も様々である。このため、それぞれの燃料の特性に合わせたボイラー選定・設備選定をすることが、事業性確保の前提となる。国内で導入される事例の多くは、この点の認識が十分ではなく、頻発するトラブルの原因となって、事業性を損ねる結果につながってきた。

バイオマスの燃料価格を可能な限りおさえるための基本は、「カスケード利用」である。１本の木から製材用丸太になるのは一部であり、製材にならない小径木や枝条などが大量に発生する。また、丸太も、付加価値の高い順から、建築部材や家具材などの製材用材（Ａ材）、合板用材（Ｂ材）、紙パルプ、ボード類用低質材（Ｃ材）、そして最後に燃料用の木質バイオマス利用（Ｄ材）となる（図2-7）。

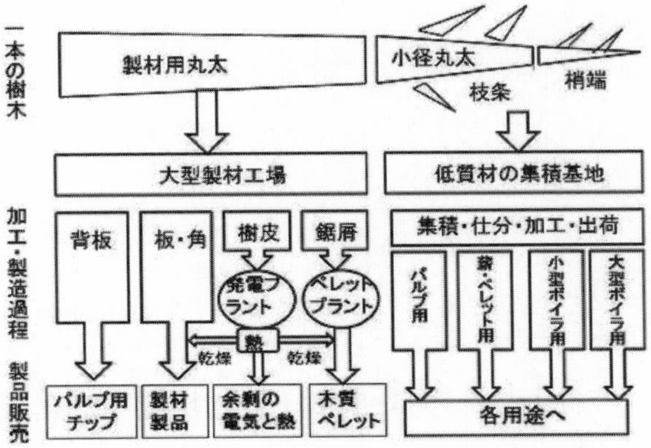

図2-7　森林から伐り出される樹木のカスケード利用[6]

木材の使い方として理想的なのは、良いものから順々に取っていって、最後まで余すことなく使い尽す「カスケード利用」である。カスケード利用を徹底させればさせるほど、「ごみを宝に」（Waste to Energy）の実践となり、燃料コストを抑制することができる。

また、木材の利用形態が多様であることから、バイオマスの原料も林地残材、製材端材、オガ粉、支障木、剪定枝、バーク（樹皮）等多岐にわたっており（図2-6）、それに合わせて生産できる燃料も、チップ、ペレット、薪に分かれる。

2.9　チップ、ペレット、薪の特徴

このうち、チップは、林地残材、剪定枝、支障木、製材工場残材など、ほとんどの原料をチップ化できること、薪、ペレットに比べ価格も安いこと、バイオマスボイラー運転の自動化ができることから、もっとも汎用性の高い利用形態である。他方、ある程度の太さの木もチップ化できる必要があり、それ相応の大型の設備が必要で、投資金額も数千万円になる。

これに対し、ペレットの原料は、製材工場のオガ粉や木の幹の部分である。支障木、剪定枝やバーク（樹皮）などは、ペレットには適さない。また、ペレット製造には、ペレタイザーや破砕機、乾燥設備などが必要となり、設備投資負担も大きい。ペレットは海外では、オガ粉など製材工場残材を用いて製造しており、化石燃料に比べ十分に競争力を持っている。これに対し、国内では丸太からペレットを製造するケースが多く、化石燃料よりも割高になり、事業が成立しなくなってしまう。

薪の原料となるのは木の幹の部分に限られるが、薪はどこでも作ることができるので、始めやすいのが特徴である。他方、薪は燃料投入が自動化できない。この点が、薪ボイラー・設備選定に際しての最大のポイントである。

地域で発生するバイオマスの原料はさまざまであり、それぞれに適した燃料形態として利用することにより、原料の付加価値を最大限引き出すことができる。たとえば、広葉樹の幹の部分はチップ化すれば、通常の針葉樹チップと同じ価格になってしまうが、薪として利用すれば、その分、付加価値を高めることができる。

また、地域のバイオマス利用の計画を策定する場合、たとえば、燃料を選ぶ木質ガス化発電のみ、ペレットのみ、薪のみといったバイオマス利用計画では、せっかくの地域資源も、一部しか利用できなくなってしまう。地域で木質バイオマスエネルギー利用の計画を立てる場合、こうしたことを念頭に、バイオマス原料の総合的な利用をはかるものとすることが重要である。

その場合の基本となるのはチップである。チップであれば、基本的にほとんどの原料を利用できること、安価であること、ボイラーの自動化ができ、小規模から大規模まで、多様な需要に対応できることなど、もっとも汎用性が高い。

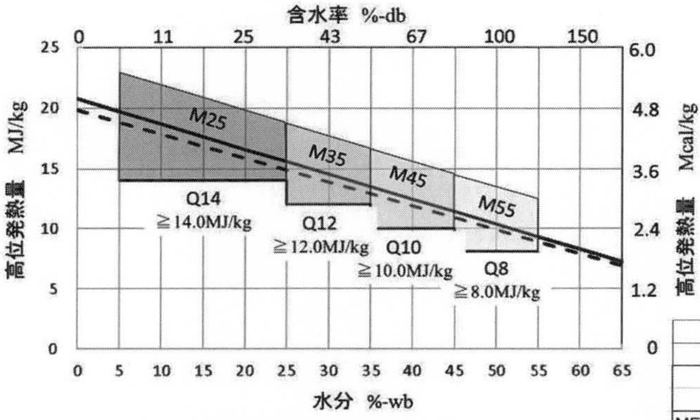

注）実線は針葉樹木部、点線は広葉樹木部

出所）沢辺 攻「燃料用木質チップの品質規格」（補注参照）

燃料用木質チップの品質規格		
表4. 水分区分(到着ベース) 木質バイオマスエネルギー利用促進協会 制定 2014年11月13日		
区分	水分 M (湿量基準含水率)	参考 (乾量基準含水率)
M55(生チップ)	46−55%	83−122%
M45(湿潤チップ)	36−45%	55−82%
M35(準乾燥チップ)	26−35%	34−54%
M25(乾燥チップ)	25%以下	33%以下

図2-8　水分区分と発熱量区分との関係[7)]

他方、チップは水分・形状ともに多様である。燃料としてもっとも重要なのは、水分である。木質バイオマス燃料には、化石燃料と異なり水分が一定量含まれている。水分は燃えないばかりか、燃焼の際に水分を蒸発させる必要があり、そのために乾燥エネルギーを消費する。このため、水分は少なければ少ないほど、単位当たりの発熱量は増える（図2-8）。

2.10　チップの性状について

燃料の形状に関しては、微細部分はすぐに燃え尽きるなどで燃焼制御が難しくなること、バーク（樹皮）は灰の量が多くなること、スギやヒノキの場合、季節によっては長い部分が多くなり、搬送系のトラブルにつながりやすいこと、などに留意しなければならない。

小型～中型チップボイラーは、中には水分40～45％のチップを燃料利用できるものも存在するが、概ね水分35％以下が水分の上限であることが多い。また、バーク（樹皮）や微細部分の混入比率もおおむね１割以下に抑えるなどの工夫が必要となる。

他方で、燃焼炉を大型化できるボイラーの場合、水分45～55％程度の高水分の木質バイオマスを燃料として利用可能なボイラーも存在する。その場合でも、高い水分のチップを利用すると、出力が十分に出ない、燃料搬送でつまりなどのトラブルが発生しやすい、失火しやすい、サイロ内で燃料がブリッジをおこしやすい、メンテナンス頻度が上昇するなどで、円滑な運転が妨げられる可能性が高まることには、留意する必要がある。

また、水分の高い燃料を利用する場合、ボイラーのみならず、搬送装置もそれに適した構造にすることが不可欠である。また、水分が高い燃料で出力を落とすと、失火したり不完全燃焼となりうるので、使用者は、このようなことを十分に認識して、利用しなければ円滑な運転ができなくなってしまう。

こうした留意点については、第３章「ボイラー効率とボイラー構造」にて詳しく解説する。

日本において山から木を伐採した直後の丸太や枝葉に含まれる水分は50％を超えていることが大半であるが、水分が55％を超えてくると自燃しないため、天然乾燥で少なくともこれを下回る程度にすることが望ましい。

山から切り出した丸太を日本国内で水分35％程度まで天然乾燥させる場合、丸太の太さや積雪寒冷地と太平洋岸といった地域毎の大きな差異もあるが、概ね針葉樹で数か月～１年程度、広葉樹では１～２年程度を要する。

2.11　バイオマス燃料の種類とそれに適したボイラーごとの特性

バイオマスボイラー及びその設備は、燃料の特性に合わせて使い分けをすることが鉄則である。そうでない限り、円滑な利用が困難になり、事業が成立しなくなってしまう。その場合の最大のポイントは、燃料を自動投入できるか否かである。主な種類を表2-1に示す。

燃料投入を自動化できるのは、チップ、ペレットである。このうち、ペレットは燃料の形状・水分が均一で、燃料密度も高いので、燃料搬送設備もコンパクトにでき、小規模から大規模需要まで対応可能である。もっとも、ペレットは日本では化石燃料に比べ、価格優位性がないので、現状では本格的な普及拡大は困難である。

薪は自動化ができず、人が燃料を投入しなければ動かない。

日本では、薪は入手しやすいことから、熱需要の比較的大きな温浴施設にも薪ボイラーを導入するところがあるが、その場合、頻繁に燃料を投入しなければならず、人件費がかかり、事業性が厳しくなる。また、薪の投入は重労働であり規模が大きくなればなるほど、負担は大きくなる。このため、薪ボイラーを導入した温浴施設の中には、利用を限定していたり、利用をやめてしまった事例も存在する。逆に言えば、「新たな雇用を生み出す」という視点での価値が薪ボイラーにはあることから、福祉施設や銭湯等で知的障がい者等の雇用の場として薪の製造やボイラーへの薪くべを行っている事例が国内で増加している。

また、水分の高い薪を燃料利用できるとする薪ボイラーも存在するが、この場合、ボイラー効率が下がるため、その分、薪の投入回数が増えること、薪そのものが水分を含んで重くなり、投入作業がさらに重労働となることなどの問題を引き起こすことを十分に留意する必要がある。欧州での薪ボイラーの利用は、冬期でも１日に１回の燃料投入作業で間に合う程度の小規模利用がもっぱらである。日本でも、燃料の入手及び薪ボイラーの運用にあたる人員の目途が立たない場合には、燃料が入手しやすいからと

表2-1　木質燃料の種類ごとのバイオマスボイラーの比較[8)]

ボイラー	外観イメージ写真	特　徴					
		共通事項	燃料コスト	導入規模	スペース	燃料自動供給
チップボイラー（自動供給）		・二酸化炭素排出削減効果あり ・温水ボイラーの場合には、免許（ボイラ技士）不要 ・ランニングコストは多くの場合は化石燃料より安価 ・初期投資（燃料タンク・建屋工事等込み）は石油系ボイラーより高い ・設置費目安 薪ボイラー <木くず焚き <ペレット <チップ	◎～△ 廃材チップは安価になる。森林系チップは高価なことも	中～大規模（主に業務用）	× 燃料保管場所も含め相当のスペースが必要	○ 小規模は切削チップ、大規模は破砕チップ対応可
ペレットボイラー（自動供給）			△～× ペレット製造専用の工場が必要丸太から製造する場合は高コスト	小～大規模家庭・業務用まで幅広く対応可	△ チップボイラほどではないがスペース必要	○ 機種によってペレットとの相性あり
薪ボイラー（手動供給）			○～△ 燃料製造に特別な機器不要比較的安価に製造可能	小～中規模家庭・温泉・福祉等温水需要対応	◎ 本体は小さいが保管スペース広く必要	△ 人力で1～5hに1回投入する必要通常時は無人で運転
木くず焚きボイラー（手動供給）			○ 製材端材等を安価に入手できれば	中～大規模製材工場・食品工場等	△ 本体・保管スペース必要	× 15分に1回投入する必要あり

いって、安易に薪ボイラーを導入することは避けるべきである。

チップは、燃料投入の自動化ができること、燃料代も化石燃料よりは割安であること、家庭用等の小規模では利用が技術的に難しいものの中規模から大規模需要まで対応できることなどで、汎用性が最も高い。ただし、チップ燃料の形状や水分が様々であり、チップ燃料によって対応するボイラーも異なること、チップ燃料搬送装置をチップ燃料の特性に合わせて設計する必要があることなど、導入に際しては知識・技術に基づくエンジニアリングが重要である。チップボイラーの場合、使用するチップの特性を十分に踏まえたボイラー選定はもちろん、その周辺機器も含めシステムとして対応しなければ、使い物にならなくなりうることを十分に認識すべきである。

2.12　日本での木質バイオマスエネルギー利用の統計値と実情の乖離

日本で導入されている木質バイオマスボイラーの台数、燃料の種類別の消費量については、林野庁が把握できる範囲での数量が毎年の統計としてまとめられている。2017年度の統計を表2-2に示す。木材チップが873万絶乾トン（前年比12.8％増）、木質ペレットが38万トン（前年比75.2％増）、薪が6万トン（前年比27.5％増）となっており、チップが最多、続いてペレット、薪はペレットよりも1桁少ない数量となっている。調査対象としては、全国1,447事業所のうち、1,398事業所から回答を得て集計した結果である。なお、2019年においては速報値として発電用ペレットの輸入量が急増しており、1～10月までだけで130万トンを超える量が輸入され、うちベトナムから約70万トン、カナダから約50万トンと報道されている。

ところが、この統計値と、実際に使われているバイオマスの量とは大きな乖離がある。その大きな理由は、①民間事業者が補助金なしで導入している廃材系ボイラー、②一般家庭での自家消費型薪ストーブが、この統計にはほとんど表れていないためである。①についていえば、日本国内でこれまで民間事業者が独自で導入を進めてきた木質バイオマスボイラーは「燃焼効率が低いというデメリットはあるが、初期投資が安価で導入しやすく、タダ同然に近い価格で入手可能な廃材系の燃料を燃焼可能なもの」が多くなっている。前述のような銭湯での利用や、後述する小規模な温泉・旅館等での薪ボイラー利用がこの統計には含まれていないのである。

②については、国立環境研究所の研究調査（図2-9）によれば、インターネットを用いた全国6万軒超の一般家庭からのアンケート結果をもとにした推計値では、平成26年度の家庭用薪ストーブでの薪消費量の推計合計値が4,592千層積m^3、材積換算で2,755千m^3となっている。これは、平成27年度の林野庁統計で示されている、国内での薪の生産量72千層積m^3よりも2桁多い値であり、ペレットの消費量をはるかに上回る規模と

表2-2　事業所における利用機器の所有形態別木質バイオマス種類別利用量（2017年度）[9]

利用機器の所有形態	事業所内で利用した木質バイオマス				
	木材チップ	木質ペレット	薪	木粉（おが粉）	左記以外の木質バイオマス
	絶乾トン	トン	トン	トン	トン
総数	8,726,491	375,383	63,727	406,150	955,267
発電機のみ所有	4,492,811	191,434	-	101,032	321,307
ボイラーのみ所有	1,148,063	41,598	48,391	148,166	370,827
発電機及びボイラーの両方を所有	3,085,617	142,351	15,336	156,952	263,133

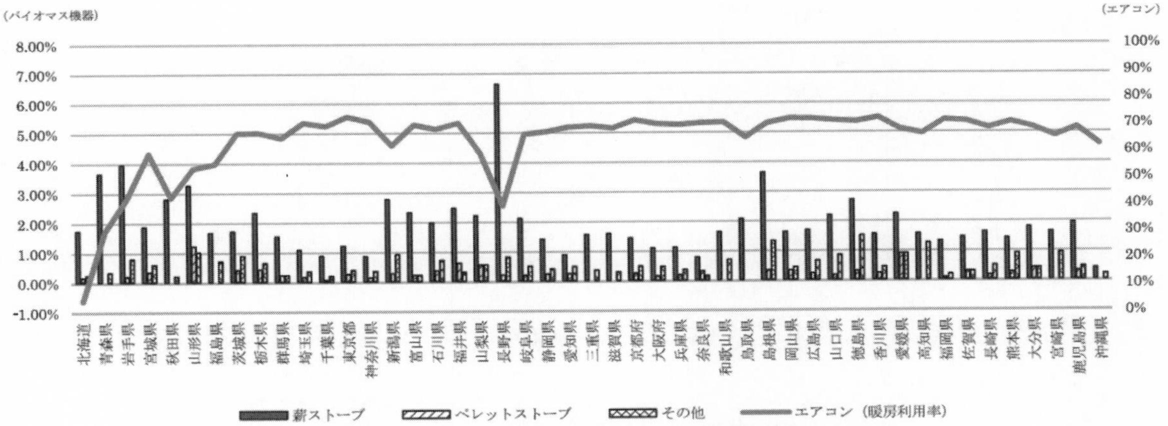

図 2-9　家庭における都道府県別の暖房機器の使用割合[10)]

なっている。

この調査では、木質バイオマス燃料の販売量と消費量の比較から、薪の自家採取量や小規模事業者の統計に表れない販売量・譲渡量が多いことが推定されており、家庭の燃料消費量と、生産量の統計値との比較からは、薪の生産の多くが把握されていない可能性が示されている。さらに、家庭での木質燃料の需要は、発電など他の木材需要と比べても無視できない量であるとされている。なお、都道府県別の推計では、長野県の薪ストーブ普及率が飛びぬけて高く、約7％と推計されている。こうした家庭用の薪ストーブでの薪利用は本書の対象外となる内容ではあるが、燃料の流通状況として把握しておく必要のある推計値であり、今後、継続的な調査が求められる。

2.13　各種の木質バイオマス燃料と化石燃料の、価格比較

バイオマス利用の事業性を左右する最大の要因は、燃料である。ランニングコストは、

① 燃料代
② 電気代
③ 管理費
④ メンテナンス費

等から構成されるが、本来なら、ランニングコストの大半を占めるのは、燃料である。そうでない場合は、システムが健全でないことになるが、この点については第７章「ランニングコスト・事業性分析」にて解説する。

そこで燃料の価格水準をどのように見るのかを本稿では検討する。チップ、ペレット、薪で、単位当たりのエネルギー価格が大きく異なるので、ここでは熱量単価（円/kWh）で分析する。

近年の価格推移を参考に、各種のバイオマス燃料、及び化石燃料の単価について比較した

一つの目安を表2-3に、また、この単価をもとにエネルギーコスト（熱量当たりの価格）を比較した例を図2-10に示す。

剪定枝や建築解体材チップの価格が安価であるが、製材端材系・間伐材系のチップも、大口価格で安価となっている場合の重油価格に比べてもランニングコストのみの比較では安い値となっている。なお、ペレットについては日本国内で見られる間伐材等の丸太を直接粉砕・乾燥・成形して製造されたペレットの場合には、重量当たりの単価がボイラー向けの大口価格でも40円～50円/kg程度となることが多く、この場合にはペレットの熱量当たりの価格は通常の重油価格に比べても高くなってしまい、投資回収が全くできない形となる。

表2-3　燃料の種類別・単位重量もしくは容積あたりの単価の目安表

	熱量当り単価(円/kWh 単位)	重量当り単価(円)		低位発熱量(MJ 単位)	低位発熱量(kWh/kg)	備考
剪定枝系チップ	0.6	1.5	円/kg	8.4 MJ/kg	2.32kWh/kg	水分 50%（含水率100%を想定）
建築廃材系チップ	0.9	4.0	円/kg	16.1 MJ/kg	4.45kWh/kg	水分 15%（含水率18%を想定）
石炭	1.2	8.4	円/kg	25.1 MJ/kg	6.96kWh/kg	
製材端材系生チップ	3.9	9.0	円/kg	8.4 MJ/kg	2.32kWh/kg	水分 50%(含水率100%を想定)
間伐材由来生チップ	5.2	12.0	円/kg	8.4 MJ/kg	2.32kWh/kg	水分 50%（含水率100%を想定）
ﾎﾞｲﾗｰ用の薪(針葉樹)	5.2	20	円/kg	13.9 MJ/kg	3.83kWh/kg	水分 25%（含水率33%を想定）
間伐材由来準乾燥チップ	6.1	21.6	円/kg	12.8 MJ/kg	3.53kWh/kg	水分 30%（含水率43%を想定）
都市ガス(業務用)	6.8	78	円/㎥	41.0 MJ/㎥	11.4kWh/㎥	
A 重油	7.0	72	円/L	37.1 MJ/L	10.3kWh/L	小型ﾛｰﾘｰ配達価格(H21-30 平均)
灯油(家庭用)	9.0	87	円/L	34.9 MJ/L	9.68kWh/L	民生用配達価格(18L/H21-30 平均)
国産全木ペレット	9.8	45	円/kg	16.5 MJ/kg	4.58kWh/kg	
ｽﾄｰﾌﾞ用の薪(広葉樹)	17.3	68	円/kg	14.2 MJ/kg	3.93kWh/kg	水分 20%（含水率25%を想定）
ﾌﾟﾛﾊﾟﾝｶﾞｽ(家庭用)	20.7	590	円/㎥	102.6 MJ/㎥	28.5kWh/㎥	

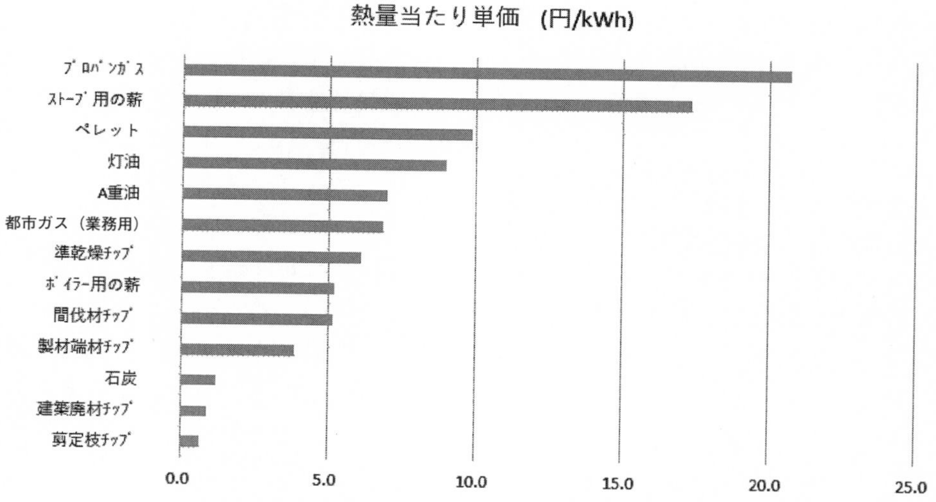

図 2-10　燃料の種類別エネルギー単価の現状の目安

2.14　森林系木質バイオマス燃料の価格目標

バイオマスボイラーは石油ボイラーに比べて一般に高額である。そのため、バイオマスボイラー導入による初期投資を回収するには、化石燃料に対してある程度割安であることが必須となる。そこで、木質バイオマス燃料の価格設定の目安として、木質バイオマスの燃料代を、化石燃料コストの６割以下に抑えることを前提とした場合の試算は表2-4のようになる。比較対象の化石燃料は重油とする。

資源エネルギー庁による重油の過去２年間（2018年２月～2020年１月）の全国平均価格は81.4円（税抜）であり、これを基準価格として用いる。重油のエネルギー量10.3kWh/L、ボイラー効率85％とすると、重油のkWh当たり単価は、9.30円/kWhとなる。バイオマスの燃料価格を化石の６割以下に抑える場合の熱量単価は5.58円/kWhである。バイオマスボイラーの効率を92％とすると、チップのkWh当たり単価は5.13円/kWhとなる。

まず、チップであるが、その原料によって品質は様々であり、価格もそれに対応して多様であることから、ここでは、主に小型ボイラーで使う比較的良質なチップ（切削チップ。バーク、微細部分の混入比率10％程度で、水分35％）を対象とする。

水分35％のチップのエネルギー量733kWh/m^{3}（3,160kWh/トン）とすると、5.13円/kWhとなるチップ価格は、3,760円/m^{3}、16,210円/トンである。チップの実際の取引価格は3,000～4,500円/m^{3}程度なので、3,760円/m^{3}という水準は、この幅に収まる範囲である。

同様にして計算すると、ペレットは23,358円/トン、薪（針葉樹）は6,669円/m^{3}となる。国内でのペレットの実勢価格は５万円/トン程度であり、灯油よりも割高となってしまう。国内のペレットの大半は、原料を丸太としてコストのかかる作り方をしていることに起因している。

次章以降のバイオマスボイラーの事業性計算に関する燃料価格は、重油81.4円、チップ3,800円/m^{3}とする。

2.15　バイオマスボイラー熱利用採算性の基本原則「設備の利用率と規模」

バイオマスボイラーの初期投資回収年数を短くする運用上のポイントは以下三つである。

①　設備の利用率（施設の熱利用時間≒バイオマスボイラーの稼働時間（蓄熱タンクの活用含む））

②　チップ価格

③　競合する化石燃料の単価

民間事業者が自社工場にバイオマスボイラーを導入し、５年以内で初期投資を回収することを考える場合には、設備の利用率が高い、即ち

表2-4　バイオマス燃料の熱量単価をＡ重油の６割（＝6.2円/kWh）とした場合の燃料種別価格

	燃料	価格		単位当たり熱量		ボイラー効率	円/kWh
前提	*重油*	*81.4*	*円/ℓ*	*10.3*	*kWh/ℓ*	*0.85*	*9.3*
バイオマス燃料	チップ（水分35％）	3,760	円/㎥	733.0	kwh /㎥		
		16,211	円/トン	3,160	kWh/トン		
	ペレット	23,358	円/トン	4,580	kWh/トン	0.92	5.13
	針葉樹薪（水分25％）	6,669	円/㎥	1,300	kWh/㎥		
		19,648	円/トン	3,830	kWh/トン		

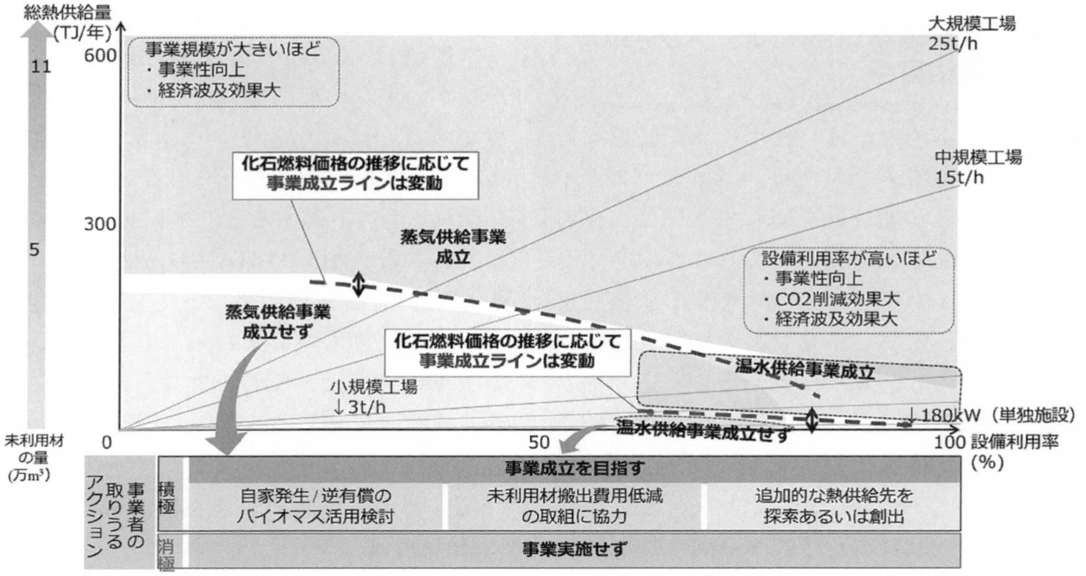

図2-11　熱供給事業の実施規模と設備利用率[11]

稼働時間の長い工場の産業向け蒸気供給が最も有望となる。即ち、365日×24時間＝8,760時間に対してどの程度のバイオマスボイラーの稼働時間があるか、ということが投資回収年数に大きくかかわる。例えば、300日/年×24時間稼働＝7,200時間の工場ならば、7,200÷8,760≒0.82より、稼働率は82％となる。

以下に、NEDO「バイオマスエネルギー地域自立システムの導入要件・技術指針」に掲載されている、民間事業者がバイオマスボイラー導入の事業化に踏み切る場合の熱供給規模と設備利用率の関係を模式図化したものを示す。3トン/h程度の蒸気需要のある工場の場合には、化石燃料価格の推移で事業成立ラインは変動するものの、概ね80％以上程度が蒸気供給事業の成立する目安とされている。スケールメリットの出る15トン/h規模程度であれば、稼働率が50％程度（250日/年×18h/日＝4,500h/年など）でも事業が成立する目安となっている。一方で温水供給の場合には、概ね設備利用率60％以上（300日/年×18h/日＝5,400h、5,400÷8,760＝62％など）を確保しつつ一定の熱需要が通年で存在する施設（温泉・ホテル、病院・福祉施設等）が事業成立の目安となっている。

日本国内でこれまで民間事業者が独自で導入を進めてきた木質バイオマスボイラーは「燃焼効率が低いというデメリットはあるが、初期投資が安価で導入しやすく、タダ同然に近い価格で入手可能な廃材系の燃料を燃焼可能なもの」が多くなっている。これらの大半は銭湯・温泉・旅館等の通年で給湯需要のある施設や、農業ハウス等に補助金なしで導入されているため、林野庁の木質バイオマスボイラー関連の統計資料にはほとんど表れていない。

以下、「投資回収ができる」という視点で、現在国内の民間企業において導入されているバイオマスボイラーの二つのパターンを紹介する。

⑴　廃材系の「薪ボイラー」（民生用の低温の温水利用の例）

一つの例を挙げると、高い煙突とセットになった銭湯の昔ながらの薪ボイラーである。東京都内の銭湯は2018年12月時点で538ヶ所であるが、うち薪を燃料に使用している銭湯が129ヶ所存在する。これらの大半は「建築解体材などの廃材をタダ同然で入手して燃やしている旧型の薪ボイラー（導入費数百万円、100 ～ 300kW程度)」であり、CO_2削減のためではなく、重油やガスに比べて一番安い燃料であるから薪・廃材を使っているという背景がある。

⑵　廃材系の「チップボイラー」（産業用の低温の蒸気利用の例）

安価な建築解体材等のチップを燃料とするチップ焚き蒸気ボイラーの導入の動きは、少しずつではあるが年間で5,000万円以上程度の燃料費がかかっている民間食品工場等で広がっている。例えば井村屋㈱では、餡を煮たり肉まんをふかしたりする際の蒸気の熱源として、2015年度にガスボイラーを一部代替するバイオマスボイラーを導入している。初期投資は4.3億円（うち国補助1.2億円)、年間の燃料費削減目標は1.1億円であったが、実際に稼働後の年間CO_2削減実績は3,600トン、燃料はチップ（建築解体材、山林の間伐材等：燃料消費量年間6,400トン程度）を用いて、ほぼ計画通りに稼働し３～５年程度での投資回収を見込んでいる。また消費ラベルにCO_2排出量のラベルを添付し、排出量削減を消費者に「見える化」している。

2.16　木質バイオマスの投資回収年数を短くする新たな手法・考え方について

木質バイオマスの熱電併給・熱利用を大きく進めていくには、単に「安いバイオマス燃料で、ボイラーの稼働率を高めて投資回収年数５年以内を目指す」という方策を徹底するだけではなく、その他の様々な方策を用いた提案を行うことが求められる。現在試みられつつある方策を大別すると下記になる。

- Ａ：木質バイオマスボイラーのリース導入、もしくはエネルギー供給サービス事業（ESCO事業）により初期投資ゼロにする
- Ｂ：市民出資・クラウドファンディング等の活用により、出資者を変更し熱需要者に設備費負担がかからないようにする
- Ｃ：ESG投資の視点で、CO_2削減や地域への貢献というアピールを投資家・消費者に行い、本業の売上増加を目指す

Ｃを推進しているのが環境省である。地域企業の成長と持続可能な地域社会をけん引する新たな金融として、CO_2削減と地域社会の活性化

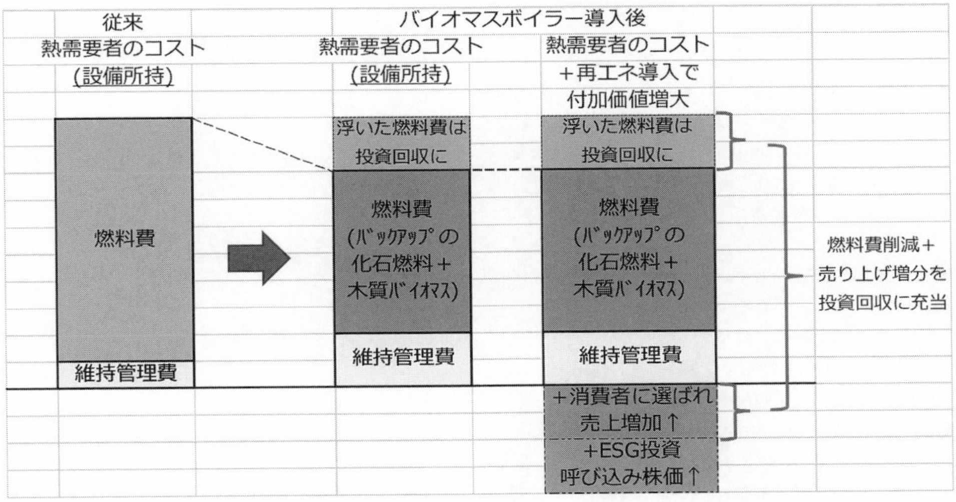

図2-12　売り上げ増、ESG投資呼び込みによる投資回収年数の短縮効果

に繋がるESG金融を積極的に支援しているが、このモデル事業として2019年度に採択された9事業のうち、㈱東和銀行の「福祉施設と温浴施設が連携した薪製造・薪ボイラー導入による地域コミュニティ活性化事業」をはじめとする3事業がバイオマス関連である。図2-12に概念図を示すが、バイオマスボイラー導入によりCO_2を削減した商品の売り上げ増、ESG投資呼び込みにより、バイオマスボイラーの投資回収年数を短縮する効果があれば、企業が「生き残るための手段」としてRE100を目指し、バイオマスボイラーを熱利用用途に導入していく流れが期待できる。

逆に言えば、消費者の側の一般市民も「CO_2ゼロ」の社会を目指す消費行動を心がけ、例えば「CO_2ゼロを目指しバイオマスボイラーを導入した企業の食品を選択して購入する」「旅行に行くならCO_2ゼロへ向けた再エネ機器を導入している温泉・ホテルを選ぶ」という行動を起こすことが、バイオマスボイラーによる熱利用を「儲かる事業」として普及させていく大きな助けになると考えられる。

＜引用文献＞

1） 資源エネルギー庁ホームページ：実はCO_2削減によく効く、熱エネルギーの低炭素化（2018年）
https://www.enecho.meti.go.jp/about/special/johoteikyo/netsu.html

2） 鹿児島県再生可能エネルギー導入ビジョン（2018）
https://www.pref.kagoshima.jp/ac10/saienevision2018.html

3） 松本市：再生可能エネルギー地産地消推進計画（2016）
https://www.city.matsumoto.nagano.jp/shisei/kankyojoho/earth/saisei/matsumoto-ondantaisaku.html

4） 広島市：地球温暖化に関する市民・事業所アンケートの実施結果（2016）
http://www.city.hiroshima.lg.jp/www/contents/1490333746107/files/anke-to.pdf

5） ㈱森のエネルギー研究所にて作成

6） 熊崎実：鍵を握る木質バイオマスのカスケード利用（2013）

7） 沢辺功：燃料用木質チップの品質規格
http://sd684e9103aa07f64.jimcontent.com/download/version/1426567581/module/9322873992/name/% E7% 87% 83% E6% 96% 99% E7% 94% A8% E6% 9C% A8% E8% B3% AA% E3% 83% 81% E3% 83% 83% E3% 83% 97% E3% 81% AE% E5% 93% 81% E8% B3% AA% E8% A6% 8F% E6% A0% BC.pdf

8） ㈱森のエネルギー研究所にて作成

9） 林野庁：「平成29年木質バイオマスエネルギー利用動向調査」の結果（確報）について（2018.12.20）
http://www.rinya.maff.go.jp/j/press/riyou/181220.html

10） 国立環境研究所 根本・他：庭向け木質バイオマス燃焼機器の普及と燃料消費量、林業経済研究Vol.63、No.3（2017）

11） NEDO：“バイオマスエネルギー地域自立システムの導入要件・技術指針”、p.29（2019）
https://www.nedo.go.jp/library/biomass_shishin.html

第3章

ボイラー効率とボイラー構造

3.1　ボイラー構造を理解する重要性

バイオマス燃料は、水分や形状が多様であり、ボイラーの燃焼もそれに対応して構造が異なる。ボイラーの燃焼構造が異なれば、そのボイラーが対応可能な熱負荷特性も異なってくる。

バイオマスボイラーは、バイオマス燃料や熱負荷特性に合わせて、それに最適な設備・システムを選定しないと、満足のいく稼働ができないし、導入効果を十分に引き出すことができなくなってしまう。このため、ボイラー選定に際しては、この点を十分に踏まえて行わなければならない。

また、バイオマスボイラーは小さいながらも複数の設備・機器を組み合わせて制御・運用するプラントと呼ぶべきものであり、煙突、燃料供給装置・燃料貯蔵庫（サイロ）、蓄熱タンクなど、その燃料の特性に合わせて最適な設備・機器を選定し、設計することが求められる。そのニーズに対応出来ない限り、所期の能力を発揮できず、安定稼働もできなくなる。

バイオマス熱利用は、割高なイニシャルコストを燃料のランニングコスト差で回収する事業構造である。効率が高く、バイオマスボイラー稼働率・バイオマス依存率の高いシステムとすることは、事業成立の前提である。

このため、本章ではバイオマスボイラーの構造について、その周辺機器も含め、詳しく解説する。なお、解説するのは燃料の自動供給が可能で、多様な需要に対応できるチップボイラーが対象だが、ペレットボイラーも燃料供給を除けば、基本構造は同じである。燃料の自動供給ができず、小規模需要向きの薪ボイラーについては、最後に解説を加えた。

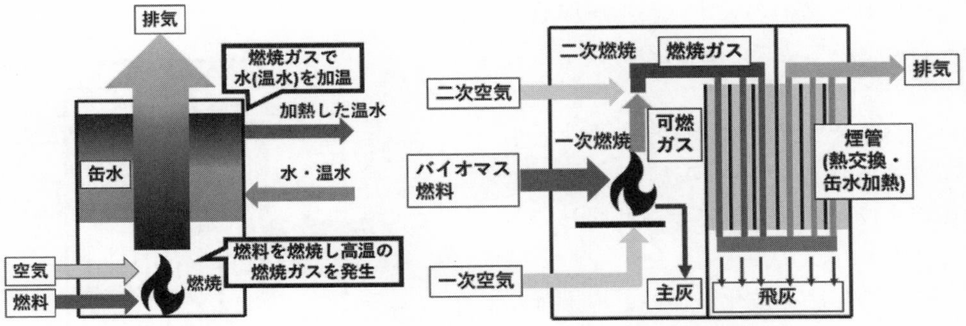

(a)　石油ボイラー　　　(b)　バイオマスボイラー

図3-1　温水ボイラーの構造概略図

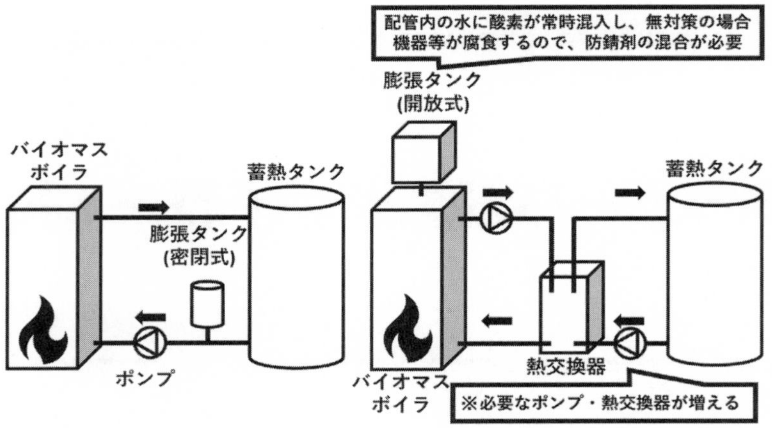

図3-2　バイオマスボイラーと蓄熱タンク間の接続方法。接続例（左：密閉式、右：開放式）

3.2　ボイラー構造

バイオマスボイラーは、点火・消火ならびに負荷追従に時間を要する機器である。この弱点を補うため、バッファーの役割を持つ蓄熱タンクを併設したシステムの構築が不可欠である。

バイオマスボイラーの代表的な構造は、図3-1に示すとおり、ボイラーから温水を供給するために、バイオマス燃料を炉に供給し、燃料の燃焼により発生させた燃焼ガスを煙管で温水と熱交換し加温するものである。固体燃料の搬送・燃焼、灰の発生への対応のため、石油ボイラーより複雑な構造を持つことが特徴である。

なお、日本において、ボイラーは労働安全衛生法に基づき、届出や検査、ボイラーの取扱者等、様々な規制の対象となる。国内の石油温水ボイラーと呼ばれる機器の大半は、無圧開放された構造を持たせることで、規制の対象から外れた状態で使用されている。

このため、バイオマス温水ボイラーも、大半は缶水タンクを無圧開放した構造としている。これは国産ボイラー、輸入ボイラー共同じである。

このボイラーの無圧開放化に伴い、導入時に併せて必要となる熱交換器やポンプ等、設備の数が増加するので、導入コストが増加する一因となる。また、無圧開放状態で使用する場合、ボイラー缶体の腐食による故障が発生しやすくなるので、その防止のため、防錆剤をボイラー缶水に混合して運用する必要がある。これもコスト増要因である。

3.3　ボイラー効率

ボイラー効率は燃料コストに直結し、ランニングコスト削減にとって重要な要因である。ボイラー効率を高めるには、燃料を可能な限り完全に燃焼させたうえで、十分な熱交換により排ガスとして排出される熱量を削減する必要がある。高効率に必要な要素は、図3-3で示すように低酸素濃度での完全燃焼と、低い排気温度である。

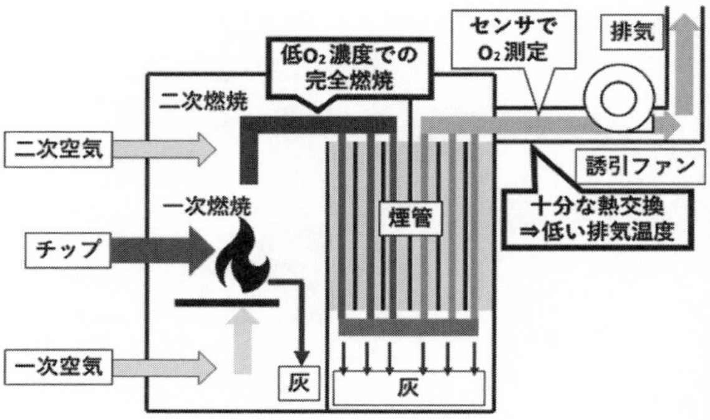

図3-3　ボイラー効率を決定する要素概略図

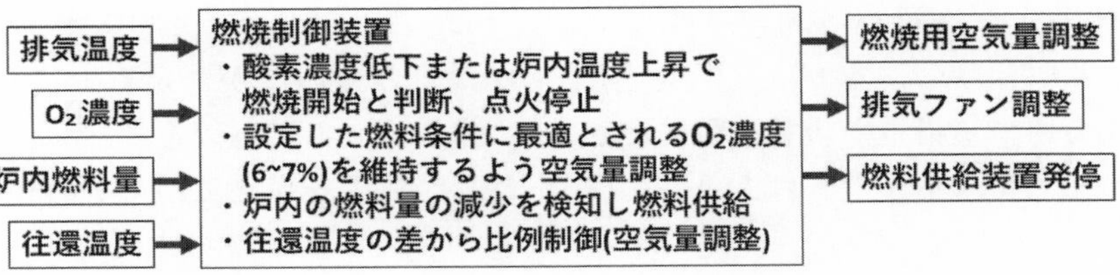

図3-4　バイオマスボイラー燃焼制御システムのイメージ

化石燃料と異なり、バイオマス燃料は性状（水分・形状）が一定でない固形燃料である。バイオマス燃料の性状の変動範囲に対し、炉の構造、燃焼方法等が不適な場合、不完全燃焼が発生する。不完全燃焼は、炉や煙管・煙道の汚れの増加・劣化の進行、煙突からの煙・臭いの発生頻度増加、燃焼灰に含まれる未燃分の割合増加の原因となるので、バイオマスボイラーでは、性状が変動するバイオマス燃料を完全燃焼させる構造が求められる。

燃料の完全な燃焼には空気比（燃料に対する燃焼用空気の比率）を1.0に近づけるシステムが求められる。しかし、空気比が小さすぎると、不完全燃焼（酸素不足で燃料が未燃のまま排ガス・灰として排出される）が発生するので、不完全燃焼を防ぐ前提で、なるべく1.0に近づけることが理想的な燃焼である。

理想的な燃焼のために重要な役割を果たすのがO_2センサであり、燃焼後のガスの酸素濃度を煙道の直前で計測している。この酸素濃度をフィードバックに組み込んだ、バイオマスボイラーの燃焼制御システムのイメージを図3-4に示す。ボイラー効率を高めるため、計測値に基づき燃焼に必要な空気の量を計算し、空気の量と燃料の量を最適化しており、排気温度、缶水往還温度差（缶体の入口出口温度差）等も、高いボイラー効率ならびに安定稼働を成立させるために重要な要素である。

3.4　二次燃焼

バイオマス燃料の燃焼は、図3-5に示すように複数の段階に分けられ、バイオマスの加熱段階からガス化までの過程（一次燃焼）は燃焼炉の炉床上で行われる。ボイラー効率の向上には、可能な限り燃料をガス化し、灰に含まれる未燃分の割合を削減することが理想だが、ガス化を完全に達成するには炉床でバイオマス燃料を800℃以上に加熱する必要がある。

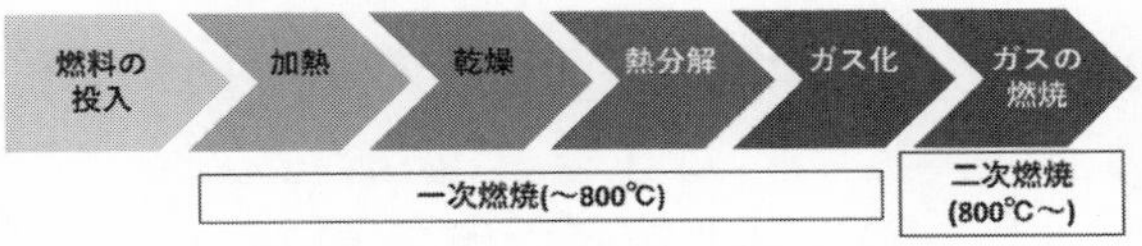

図3-5　バイオマス燃料の燃焼段階[1]

木ガスの燃焼段階では温度が1,000℃以上に達するが、燃焼温度が高温に達すると、灰が溶融し燃焼炉内でクリンカが発生しやすくなる。クリンカの発生が増加すると炉内の部品が損傷する原因となり、結果として部品交換頻度の増加、すなわちランニングコスト増につながる。クリンカ発生を抑制するには、発生したガスの燃焼（二次燃焼）を炉床と異なる場所で行うことが、燃焼炉の長期利用と安定燃焼の観点から望ましい。

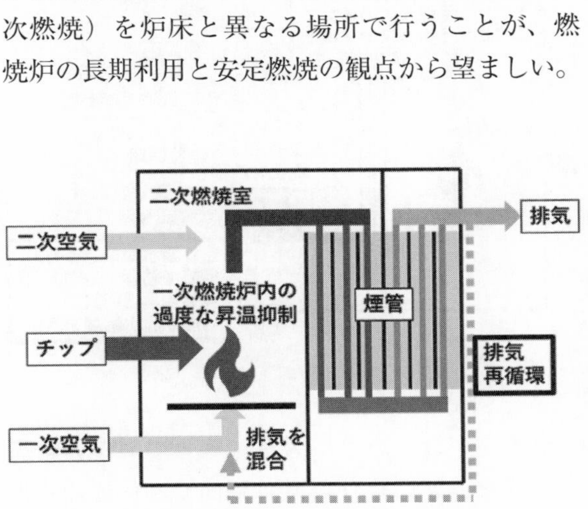

図3-6　バイオマスボイラー・排ガス再循環システムの例

以上を踏まえると、木質バイオマスボイラーの燃焼炉は一次燃焼炉と、木ガスを燃焼させる二次燃焼炉に分離する構造が現状は最適とされ、欧州製のバイオマスボイラーは大抵この構造を持つ。メーカーによっては、図3-6のような排ガス再循環を用いて一次燃焼の温度を低減する等の方法で、炉内の部品交換品頻度の抑制を講じている。

3.5　熱交換とボイラー効率

ボイラー効率を高めるには、完全燃焼の他、発生した燃焼ガスが持つ熱を可能な限りボイラー缶水に伝達（熱交換）する必要がある。理想的な熱交換が行われていれば、ボイラーから排出されるガスの温度は缶水温度に近くなる。

図3-7に排ガス制御システム・構造の一例を示す。欧州製のバイオマスボイラーは煙管式が主流であり、二次燃焼方式で燃料を燃焼する構造のため、煙管に達する灰（飛灰）は少量だが、それでも燃焼を続ければ煙管内に飛灰が付着していく。飛灰が付着すれば熱交換能力は低下し、排ガス温度は上昇する。これらはボイラー効率の低下に直結する。

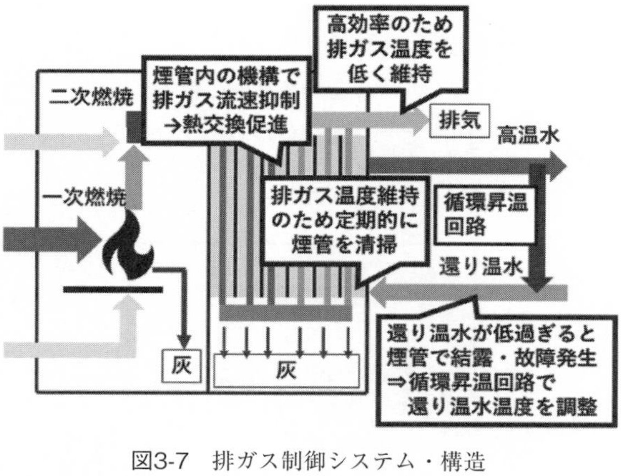

図3-7　排ガス制御システム・構造

ボイラーは、煙管に灰が付着していない綺麗な状態ならびにそれに近い条件で、仕様通りの効率を発揮することを想定して設計されているため、欧州製のバイオマスボイラーは、定期的、かつ排ガス温度が一定以上になると、図3-8のような自動的に煙管を清掃する機構（煙管自動清掃装置）を備えているものが多数である。前述のシステムでは排ガス温度が150℃を下回るように煙管を清掃し、効率90％以上に達するように設計されている。

図3-8　煙管自動清掃装置の例

なお排ガス温度が100℃を下回ると排ガス内の水蒸気が煙管・煙道・煙突内で結露し、腐食の発生・故障の原因となるため、稼働中は100℃を下回らないよう、缶水への還り温度と併せて設計されている。

煙管自動清掃装置が付属していない場合、手動での清掃が必要となり、仕様通りの効率を維持するためにはこまめな清掃が必要になる。清掃時はボイラーを停止させる必要があるので、清掃の頻度が全体としての稼働時間に影響を与え、ボイラー稼働率を低下させることに繋がる。

3.6　バイオマスボイラーの構造と運転タイプ

チップボイラーを構造の面から見ると、熱交換器横型と熱交換器縦型で燃焼炉をコンパクトにできるタイプに大別される。

熱交換器横型は、燃焼炉が必然的に大きくなるので、燃焼炉を工夫して低質な燃料を燃焼できる構造とすることが可能となる。構造上、大型のボイラー向きである。導入コストも割高だが、対応する燃料の幅が広いため、安価な低質の燃料を使用可能とすることができれば、ランニングコストを低減させ、高額な導入コストを早期に回収することが可能となる。

ただし、オン・オフに要する時間が非常に長く、オン・オフ断続運転ができないため、連続運転して利用するタイプである。１日の間に熱需要が何度も大きく変動する、もしくは季節間でベース熱負荷が大きく変動する施設では導入に適さず、導入してもバイオマス依存率を高められなくなる可能性が高い。導入に適する施設には大規模な熱需要を長時間持つ工場等が挙げられる。

熱交換器縦型は、構造をコンパクトにすることができるのが特徴である。この構造上、対応する燃料の水分範囲が狭いが、オン・オフの所要時間は比較的短時間であり、１日の間に熱負荷が大きく変動する施設でも、蓄熱タンクと組み合わせることでバイオマス依存率を高めやす

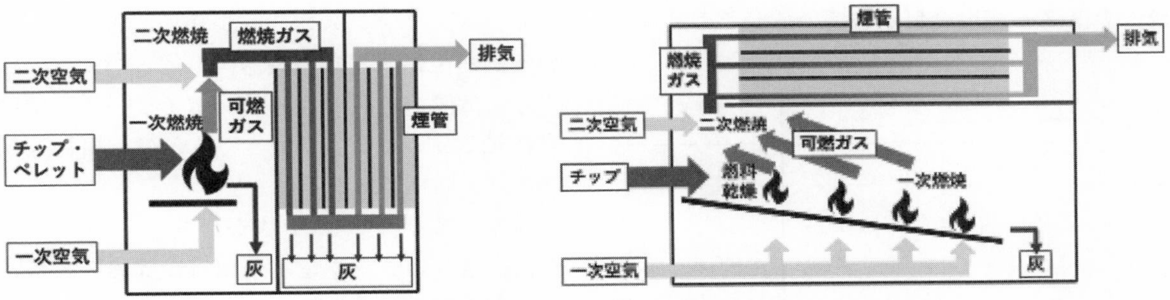

図3-9　バイオマスボイラー構造の概略図（左：断続運転可能タイプ、右：連続運転タイプ）

表3-1　運転タイプによるバイオマスボイラーの相違点

	断続運転可能タイプ	連続運転タイプ
運転の特徴	オン・オフの所要時間が比較的短い	オン・オフの所要時間が長く、低負荷の季節・時間帯での稼働方法が効率を左右する。
燃料水分	30%～45%	高いものは50%前後
燃料性状	機種次第だが、連続運転タイプより範囲は狭い	低質な燃料でも対応可能（適切な搬送機器の選択が必要）
ボイラー効率（定格出力÷投入エネルギー）	最大90%以上（機種や仕様により変動）	70~85%（機種や仕様により変動）
ボイラー出力	小～中型(数十kW~数百kW)	中～大型(数百kW～)
ボイラー本体の大きさ	(比較的)小型	大型
本体価格	(比較的)安価	高価
推奨する利用施設	小～中規模(石油換算で年間数～数十万L/年使用)の熱需要施設	年間ならびに１日を通して安定した熱負荷がある施設のベース負荷、産業用等

い。ベース熱負荷が小さい季節でも、蓄熱タンクにより稼働時間をまとめることで、オン・オフ時間の長さを補う運用が容易なので、対応できる施設の範囲は広い。

また使用を想定する燃料の幅を絞って制御するので、ボイラー効率が90％以上の機器が標準的である。この特徴は、高質な燃料を使用する場合でも、ランニングコスト削減額を高める余地があり、導入コスト回収に対する利点となる。

3.7　チップボイラーとチップの水分

断続運転タイプの多くは、水分30～45％前後のチップの使用を想定している。この範囲は

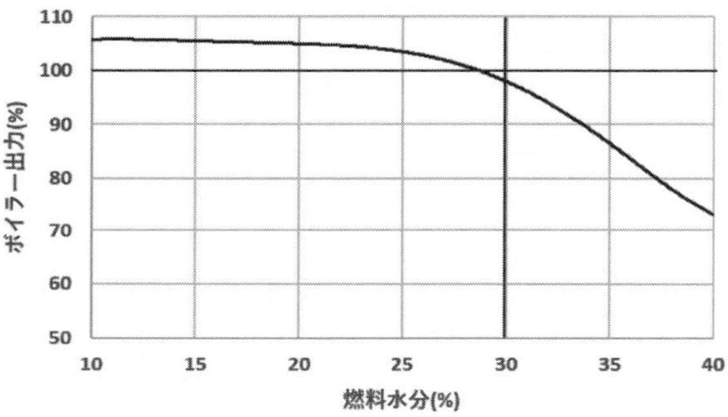

図3-10　断続運転可能タイプボイラーのチップ水分と出力の関係

機種により異なるので、検討時に販売業者へ確認する必要がある。ただ図3-10に示すように、水分が高くなるほど出力が低下する。この他、点火までの所要時間が長くなる等、稼働状況が導入前の想定・試算結果との乖離が大きくなるので、使用可能な条件の範囲内であっても、最適値に近い条件のチップを使用することが望ましい。

連続運転タイプは、水分40～50％のチップの使用を想定したボイラーが多く、機種によっては水分50％以上のチップを燃焼可能とされる。ただし、こちらも水分が高くなるほど出力が低下すること、炉や熱交換部分の汚れが多くなり、メンテナンスコストが増加すること、水分変動が後述する搬送機器におけるチップの詰まり・故障の原因となる等、ボイラーの安定稼働に対し与える影響が大きくなるのは断続運転タイプと同様である。

高水分のチップの燃焼が可能なボイラーでも、高水分のチップを利用するには燃料搬送装置、冬季の燃料凍結等、システム的な対応が必要となる。ボイラーの安定稼働のためには、燃料供給業者に可能な限り水分の低いチップの供給を要望することが不可欠である。

なお施設の熱需要分析等から断続運転タイプ

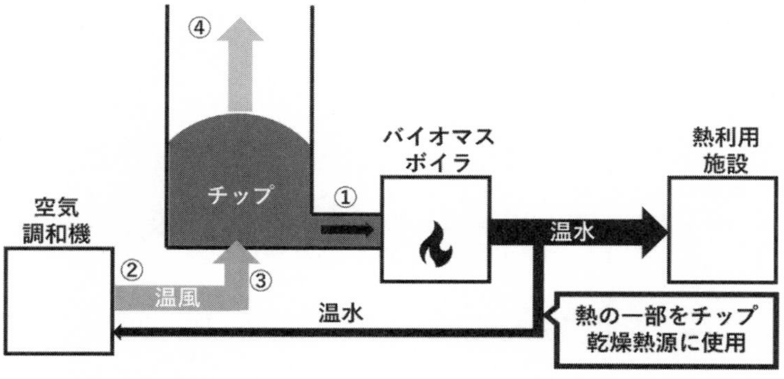

①サイロからボイラーへチップ搬送。
②ボイラーで作った熱を空気調和機を介し、温風に変換
③チップサイロへ温風を送風。
④サイロ内のチップを通過した空気を室外へ排気。
排気部分には熱交換器をつけ、室外の新鮮空気と熱交換し、炉内へと送気。

図3-11　チップ乾燥機付きサイロシステムの例

のチップボイラーを導入するのが最適と判断されるが、施設周辺地域では高水分チップしか入手できない状況もありうる。この場合、サイロに乾燥装置を取り付けてチップを乾燥し、ボイラーに供給する、図3-11のようなシステムを導入した事例も存在する。この装置では、チップを燃焼して生成した熱を温風に変換し、搬入されたチップサイロに送風して、燃焼に最適な水分に達するまで乾燥させる。

3.8　安全装置

バイオマスボイラーは固形燃料を燃焼する機器なので、停電等で動力が停止した場合でも、炉内に燃料が残り、しばらく燃焼が継続する。仮に無対策のまま燃焼が継続した場合、主に缶水の沸騰、サイロ内の燃料への引火（逆火）、機械室へのガス放出という事故に繋がるので、以下のような各種安全対策が施されている。

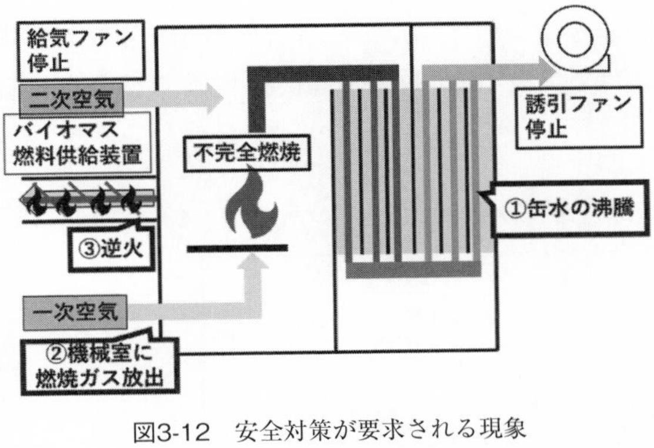

図3-12　安全対策が要求される現象

(1)　缶水の沸騰防止

ポンプの停止等で温水循環が停止し、何も対策が施されなければ、炉内の残り火が缶水を沸騰させ、沸騰した水が配管等から噴出する危険がある。またボイラー缶が高温にさらされることで、変形や破損の原因にもなりうる。

欧州製のボイラーは、缶水温度が設定した高温に達すると、図3-13のように電力を必要としないシステムが作動し、缶内に設けられた熱交換器に冷却水を注入し、缶水を冷却する機構（缶水緊急冷却システム）を付属させて対応している。なお、この機能を活用するには重力で給水できるタンクをボイラーに併設しておく必要がある。

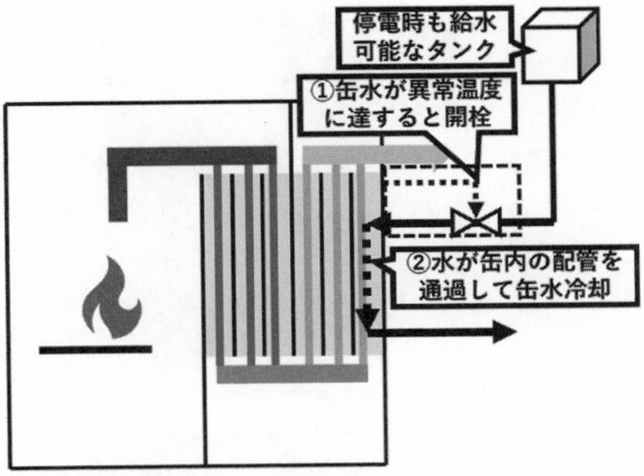

図3-13　缶水緊急冷却システム

(2)　機械室内へのガス放出防止

熱交換器から煙突までの煙道に誘引ファンを設けることで、ボイラー稼働中は炉内を負圧に保っている。一次燃焼で発生する燃焼ガスは有毒な一酸化炭素を含むが、この仕組みによりボイラーから機械室内へのガス放出は防止されている。

停電等で誘引ファンが停止した場合への対策として、排ガス温度が持つドラフト効果で炉内を負圧に保てるよう、煙突を設計する必要がある。欧州のボイラーメーカーの多くは、設置場所・燃料性状等の条件から、停電による機器停止時に誘引力を確保可能な煙突の仕様を設計可能である。また排ガス温度が低いので、煙突の断熱施工が必要となる。断熱施工が無い場合、煙突内で排ガス温度が100℃を下回って結露が発生し、煙突の汚れ・腐食の原因となる。

(3)　逆火防止

ボイラーは、稼働中に燃料が送り込まれ続けることで、燃料搬送装置ならびにサイロ内の燃料に引火しないよう設計されている。

バイオマスボイラーは停電等で燃料搬送装置

が停止した場合、燃料搬送装置内の燃料に炉内の残り火の熱が伝達し火災を発生させ得る。

対策として図3-14に示すように、燃料搬送装置内に燃料の経路を物理的に遮断する機構が導入されている。また、なんらかの理由で搬送機器内が高温になった場合、燃料に注水して燃料を湿らせ、逆火を防止する機構を持たせている。

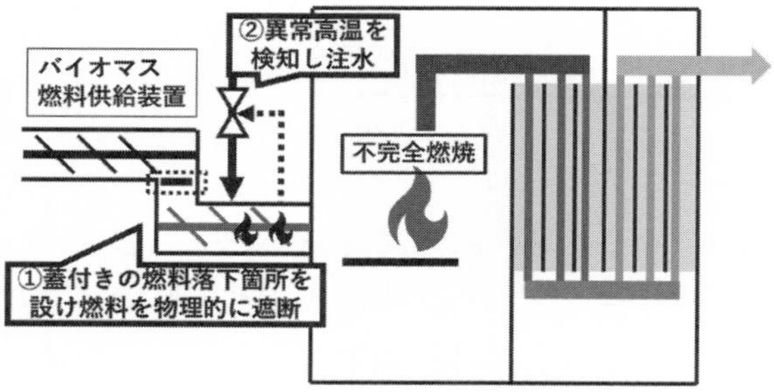

図3-14　逆火防止機能：燃料搬送装置の遮断機構の例

3.9　燃料サイロ・供給装置

バイオマス燃料の種類によって、必要な燃料サイロ・供給装置は異なる。ここでは、詳細な検討が必要なチップボイラー用のサイロ・供給装置を中心に説明する。

小規模利用施設で石油ボイラーを使用している場合、地下に数千L規模の油タンクを埋設している場合が多い。タンク車が給油口にホースを接続して給油し、タンクから機械室のボイラーまではポンプを使用して給油する。施設によっては１回で数千Lの油を給油する場合も多く、１回の給油で、夏期等の熱需要が小さい時期では、２～３ヶ月分を補給してしまう場合もあり得る。

バイオマス燃料は化石燃料に比しエネルギー密度が低いため、油タンクの数倍の容量のサイロを設置する必要がある。すなわち、導入の際にサイロ設置に必要な敷地面積の確保を検討する必要がある。参考として灯油1,000Lタンクと同等に必要なバイオマス燃料貯蔵の算出例を表3-2に示す。灯油と比較すると、最もエネルギー密度の高いペレットでも３倍、チップの場合は10倍以上の差が見られる。

チップサイロには一定期間の使用量分の燃料を保管し、付随する燃料供給装置で燃料を供給

表3-2　灯油1,000Lに相当する木質バイオマス燃料量

燃料種類	水分 (%W.B.)	灯油 1,000L 相当量	低位発熱量 (GJ/トン)	かさ密度 (トン/m^3)	エネルギー密度(GJ/m^3)
ペレット(2)	10%前後	3.0m^3	16.5	0.70	11.6
チップ(3~5)	50%	17.5m^3	8.4	0.24	2.0
	30%	15.9m^3	12.8	0.17	2.2
薪(3~5)	30%	8.3m^3	12.8	0.33	4.2

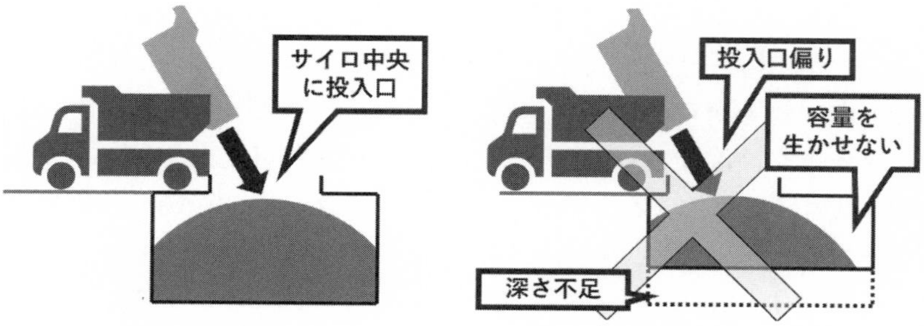

図3-15　サイロの燃料充填状態（左：容量を生かせているサイロ、右：設計に課題のあるサイロ）

する。図3-15に示すとおり、サイロは以下の項目に配慮して設計する必要がある[6]。

① 十分な容量の確保。年末年始等を考慮すると、ピーク負荷時の１週間分の消費量以上とすることが望ましい。

② 容量におけるサイロの実質充填率は、50～70％程度にとどまるので、(1)で算出した消費量に上掛けする。

③ 投入口をサイロ中央に設ける。ダンプから投入したチップは山を形成するので、サイロの端からチップを投入した場合、実質充填率がさらに低下してしまう。

④ ダンプ等で燃料搬入できるアクセスを確保する。大型のダンプで搬入した方が輸送コストを下げられるが、サイロの導入コストが高くなるので、事前に比較検討が必要である。

⑤ サイロとボイラー室の間の壁を防火壁とする。

サイロ底部には、サイロ内のチップを搬送装置にスムーズに供給するため、燃料供給装置が設置される。ウォーキングフロア方式（図3-16）や回転アーム方式（図3-17）等がある。

ウォーキングフロア方式は出力の大きいボイラーで採用され、回転アーム方式は小型ボイラーで採用される傾向にある。

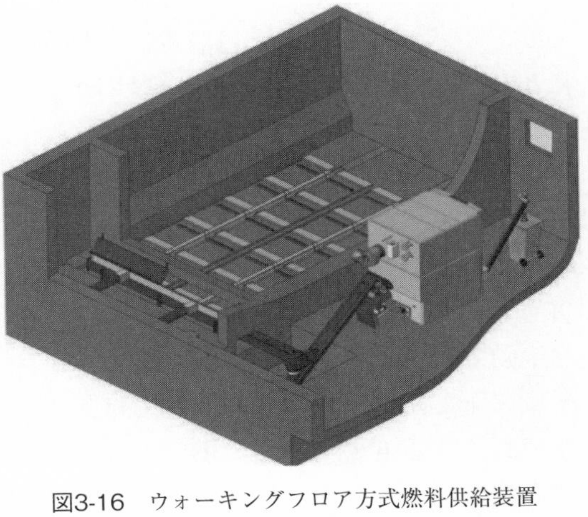

図3-16　ウォーキングフロア方式燃料供給装置

(a)　チップ充填前

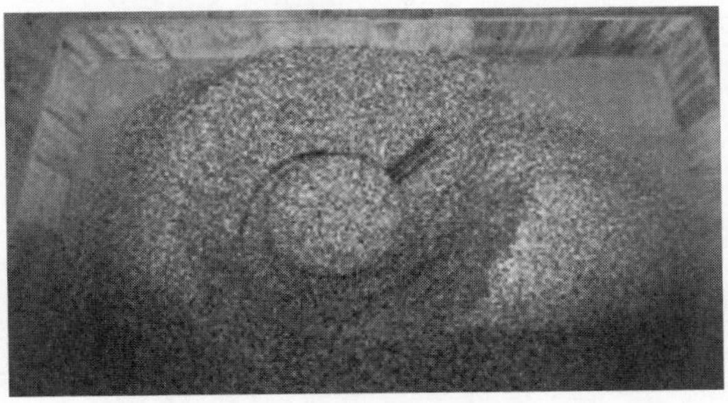

(b)　チップ充填後

図3-17　回転アーム方式燃料供給装置
（WBエナジー社撮影）

回転アーム方式の燃料供給装置は、回転アームとスクリューコンベアで構成される。回転アームで燃料を撹拌し、スクリューコンベアに落とし込んでボイラーに燃料を搬送する。回転アーム１台につき、コンベア２台を接続することが可能である。コンベアが１台の場合、駆動モーター１台でアームとコンベアを稼働可能である。また、サイロ形状によってはデッドスペースが出来ることにも留意した設計・運用が必要である。

3.10　燃料搬送装置

ここでは、チップボイラー用に多く使用されているスクリューコンベアについて主に説明する。スクリューコンベアはサイロの底より低い位置に設置したスクリュー上に燃料を投入し、スクリューを回転させて燃料をボイラーまで搬送する装置である。

投入量の調整が容易、導入コスト・消費電力の安価な装置のため、チップ搬送によく使用さ

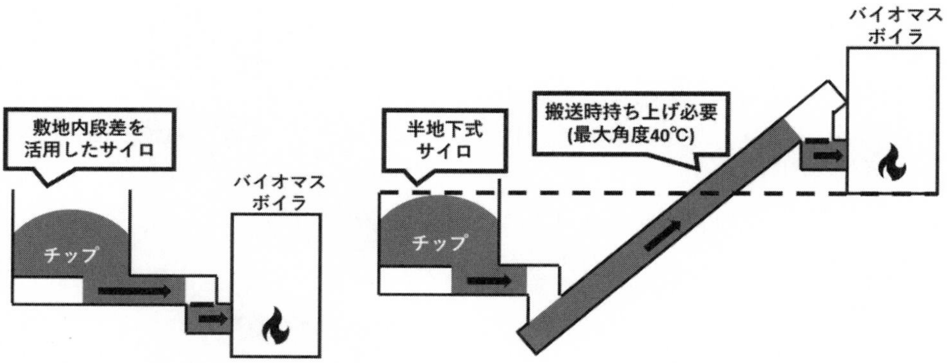

図3-18　サイロの高さと搬送機の関係（左：地上式、右：地下式・2段式搬送装置）

れる方式だが、チップの性状次第で詰まりが発生する。チップの性状には幅があるため、詰まりの完全な防止は不可能であるが、予めボイラー販売業者に燃料の性状が搬送方法に適するかを確認する、その回答を考慮したうえでシステムを設計することで、詰まりの頻度を大きく抑制することは可能である。

メーカーによって燃料搬送装置のノウハウは異なるが、駆動モーター、スクリュー間隔、安全装置等に差異がある。駆動モーターは動力が大きい方が燃料詰まりのリスクを軽減できる。安全装置は、詰まった燃料の除去時のスクリューの誤作動を防止する機能があるものを選定することが望ましい。

また施設側が燃料チップを購入する場合、ダンプに積載した状態で納入され、サイロに投入する場合が大多数である。図3-18のように段差・斜面を用いてボイラーと同じ高さにサイロを設置出来れば、燃料搬送装置を簡略化してトラブル発生を抑制できる。

敷地が平地で、地上式サイロへホイールローダ等で投入することが困難な場合、地下式サイロを選択することになるが、この場合、燃料搬送装置が複雑な構造となりトラブル発生のリスクは増大する。バイオマスボイラーをサイロと同様に地下に置いて、燃料搬送装置を簡略化している事例も存在するが、建屋コストの増大や運用時の動線等の課題もあるので、併せて判断する必要がある。

3.11　燃焼灰除去装置

木質バイオマスは、炭素成分、水分とそれ以外の成分で構成されており、炭素は燃焼し、水分は燃焼により蒸発して排出され、燃料の未燃分とそれ以外の成分は灰として残る。燃料重量に対する灰分の割合は、燃料の種類によって異なるが、多くは1～2％程度である。木質バイオマスボイラーを利用する限り、燃焼灰が生成されるので、搬出方法や処分方法等を予め検討しておく必要がある。

燃焼灰は、炉からスクリュー等で灰箱に自動搬送される。灰箱はボイラーから簡単に取り外せるが、ボイラー室を地下に設置した場合、灰の搬出に手間がかかるので、設計段階から搬出方法も考慮しておく必要がある。

燃焼灰のうち、細かくて軽いものは飛灰と呼ばれ、燃焼後の空気と一緒に炉内から飛散する。この飛灰は煙管に溜まり、煙管の熱交換能力を阻害しボイラー効率を低下させるので、自動ないし手動で除去する必要がある。

飛灰の全てが煙管に溜まるわけでは無く、煙道まで到達するものもある。燃料条件ならびに燃焼方法が関係するが、機種によっては煙管を通り抜ける飛灰の量が多くなり、色の付いた煙として視認される懸念がある。

また飛灰が多いと、煤塵として日本の大気汚染防止法に対応する必要があり、機械と煙突の間に集塵機を取り付ける等が挙げられる。集塵機の必要性はボイラーによって異なるので、導入事例の調査等を通して、予めボイラーメーカー、販売業者に確認する必要がある。

3.12　循環昇温回路

バイオマスボイラーの温水配管については第５章「熱供給システムのエンジニアリング」で詳細に解説されているので、ここではバイオマスボイラー特有の要素である、循環昇温回路（バックエンドループ[1]、リターンライザー[6]）についての説明に留める。

バイオマスボイラーは、缶水温度が非常に低い（60℃以下）状態で点火した場合、燃焼ガスに含まれる水蒸気が熱交換を行う煙管内で凝縮しやすくなる。凝縮水は前述のとおり煙管が腐食する原因になるので、ボイラー缶水温度を短時間で昇温させる循環昇温回路を取り付け、缶水が所定の温度に昇温するまで、ボイラーから熱需要側へ熱供給を行わないようにしている（図3-19）。これはまた、ボイラーへの給水温度を一定以上に保つためにも必要である。

3.13　蓄熱タンク（バッファータンク）の機能

蓄熱タンクは、熱（温水）を蓄えるタンクである。蓄熱（Storage）および余熱吸収・安全（Buffer）の２通りの機能を持ち、英語でBuffer Storage Tankと表現される。バイオマスボイラーは石油ボイラーとは異なり、熱負荷変動に対する追従性が低い。通常は蓄熱タンクと併用し、次のような役割を持たせることで、追従性の低さを補う。

まず、ボイラー起動時のタンクの役割を解説する。バイオマスボイラーは、熱需要を検知してから燃焼段階に至るまでに数分〜数十分単位の時間が必要であり、これに缶水の循環加温に必要な時間を経過したうえで、熱供給を開始する。ボイラー単体では熱の需要に対し、すぐに十分な熱を供給できない。タンクがあれば、バイオマスボイラーが熱供給を開始するまでに時間を要しても、タンクに蓄えた熱を供給して需要に対し短時間で対応可能である。

次に、ボイラー停止時のタンクの役割を解説する。熱負荷が小さくなりボイラーが停止する場合でも、炉内の燃えかけの燃料が燃え尽きるまで熱を缶水に放出し続ける。タンクが無ければ缶水が沸騰しかねないが、タンクがあれば、この余熱を吸収させられる（バッファータンクとしての機能）。余熱の吸収は熱回収の機能も担う。

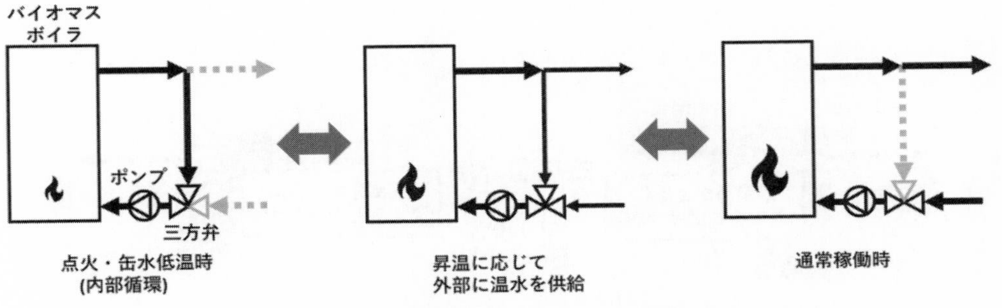

図3-19　循環昇温回路システムの概略

また、タンクに蓄えた熱は、一時的にボイラーの出力を超過した熱負荷への対応（ピーク対応）にも使用可能である。事業性確保のためには、導入するバイオマスボイラーの規模（出力）を抑制して、バイオマスボイラー稼働率や設備利用率を高めることが重要だが、タンクのピーク対応の機能をうまく利用することで、同じ設備を導入した場合でもバイオマス依存率をより高められる。

このように、バイオマスボイラーは蓄熱タンクと併用し適切に機能させることで、その運用を円滑かつ合理的に進行できる。なお、蓄熱タンクは給湯用の貯湯タンクと混同される場合もあるが、蓄熱タンクはタンク内の水を循環利用する設備であり、給湯用の貯湯タンクとは機能的、構造的にも異なる。

3.14　蓄熱タンクの容量の決定方法

蓄熱タンクの容量は、ボイラーメーカー毎に推奨する基準が存在するが、概ね蓄熱機能とバッファー機能に必要な容量を合計して決定すると考えられる。容量は、ボイラーのタイプ、構造、燃料の種類によっても定格出力kWあたりの必要量（単位：L/kW）が異なり、中でも停止時の炉内の燃料残量が大きく影響するので、連続運転タイプは断続運転可能タイプと比較して大きくなると考えられる。

例として、欧州標準[7]で取り上げられている方法を解説する。この方法のうち需給バランスの調整として、バイオマスボイラー定格出力0.6時間分の確保が必要とされる。

ΔT（上下の温度差）＝30℃と仮定して、定格出力1kWあたりに換算すると、以下のようになる。

需給バランス容量0.6時間分＝0.6kWh
＝0.6kWh×860kcal/kWh÷30（kcal/L）＝17.2L

したがって、ボイラー出力300kWの場合、必要な蓄熱タンクの容量5.16m^{3}となる。ΔTを大きく設定出来れば、比例して蓄熱容量が増加し、必要な容量が反比例して減少する。

なお、蓄熱タンクの容量を十分に使うためには、断熱仕様が重要である。断熱材は、日本製では厚さ50mmのものがほとんどであるのに対し、欧州製の場合、屋内設置型でも100mm以上のものが主に使用される。これは欧州のバイオマスボイラー利用制度により、システム全体での効率を高めることが求められるためである。

なお日本の気象条件で断熱材50mmと100mmの放熱量の差をコストに換算した場合でも、断熱材の差額分を放熱量の差を燃料コストに換算した差額分で回収可能な範囲に収め得る。断熱材コストの差は導入事例によって変わるので、設計時に放熱量と計算比較したうえで判断することが望ましい。

3.15　蓄熱タンクとバイオマスボイラーの制御との関係

バイオマスボイラーは、一般に蓄熱タンクの複数の高さ位置、少なくとも上部と下部の温度

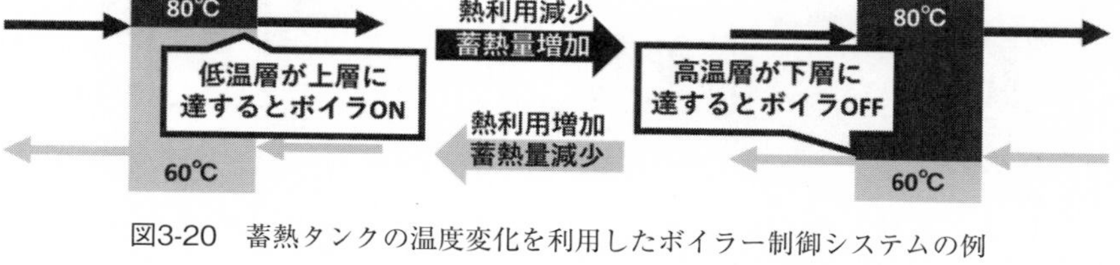

図3-20　蓄熱タンクの温度変化を利用したボイラー制御システムの例

を計測している。蓄熱タンクが温度成層を形成していることを前提に、計測温度から蓄熱量を推測し、蓄熱量の変化に基づきボイラーをオン・オフしている。

例えば、バイオマスボイラーの設定温度を、稼働60℃、停止80℃とした場合、上部温度が60℃に低下すれば最低限の熱量しか残っていないと判断してボイラーは起動し、タンク下部まで温度が80℃になれば、蓄熱タンクには停止動作に必要な最小限のバッファーしか残っていないと判断してボイラーは停止する。蓄熱タンクの温度モニターの数・位置やオン・オフ・出力制御指示値等、制御の詳細は各ボイラーメーカーで工夫がなされている。

またバイオマスボイラーは、設定した送り温度に対するボイラーへの給水温度の温度差で出力を決定しており、定格出力相当の熱を供給するには、機種によるが15℃以上の温度差が必要である。

温度差がこれより小さくなる、すなわち給水温度が上昇すると、ボイラーは出力を低下させるように制御する。給水温度がさらに上昇し、温度差が5℃より小さくなると、燃焼停止の段階に移行する。この段階に移行すると、ボイラーから熱供給を再開するには停止段階から着火段階を経由する必要があり、断続運転タイプボイラーでも数十分にわたり熱供給が不可能になる。

バイオマスボイラーへの給水温度は、蓄熱タンクの下部の温度で決まる。蓄熱タンクが温度成層を維持できなければ、温度成層がなされている場合と比較して下部の温度は高い。すなわち、熱需要が定格出力値を下回らない場合でもボイラー出力が低下するように制御される可能性がある。更に、温水が利用されず高温のままタンク下部に還り、そのままボイラーに給水された場合、ボイラーは燃焼を停止する。

このように、温度成層が形成されないシステムが、バイオマスボイラーの稼働率・バイオマスへの依存率が高まらない原因の一つとなる。

3.16　薪ボイラーの燃焼構造

薪ボイラーは、チップボイラーとは燃焼構造が異なる部分があるので、以下に解説する。

薪を燃料として使用するバイオマスボイラーであり、燃料に点火すると、原則消火せずに燃料庫内の燃料を全て使用する事を想定した構造を持つ。燃料を投入・燃焼させた後、清掃し再度燃料を投入するサイクルを繰り返す。この点が、チップボイラー、ペレットボイラーと大きく異なるところである。

図3-21に示すが、欧州で製造されている大抵の薪ボイラーの燃焼炉は、上部に薪を投入し燃焼させる一次燃焼室と、下部にガス化した可燃性ガスを高温燃焼させる二次燃焼室に分離されている。投入した燃料の下部に点火し、燃料の下部から上部の順に燃焼させる。多くのボイラーで燃焼した空気を炉の下部から取出し、煙管もしくは水管で熱交換を行い排気する構造を持つ。

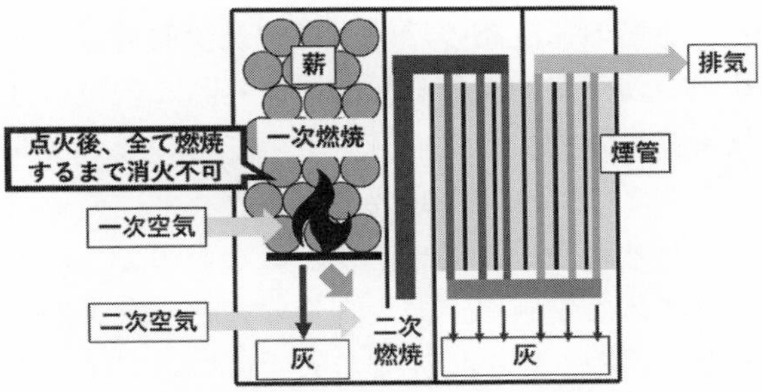

図3-21　薪ボイラーの構造概略

燃焼制御は前述した酸素濃度に基づく空気量の制御が行われているが、燃料の形状のバラつきがチップ・ペレットより大きく、出力の制御範囲は狭いか、機種によっては出力制御機能を持たない。

燃焼灰の清掃ならびに煙管に付着した飛灰の清掃は手動で行う機器が多数であり、燃焼灰の清掃を燃料投入の前に実施する必要がある。

また蓄熱タンクを併設してバイオマスボイラ

ーの欠点を補う必要があるのは同様だが、特に薪ボイラーは投入した燃料を全て燃焼させることを想定して蓄熱タンクを選定する必要があるので、同程度の出力を持つ他のボイラーと比較して、大容量の蓄熱タンクを選定する必要がある。

3.17 薪ボイラー導入の留意点

薪ボイラーは燃料の自動投入ができないため出力が大きくなれば、頻繁に人力で薪投入をしなければならなくなる。

欧州製の薪ボイラーは、ほとんどが家庭での利用（１回の燃焼で蓄熱タンクに厳冬期１日分の熱を蓄積）を想定して開発・製造されており、業務用の用途を想定した、出力100kW超えのボイラーを製造しているメーカーは少数である。

日本で開発・製造されているボイラーには出力数百kW規模のものも存在するが、コストの安価なボイラーを導入して投資回収を容易にするニーズに応えようとして開発された傾向が強く、前述の二段階の燃焼機構や燃焼制御は付属せず、効率が低くなる傾向にある。この投資回収試算に薪投入の人件費を計上していないケースもあるので注意が必要である。

また燃料搬送装置を必要としないので、ボイラー本体は安価だが、大容量の蓄熱タンクが必要なことや、薪を投入する人手について予め考慮する必要がある。

薪ボイラーの場合、機械室までの燃料運搬によくラックが使われる。多くの導入事例では、1m^3程度の金属製の枠で出来た薪ラックに薪を詰めて運搬あるいは乾燥に利用する。1m^3のラックに薪を満載すると、重量は300kg以上になるので、ボイラーの前まで運搬するには、ハンドリフトやフォークリフト等を使用する必要がある。

ラックは安価かつ利用者でも修理できる単純な構造のものを大量に購入するという考え方も、導入コストを抑えながら作業性を向上させる方法として有効と思われる。なお薪を積載した薪ラックは、原則ボイラーと同じ室内に保管できないので、薪ボイラー室の新設と併せて、近辺に屋根付きの保管場所を予め用意する等の対応が必要である。

＜引用文献＞

1）Biomass heating CIBSE AM15（2014）
2）日本木質ペレット協会HP
3）日本木質バイオマスエネルギー協会HP
4）熊崎実・沢辺攻：木質資源とことん活用読本（2013.3）
5）㈱森のエネルギー研究所：木質バイオマスボイラー導入指針（2012.3）
6）㈳日本木質バイオマスエネルギー協会編：地域ではじめる木質バイオマス熱利用、日刊工業新聞社（2018.5）
7）QM Holzheizwerke HP

第4章

熱需要分析と設備規模

4.1　事業性の前提となるボイラー容量及びボイラータイプの決定

バイオマスボイラー熱利用プラントの事業性を確保する上での最大のポイントが、化石燃料を代替することによるランニングコストの削減であり、そのためにはバイオマスボイラーの稼働率及びバイオマス依存率（全体の供給熱の中のバイオマス由来の熱の割合。代替率、或いはカバー率とも言う）を最大限高めるボイラーの容量及びボイラータイプを決定することが前提となる。

ボイラー容量・タイプが決まり、バイオマスボイラー稼働率、バイオマス依存率がわかれば、燃料消費量およびバイオマス導入前の化石燃料消費量と比較しての燃料代削減効果も計算できるので、バイオマスを導入するかどうかを判断する材料ともなる。

本章では、これらボイラー出力の決定方法について、東北地方の介護施設の事例（事例－１）にもとづいて検討する。

また、別の温浴施設の事例と比較して、熱需要のパターンによる事業性の違いについても考察する。

資料および分析手法は、㈱WBエナジー提供のものを用いるが、その手法は基本的に欧州で一般的に行われているものと同等である。

4.2　熱需要の全体像の把握

バイオマスボイラーの出力・タイプを検討するためには、既存の施設で石油ボイラーを使っているのであれば、まずは燃料使用量を入手する。既存施設の場合、重油ボイラーの月別燃料使用量から、熱需要の季節変動、年間総需要が分る（図4-1）。本施設では重油を使用しており、その年間消費量は、143,000Lである。

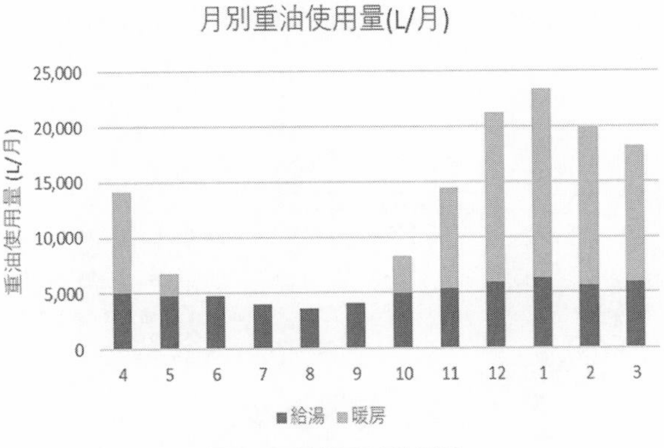

図4-1　月別重油使用量

次いで、施設の活動実態から、用途別（暖房、給湯）の使用パターンを求め、時刻別の熱需要を分析する。その際参考になるのは、空気調和・衛生工学会から出版されている便覧、技術手引書等である[1)〜4)]。給湯需要の分析には、入浴者数、浴槽の大きさ、浴槽の入れ替え頻度、昇温温度等のデータを入手する。空調需要の分析には、熱損失係数、面積、温度差等のデータを用いる。

これにシステムの熱損失、熱需要同時使用率、季節別・日別・時間別変動等を考慮して、年間および時間ごとの負荷変動（年間8,760時間分）を求める。本施設の年間熱需要は117.7万kWh、うち給湯需要49.6万kWh、暖房需要68.2万kWhであり、時間ごとの熱負荷変動は、図4-2のとおりである。

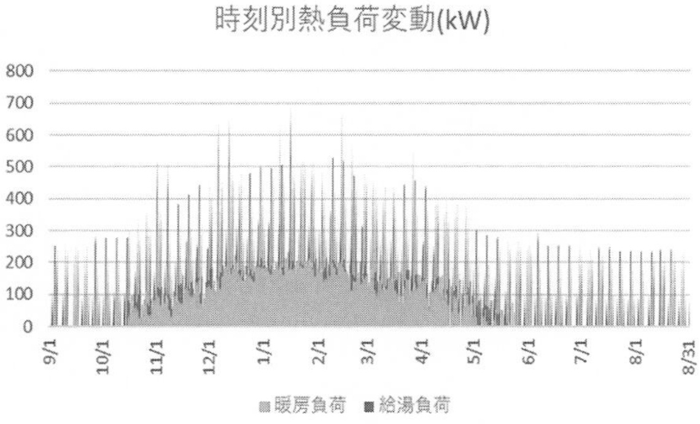

図4-2　年間時刻別負荷

次いで、これを大きさ順に並び替え、年間負荷持続曲線（Annual Load Duration Curve）を作成する（図4-3）。

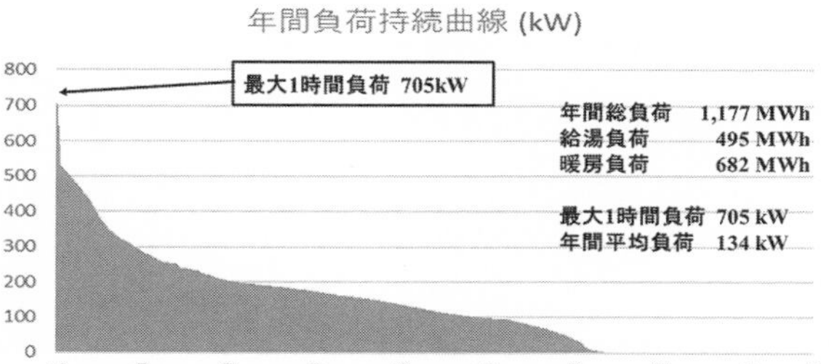

図4-3　年間負荷持続曲線（Annual Load Duration Curve）

また、ボイラー出力・タイプを検討するに際しては、ピークおよびオフピークの１日の熱負荷分析も必要である。ピークは、選定したボイラー・蓄熱タンク容量でのバイオマス依存率を分析するために用いる。オフピークは、ボイラータイプ（連続運転タイプか、断続運転タイプか）を検討するのに必要となる。

本施設のピーク期における１日の給湯・暖房需要は図4-4のとおりである。この期間は、１日24時間連続して、約200kWの安定した暖房需要がある。日中は、風呂の利用による給湯需要が加わり、暖房・給湯合わせ最大705kWの熱負荷が発生する。

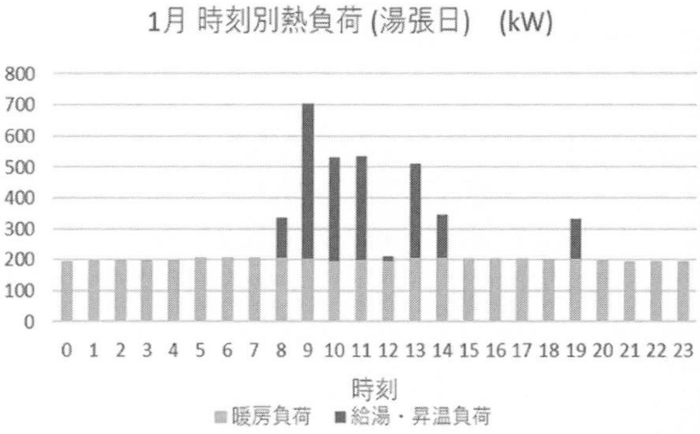

図4-4　１月ピーク日の24時間熱負荷

他方、オフピークである８月の熱負荷は図4-5のように給湯需要のみであり、最大で200kW、それも１日に数時間程度である。このため、オフピーク時には、連続運転タイプのボイラーでは対応は困難である。仮に、大きな蓄熱タンクと組み合わせて連続運転タイプを選定した場合、ピーク時には対応可能でも、オフピーク対応はバイオマスボイラーの休止と石油ボイラー依存となり、現実的ではない。

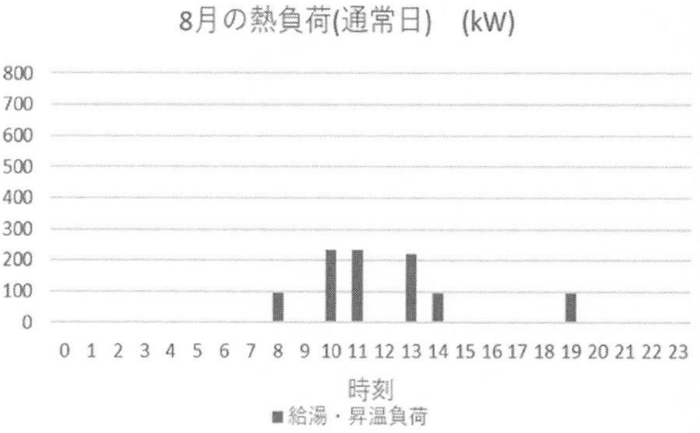

図4-5　８月オフピーク日の24時間熱負荷

このように、今回の熱負荷パターンに対しては、連続運転タイプのボイラーでは対応できないので、以下では断続運転タイプのボイラーを前提に、ボイラー容量を検討する。

4.3　熱需要分析とボイラー・蓄熱タンクのサイジング

以上の熱需要分析（熱負荷分析と同じ意味）をもとに、バイオマスボイラーと蓄熱タンクの最適容量を検討する。なお、バイオマスボイラーの出力変動幅は、定格出力の30％から100％とする。

石油ボイラーであれば、通常、年間の熱負荷分析で得られた最大負荷日の負荷変動に注目し、そのピーク負荷に基づいて安全率を掛けてボイラー容量を導き、低負荷期の運転を考慮して機器構成を検討するのが通例である。本施設の最大負荷は705kWなので、石油ボイラーの場合、これを大幅に上回る設備を導入することになる。

これに対し、バイオマスボイラーの容量を同じ手法で計算すると過大設備となり、設備コストが非常に高いものになるのみならず、熱需要が少ない時に正常な運転ができなくなってしまう。反対にボイラー容量が小さすぎれば稼働率は高まるが、出力を超える熱負荷に対しては石油ボイラーに依存することになる。バイオマス依存率が低くなり燃料代削減の十分な効果が発揮できなくなってしまう。

バイオマスボイラーの最適容量を決めるベースとなるツールは、年間負荷持続曲線であり、これを用いて分析する方法は三つある。

第一は負荷帯別の時間数分布表である（表4-1）。これによると、500kWを超えるピーク負荷帯は154時間で、全体の1.8％、300kWを超える高負荷帯でも890時間、全体の10.2％にとどまっていることがわかる。他方で、100kW以下の低負荷帯は無負荷を合わせて3,835時間、43.8％を占める。また、非暖房期間中の夜間などの無負荷帯は2,425時間、全体の27.6％である。

このため、容量300kWの断続運転タイプのボイラーを導入すれば、基本的に300kW以下の熱負荷には対応できるので、全体時間の９割程度はカバーできることになる。

第二は経験則[5]に基づくもので、年間負荷持続曲線において5,000時間の負荷をチェックし、その負荷が出力変動幅下限値になるような容量のボイラーを選択する方法である。図4-3から5,000時間で99kWとなるので、出力変動幅比３：１とするとボイラーの定格容量は約300kWとなる。図4-3から、300kWであればバイオマス依存率がかなり高くなることが期待できる。また、出力変動幅下限値の100kW以下の領域も少なく、オン・オフ頻度も少なることが予想される。

第三は、これも経験則[5]に基づくものだが、ピーク負荷の30～50％を定格容量の候補として検討する方法である。その範囲の容量のバイオマスボイラーを選択すれば、適切な容量の蓄熱タンクと組み合わせて、バイオマス依存率が

表4-1　負荷帯別時間数分布

負荷帯	範囲(kW)	時間数	比率	累積時間	比率
ピーク負荷	500 <	154	1.8%	154	1.8%
高負荷	300 < ≦ 500	736	8.4%	890	10.2%
中負荷	100 < ≦ 300	4,035	46.1%	4,925	56.2%
低負荷	0 < ≦ 100	1,410	16.1%	6,335	72.3%
無負荷	≦ 0	2,425	27.6%	8,760	100.0%
	合計	8,760	100.0%		

80～90%台になるという経験則がある。今回の事例ではピーク負荷は705kWであるので、その30%とした定格容量は約200kW、50%とした場合は同350kWである。

以上から、ここでは、バイオマスボイラー①300kW、②200kW、③350kWの３ケースで詳細に検討する。

バイオマスボイラーは蓄熱タンクと組み合わせて利用することから、蓄熱タンクの容量も設定する必要がある。第３章「ボイラー効率とボイラー構造」で示した蓄熱タンクの容量選定方法は、定格容量の0.6時間分を受給バランス用の容量として用いるものである。

温度成層型蓄熱タンクの上下の温度差を30℃と仮定する。バイオマスボイラーの定格容量として300kWを仮定すると、その0.6時間分の容量は180kWhとなり、温度差30℃では温水5,160Lに相当する。簡易シミュレーション用のベースケースは5,000L（需給バランス用のみの容量であり、実際のタンクの大きさは、この容量に停止時熱回収のバッファー容量を加えたものになる）とする。

ここでは便宜的に、200kW、350kWの両ケースも５トンの蓄熱タンクを用いることとする。この場合の、蓄熱タンクの蓄熱容量は、174kWhである。

4.4　ボイラー出力の違いによるシミュレーション

上で設定したベースケースの値に基づき、簡易シミュレーション・ツールを用いて、熱需要に対応してボイラー出力、蓄熱タンク蓄熱量、石油ボイラー出力の推移を予測する。年間を積み上げて、年間の稼働率やバイオマス依存率（代替率）を推定することもできる。ピークの１月の稼働状況をシミュレーションした結果を図4-6～図4-8に示す。なお、蓄熱タンクの容量を大きくすれば、バイオマス依存率も上がることから、ここでは参考のため、④バイオマスボイラー300kW＋10トン蓄熱タンクの組み合わせもシミュレーションした（図4-9）。

①　300kWボイラーケース（図4-6）

蓄熱タンクがフルに使われていることが分かる。年間シミュレーションの結果は、バイオマス依存率95.6%となっている。定格容量を基準としたフル稼働時間は3,753時間、設備利用率は43%である（3,753h÷8,760h）。

②　200kWボイラーケース（図4-7）

蓄熱タンクに熱を貯める余裕が殆どなく、フ

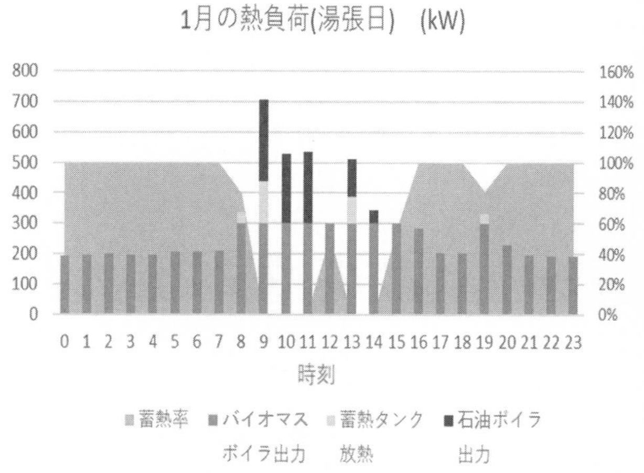

年間総負荷	1,177 MWh
給湯負荷	496 MWh
暖房負荷	682 MWh
ピーク負荷	705 kW
蓄熱タンク	5,000 L
温度差	30 ℃
蓄熱容量	174 kWh
バイオマス・ボイラー	
容量	300 kW
供給量	1,126 MWh
代替率	95.6 %
フル稼働時間	3,753 h/年
石油ボイラー	
最大出力	267 kW

図4-6　300kWボイラー＋５トン蓄熱タンクの稼働状況

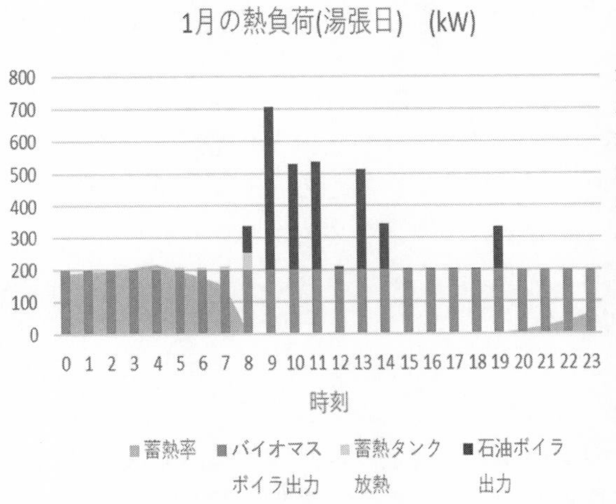

年間総負荷	1,177 MWh
給湯負荷	496 MWh
暖房負荷	682 MWh
ピーク負荷	705 kW
蓄熱タンク	5,000 L
温度差	30 °C
蓄熱容量	174 kWh
バイオマス・ボイラー	
容量	200 kW
供給量	1,013 MWh
代替率	86.0 %
フル稼働時間	5,063 h/年
石油ボイラー	
最大出力	505 kW

図4-7　200kWボイラー＋５トン蓄熱タンクの稼働状況

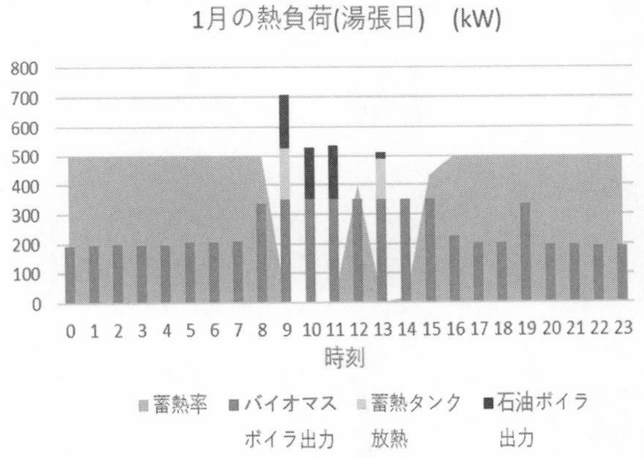

年間総負荷	1,177 MWh
給湯負荷	496 MWh
暖房負荷	682 MWh
ピーク負荷	705 kW
蓄熱タンク	5,000 L
温度差	30 °C
蓄熱容量	174 kWh
バイオマス・ボイラー	
容量	350 kW
供給量	1,153 MWh
代替率	97.9 %
フル稼働時間	3,294 h/年
石油ボイラー	
最大出力	191 kW

図4-8　350kWボイラー＋５トン蓄熱タンクの稼働状況

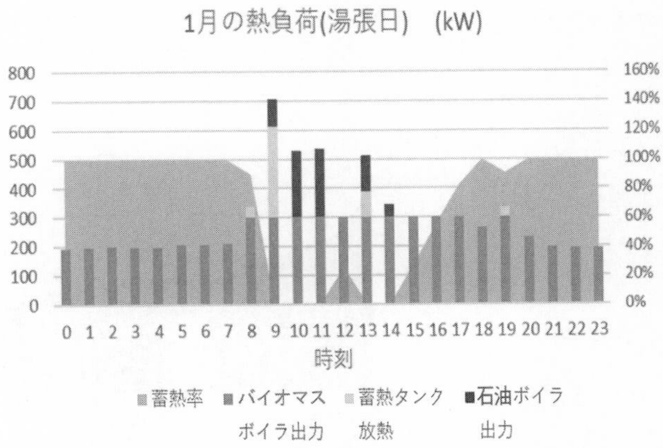

年間総負荷	1,177 MWh
給湯負荷	496 MWh
暖房負荷	682 MWh
ピーク負荷	705 kW
蓄熱タンク	10,000 L
温度差	30 °C
蓄熱容量	349 kWh
バイオマス・ボイラー	
容量	300 kW
供給量	1,149 MWh
代替率	97.6 %
フル稼働時間	3,831 h/年
石油ボイラー	
最大出力	241 kW

図4-9　300kWボイラー＋10トン蓄熱タンクの稼働状況

ル稼働時間は5,063時間、設備利用率は58％（5,063h÷8,760h）と高いが、バイオマス依存率は86％と低めである。

③　350kWボイラーケース（図4-8）

大きめのバイオマスボイラーを設定しても、朝９時前後に給湯ニーズが集中しており、ピーク対応で石油ボイラー稼働が必要となることがわかる。バイオマス依存率は300kWのベースケースよりも少し向上するが、稼働率は多少下がり、サイズを大きくした効果はあまり見られない。

また、このような時間別の稼働状況の分析を見ることで、特定時刻帯の給湯ニーズの集中がバイオマス依存率向上を阻害していることが理解でき、例えば、需要家近くのローカルに貯湯槽を設けて給湯ニーズの時刻帯を移動することで、更にバイオマス依存率向上を狙う可能性も見ることができる。

④　300kWボイラー＋10トン蓄熱タンク（図4-9）

蓄熱タンク容量５トンのベースケースのバイオマス依存率95.6％に対して、10トンでバイオマス依存率97.6％となる。蓄熱タンク容積を増やすことでバイオマス依存率は少し向上しているが、300kW＋５トンの標準組合せでのバイオマス依存率でも十分に高いため、蓄熱タンク容量を倍にしたバイオマス依存率向上効果と蓄熱タンク容量を倍にすることによるイニシャルコストの増分や機械室設置スペースとの関連などを総合的に勘案することになる。この結果であれば、５トンの蓄熱タンクの採用が一般的と思われる。

以上のような、稼働状況のシミュレーションを実施することで、ボイラーの容量や蓄熱タンクの容量を確認したり、改善点の可能性を見出したりすることができる。

今回の検討では、ベースケースどおり、300kWボイラーと５トンの蓄熱タンクの組み合わせが妥当と判断できる。

4.5　ベース負荷が大きい温浴施設の熱需要の場合

断続運転タイプボイラーの場合、ボイラー停止時の熱損失は蓄熱タンクにかなりの部分回収されるため、オン・オフ頻度にそれほど神経質になる必要がない。特に年間を通して安定したベース熱負荷があり、ピークも突出していない場合、ピーク近くでバイオマスボイラー容量を決めれば、バイオマス依存率向上による経済性向上が狙える。

その典型は、温浴施設である。東北のある温浴施設の事例（事例－２）について解説する。この施設では、灯油18.8万L/年使っており、年間熱需要は157万kWhである（図4-10）。また、熱負荷分析による年間負荷持続曲線は、図4-11のとおりである。

本施設では、100kW以上の熱負荷が8,400時間、

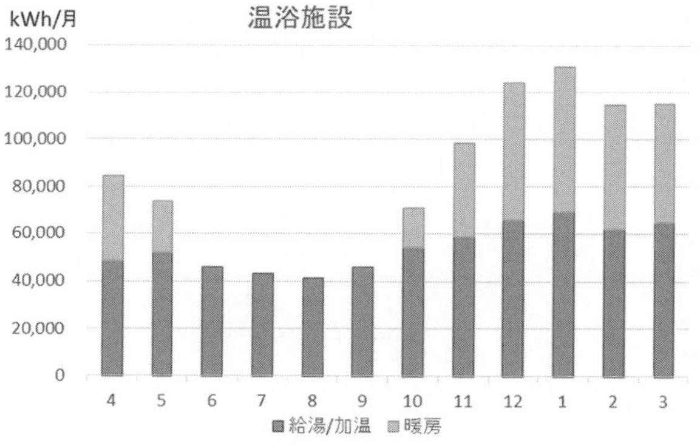

図4-10　年間の月別熱需要（温浴設備の事例）

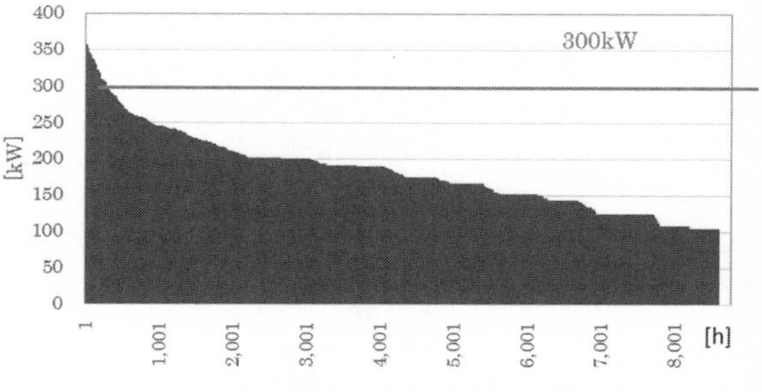

図4-11　年間負荷持続曲線（温浴設備の事例）

以上ある半面、最大負荷は350kW程度におさまっている。この場合、蓄熱タンクと組み合わせれば300kWを超える熱負荷もある程度カバーできる可能性がある。また、このような熱負荷パターンでは、300kWのボイラーで年間5,000時間前後の稼働時間を稼げるうえ、100％に近いバイオマス依存率を達成することができるので、事業性を大幅に向上させることが可能となる。このような熱負荷の場合、断続運転タイプのみならず、連続運転タイプのボイラーでも、対応可能である。

4.6　熱需要の違いによる事業性の比較

以上の分析をふまえ、300kWと５トンの蓄熱タンクの組み合わせによる燃料代削減効果を東北の介護施設と温浴施設とで比較分析する（表4-2）。チップ消費量、バックアップ用重油消費量から燃料代を計算し、それを石油ボイラーのみの場合と比較して、燃料代削減効果を計算する。なお、重油代80円、チップ代3,800円/m^3（水分35％）、バイオマスボイラー効率92％、重油ボイラー効率80％と仮定する。システム損失は考慮しない。水分35％のチップの熱量は733kWh/m^3、重油熱量は、10.6kWh/Lである。

介護施設の場合、熱負荷は117.7万kWh、うちチップによるバイオマス依存率は95.6％なので、チップの担当する熱負荷は112.6万kWh分である。ボイラー容量300kWなので、定格出力での稼働時間は3,750時間である。バイオマスボイラーの効率を92％とすると、投入熱量は122.4万kwhとなる。チップの熱量733kWh/m^{3}なので、チップ消費量は、1,670m^3、チップ価格3,800円

表4-2　介護施設のバイオマスボイラー導入による燃料代削減効果（300kW＋５トン）

	熱負荷	燃料消費量	単価	燃料代
バイオマス導入前の重油消費に関するデータ				
重油	1,177,000　kWh	142,886　L	80　円/L	**11,430,880　円**
バイオマスボイラー300kW＋バックアップ重油ボイラー				
チップ	1,125,000　kWh	1,668　㎥	3,800　円/㎥	6,338,400　円
重油	52,000　kWh	6,132　L	80　円/L	490,560　円
チップ+重油代				**6,828,960　円**
燃料代削減額				-4,601,920　円

表4-3　温浴施設のバイオマスボイラー導入による燃料代削減効果（300kW＋５トン）

	熱負荷	燃料消費量	単価	燃料代、円
バイオマス導入前の重油消費に関するデータ				
重油	1,570,000　kWh	18,800　L	80　円/L	**1,504,000　円**
バイオマスボイラー300kW＋バックアップ重油ボイラー				
チップ	1,570,000　kWh	2,328　㎥	3,800　円/㎥	**8,846,400　円**
燃料代削減額				-7,342,400　円

をかけて、チップ代は634万円である。

他方、重油ボイラーの担当分5.1万kWhに必要な重油量は、6,132Lであり、重油価格80円をかけて、重油代は49万円である。したがって、チップ代と重油代の合計は、683万円となる。

他方、バイオマス導入前の重油消費量は14.3万Lなので、燃料代は1,143万円である。したがって、この場合の燃料代削減効果は460万円ということになる。

同様に温浴施設の事例についての燃料代削減効果の計算結果を、**表4-3**で示す。燃料代削減額は734万円と、介護施設の例に比べ、274万円ほど効果が高く、それだけバイオマス導入のメリットが大きい。これは、温浴施設なので年間を通して安定した給湯需要があること、このため定格出力での稼働時間が5,230時間と、非常に高い稼働率を実現できること、ピークが極端でなくバイオマス依存率100％が達成できることによる。

これら計算結果は上記のとおり、チップ価格を水分35％で3,800円/m^3、重油価格を80円/Lと仮定しての計算である。チップ価格は地域により様々であり、3,000 ～ 4,000円程度の幅がある。また、計算の根拠として重油価格は現在価格とするのが一般的だが、将来価格をどうみるかによって、投資判断はかわってくる。事業性評価は、これら要因を総合的に勘案のうえ、個々の事例で具体的に検討していくことになる。

＜引用文献＞

1）空気調和・衛生工学会：空気調和・衛生工学便覧(3)空調調和設備編

2）空気調和・衛生工学会：空気調和・衛生工学便覧(4)給排水衛生設備編

3）空気調和・衛生工学会：空気調和設備計画設計の実務の知識（2017.3）

4）空気調和・衛生工学会：給排水衛生設備計画設計の実務の知識（2017.3）

5）CIBSE（Chartered Institution of Building Services Engineers）, Biomass heating AM15:2014

第5章

熱供給システムのエンジニアリング

5.1　バイオマスに最適化された熱供給システム

本章では、蓄熱タンク、熱導管、ポンプ、熱需要家への接続機器などから構成されるバイオマス熱供給システムについて、事業性を確保するために重要なポイントとなる、配管設計、制御設計、機器選定について解説する。執筆に際しては、先進欧州技術による熱供給システム導入に実績のある㈱WBエナジー社の技術知見・経験、および欧州の技術解説書を参考にした。

熱供給のシステム設計で特に重要なのは、蓄熱タンクへの温水の還り温度制御とそれによる温度成層の生成、温水の往き還り温度差（ΔT）制御である。この熱供給システムの制御方法は、システム最適化の前提となるものであり、従来の石油ボイラーのシステムとは根本から異なる。

現状、バイオマスボイラーは以下のような問題を抱えているケースがほとんどであるが、その多くは、石油ボイラーの延長でシステム設計されているため、この制御が適切になされていないことに起因している。

① バイオマスボイラーが稼働すべき時に、石油ボイラーが稼働してしまい、バイオマスの稼働率が計画したように上がらない。

② ボイラープラントを動かすための電気が非常に大きく、電気代が事業性を損ねている。

③ バイオマス燃料の使用量に対し、化石燃料の削減量が計画時の想定より少ない。

5.2　蓄熱タンクの温度成層と還り温度制御の必要性

蓄熱タンクへの温水の還り温度制御とそれによる温度成層、温水の往き還り温度差（ΔT）は、バイオマスボイラーの制御を決定する基本要因である。これはまた、事業性の高い熱供給システムを構築するための出発点でもある。

バイオマスボイラーのオン・オフは、標準では蓄熱タンクの上層・下層の温度（蓄熱量）で制御される。例えば、バイオマスボイラーの設定温度を、稼働60℃、停止80℃とした場合、上部温度が60℃に低下すれば最低限の熱量しか残っていないと判断してボイラーは起動し、タンク下部まで温度が80℃になれば、蓄熱タンクには停止動作に必要な最小限のバッファーしか残っていないと判断してボイラーは停止する。

また、バイオマスボイラーの出力はボイラー水の往き還り温度差により制御されるが、この制御は温度成層された蓄熱タンクとの併用を前提として設計されている。例えば、定格出力相当の熱を供給するために15℃以上の温度差が必要なボイラーの場合、温度差が15℃より小さくなる、すなわち缶水への還り温度が上昇すると、ボイラーは出力を低下させるように制御する。

缶水への還り温度がさらに上昇し、温度差が5℃より小さくなると、燃焼停止の段階に移行するよう設計されている。

このようなオン・オフならびに出力制御のためには、蓄熱タンクの温度成層が維持されることが前提である。温度成層が維持されないと、オン・オフ所要時間の長さのカバーが不十分になり、定格出力を大きく下回る状態での稼働が発生しやすくなる。そうするとバイオマスボイラーでは熱需要の変動に対し、十分な熱を供給できなくなり、石油ボイラーが頻繁に稼働してしまう。これらはバイオマスボイラーが計画通り稼働しない原因となる。

5.3 往き還りの温度差ΔTとシステム効率－ポンプ動力

温水の往き還り温度差（ΔT）制御はまた、バイオマスボイラー熱供給システムの事業性に大きな影響を与える。ΔTとは、配管内の温水の往き温度Tfと還り温度Trの差「Tf-Tr」である。ΔTを大きくすれば、動力代の削減、熱損失の抑制など、システム効率を上げることができる（表5-1）。反対に、ΔTが小さいと、動力費がかさむ、熱損失が拡大するなどで、事業性が大きく損なわれかねない。

例えば、ΔTが10℃の場合とΔTが20℃の場合とで必要となるポンプ動力について、比較してみよう。

流量をFとすれば、Cp×F×ΔT（Cp：水の比熱）が利用した熱量となる。すなわち利用できる熱量が同じであれば、FとΔTは反比例の関係にある。仮にΔTを20℃で利用する場合に比べ、ΔT10℃に比べ、同じ熱量を利用するための熱導管温水流量は1/2で済む。

圧力損失は流速（流量）の約2乗に比例し、ポンプ動力は流量×圧力損失に比例するので、流量が1/2になれば、ポンプ動力は近似的に1/2の3乗の1/8程度まで激減する。

缶水温度を基準にオン・オフを制御する石油ボイラーの場合、還り温度制御は無く、ΔTは10℃以下の小さな値となることが多い。このためΔTが大きいシステムと比較して、温水流量が多く、ポンプ動力も大きくなる。それでも従来、ポンプ動力が問題視されてこなかったのは、ポンプ動力の電気代を把握することが難しかっ

表5-1　ΔTを大きくした場合に性能や設計に与える影響

ポンプ動力	温水配管主ポンプの動力ならびに消費電力を大幅に低減可能
熱損失	・配管径を細く設定可能になり、配管の表面積減少 ・温水の還り温度が低温化され、環境温度との温度差減少 ・これらによる熱損失の抑制
稼働率・バイオマス依存率	・蓄熱タンクの容量あたり蓄熱量が増加 ・蓄熱タンク下部温度の低温化により、バイオマスボイラーの制御性向上
イニシャルコスト	以下の効果により、コスト抑制 ・熱導管の管径を細く設定可能 ・蓄熱タンク容量の削減 ・ポンプ容量の縮小
留意点	・温度差を十分にとるための設計ノウハウ・設備機器の利用が必要 ・熱利用機器と環境温度との差が若干減少するので、既存熱利用機器をそのまま転用可能か確認が必要

たこと、石油ボイラーと熱利用機器とは隣接している場合が多く配管長が短いので、ポンプ動力が過大な機器を選定していると意識されない場合が多かったためと考えられる。

しかしながら、バイオマスボイラーは、蓄熱タンクやサイロなど、設備が大きくなることから、熱需要先から少し離れてエネルギー棟として立地されることが多く、配管長は長くなる傾向がある。石油ボイラー制御の延長でバイオマスボイラーのシステム設計をすれば、配管長が長い分、ポンプ動力が過大となり、電気代は大幅に上昇してしまう。

5.4　ΔTと熱損失

次にΔTと熱損失の関係について、見てみる。

温水の供給温度と外気温などの環境温度との温度差が大きければ大きいほど、熱損失は大きくなる。このため、温水の供給温度を下げて、環境温度との差を小さくすればするほど、熱損失を抑制することができる。

たとえば、供給温度は85℃と同じだが、①還り温度を75℃（ΔT＝10℃）と、②還り温度65℃（ΔT＝20℃）の場合の熱損失の違いをみてみよう（**表5-2**、ケース１）。環境温度は20℃とする。

ΔTが10℃の①では、往きと還りの中間温度は80℃となり、環境温度との差は60℃となる。ΔTが20℃の②では、中間温度は75℃となり、環境温度との差は55℃である。このため、中間温度と環境温度との差は、②と①とで５℃の違いができることになり、②は①に比べ、熱損失を約8％抑制することができる。

これは、温水の往きの温度が85℃と一定で、ΔTを変化させた場合だが、ΔTが同じ場合でも、今度は温水の温度を下げれば、熱損失はさらに抑制できる（**表5-2**、ケース２）。

たとえばΔTが同じ20℃だが、③往きの温度が85℃の場合、環境温度との差は55℃である、他方、④往きの温度を70℃にまで下げることができれば、温度差は40℃まで縮めることができる。つまり、85℃の場合に比べ、環境温度との差は15℃小さくすることができ、熱損失を27％抑制することができる。

表5-2　温度差による熱損失の違い

(a)　ケース１：往き温度が同じでΔTが10℃と20℃の場合

	①	②
往き	85 °C	85 °C
還り	75 °C	65 °C
ΔT	10 °C	20 °C
➡中間温度	80 °C	75 °C
環境温度	20 °C	20 °C
中間温度と環境温度との差	**60 °C**	**55 °C**
熱損失の比較		
(60-55)÷60=0.08で、②は①に比べ、熱損失が8％少ない		

(b)　ケース２：ΔTが20℃と同じで、往き還り温度が異なる場合

	③	④
往き	85 °C	70 °C
還り	65 °C	50 °C
ΔT	20 °C	20 °C
➡中間温度	75 °C	60 °C
環境温度	20 °C	20 °C
中間温度と環境温度との差	**55 °C**	**40 °C**
熱損失の比較		
(55-40)÷55=0.27で、④は③に比べ、熱損失が27％少ない		

5.5　還り温度制御とインバータポンプ

このように蓄熱タンクの温度成層とΔTは、バイオマスボイラーを適切に制御し、システム効率を最適化するための前提条件となる。ところが、日本の従来の石油ボイラーの熱供給システムでは、ΔTが小さく、求められる流量が大きい分、配管径が太いか、速い流速で設計されるのが通常である。さらに、熱需要の変動には、バイパス制御等で対応するため、変動時も温度制御せずに還ってくる（**図5-1**）。

これをそのままにして、ボイラーのみバイオ

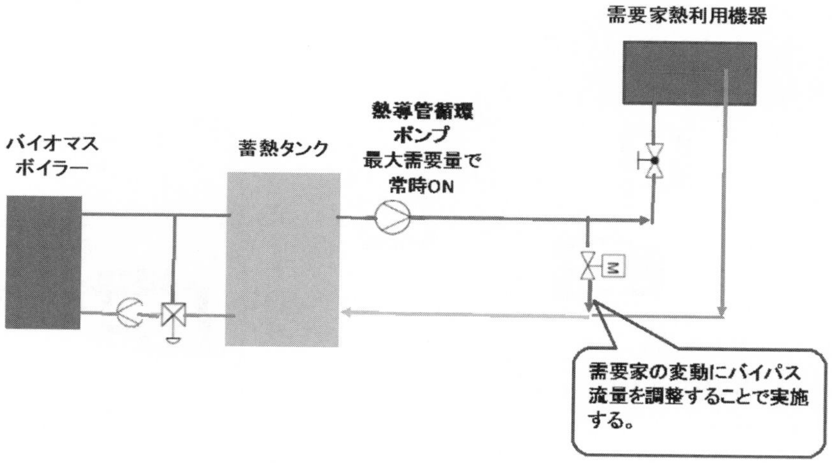

図5-1　従来の熱供給システム

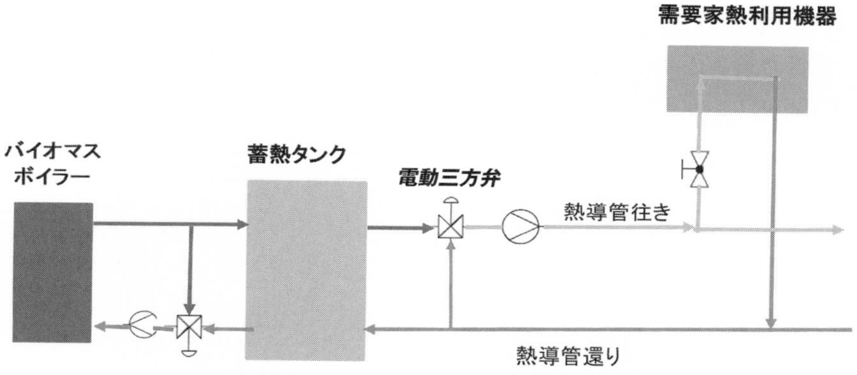

図5-2　還り温度を制御している熱供給システム

マスボイラー・蓄熱タンクに切り換えると、温度制御無しに大量の高温水をタンク下部に還すので、タンク内の温度成層は崩壊し温度が均一化する。この結果、バイオマスボイラーは適切に運転することができなくなってしまう。さらに、ポンプは最大負荷で稼働し続けるため、熱需要が変動する場合に大きな動力損失となる。

したがって、バイオマスボイラーのシステム設計では、還り温度をどう制御するかが最大のポイントである。ただし、日本では既存の熱需要側も大きい温度差を設けず運用している場合が多く、還り温度を制御する設計を用いても、常時ΔTを大きくとって還り温度を低く維持することは困難である。

そこで、還り温度の変化がタンク内の温度成層に与える影響を抑制するため、温水の温度を電動三方弁で制御する方法を用いる（図5-2）。これにより、還り温度が高過ぎれば、熱需要側でその中を再循環するように、還り温度を見て制御できるようになる。これで熱導管の還り側ならびにタンク下部に高い温度の温水が戻されず、温度成層の崩壊を防止できる。

なお、この制御に対しては回転数制御（インバータ制御）によるポンプの流量制御が電気代の面で効果的となる。国産で本規模のインバータポンプは販売されておらず、欧州製となるが、日本でも入手可能である。図5-3は、その例である。インバータポンプだけで定回転数制御、

図5-3　インバータ内蔵ポンプ
右は2台のポンプがセットになっており、台数制御も可能
（資料提供 WBエナジー）

定圧変流量制御、変圧変流量制御も可能となっている。2台のインバータポンプがセットとなり台数制御も簡単に対応できる仕様の機種もあり、利便性にも優れる。欧州では過去十数年間で温水利用のイノベーションが進み、インバータポンプも進化した。欧州では、温水供給用のポンプは、インバータ仕様が基本となっている。

5.6　配管径の選定と ポンプ動力／熱損失

熱損失の抑制とポンプ動力の抑制のためには、配管径の選定（配管内流速の設定と同じ意味）も重要である。

日本の建築関係では、給水関係の管内流速は2.0m/s以下、セントラル方式の給湯配管では1.5m/s以下とすることが通常である[7]。ΔTの設定では、日本では10℃程度が多く、欧州では30

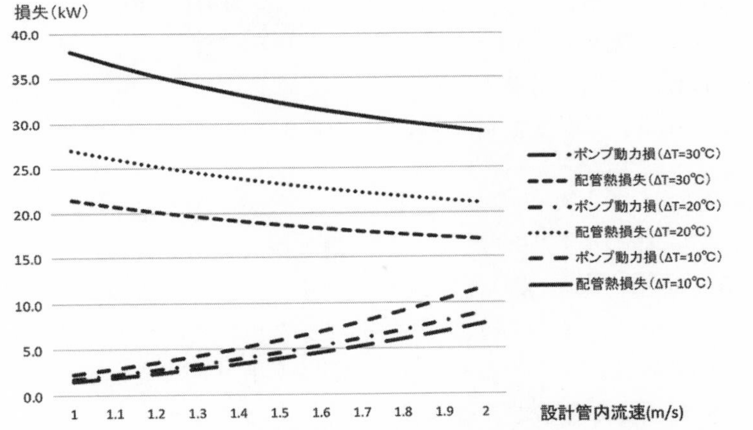

図5-4　設計管内流速とΔTをパラメータとしたポンプ動力損と熱損失

表5-3　ポンプ動力、熱損失の計算条件

前提条件	輸送距離	1km往復、直管
	供給熱量	300kW
	温度条件	温水送り出し温度80℃　ΔTを30℃、20℃、10℃の3ケース
	管内流速設計値	設計値の管内流速を決めて、供給熱量とΔTから管径を逆算する 管内流速は1m/sから2m/sの間でパラメータスタディ
	断熱仕様	厚さ30mmの高断熱ウレタン
計算式	圧力損失	摩擦係数　$f=0.3164*Re^{-0.25}$ 直管の平滑管を前提、温水温度60℃の物性値利用
	ポンプ動力	ポンプ動力=Q×ΔP÷（60000×η）kW Q流量　L/min ΔP圧損　kPa η　ポンプ効率（0.5仮定）
	熱損失	二重管の断熱材の部分のみを評価。環境温度5℃
		Q=2πλ×（T1−T2）÷ln(r2/r1) Q:熱量　W　λ:熱伝導率　W/(mK) T1−T2：管内温水温度－環境温度　r2/r1:断熱層外径/内径

℃程度の設定が多い。

図5-4は、ΔTの設定が、圧力損失、熱損失、配管径にどのような影響を与えるのかを試算したものである。表5-3は、その計算条件を示した。

本試算では、kW換算でみれば熱損失が常にポンプの動力損失よりも大きいが、熱損失の1kWと動力損失の1kWでは価値が全く違う。電気料金は、kWhあたり25円程度、チップのkWhあたり単価は、5円前後であるので、電気と熱の単価には5倍もの開きがある。つまり、熱損失もポンプ動力損失も、同じ程度に重要課題である。

管内流速を遅く設定すると配管径が大きくなり、熱損失が無視できない。他方、管内流速を高めに設定すれば熱損失は多少下がるが、ポンプ動力が急激に大きくなる。ポンプ動力を熱量の2%以下（300kW×0.02＝6kW）に抑えるとすると、管内温水流速は1.5m/s以下に落とした設計をすることが必要となる。これが設計の目安値になると思われる。

5.7 熱導管

前述のとおり、バイオマスボイラーは、蓄熱タンクやサイロなどが必要となり、設備も大きくなりがちなので、熱需要先から少し距離の離れた場所に立地されることが多く、配管長は長くなる傾向がある。このため、ボイラー室から熱需要先への熱供給用の配管には、断熱性能の高い熱導管を用いることが熱損失を抑えるのに必要となる。

欧州では、熱供給用の配管（流体の温度が90℃以下の場合は架橋ポリエチレン、それ以上の高温の流体の場合は鋼管）を断熱性の高い発泡ウレタンで充填した熱導管が、様々なサイズで入手可能である。一定の径までなら、往きと還りが一体となった、利便性の高いW管もある（図5-5）。

図5-5　発泡ウレタン断熱樹脂製パイプ（W管）の一事例[3)]

日本の工事で施工される温水配管の断熱は、銅管やステンレス管の周りをロックウール等の断熱材で巻いたものが一般的である。発泡ウレタンを用いた断熱も、近年の工業製品の断熱には多く用いられているが、配管の断熱に用いられる事は少ない。

従来のステンレス鋼管の周りにロックウール断熱材を巻いた構造と、発泡ウレタンを用いた場合では、断熱性に大きな差が出る。配管径を仮に65A（外径76.3mm）として、計算した結果

表5-4　配管の種類による断熱性能の計算例

65A（外径76.3mm）仮定

	断熱材料の熱伝導率 W/(m・K)	断熱材厚 mm	熱通過の係数 W/(m・K)
ロックウール	0.045	30	0.487
		60	0.301
発泡ウレタン吹付	0.026	30	0.282
		60	0.174
高断熱発泡ウレタン	0.021	30	0.227
		60	0.140

を表5-4に示す。欧州製の高断熱な配管は、従来の断熱に比べて約２倍断熱性に優れることが分かる。断熱性に優れる上、架橋ポリエチレンは特に設置コスト面でも優れる。

欧州では、システム全体の熱効率が補助金対象の基準となる場合があり、その条件を満たすためにこのような断熱性の高い熱導管が使用されるが、日本で使用しても、従来の工法と比較して熱損失を抑制することで、バイオマス依存率を高め、燃料費すなわちランニングコストを抑制する効果により、投資回収を早められるメリットを享受できる。

5.8　熱需要家との熱授受インターフェース（ヒートステーション）

バイオマスによる温水供給システムの設計・施工を容易とする設備機器に、ヒートステーションがある。これは、１台の制御ユニットが還り温度を含む各回路の温度を制御するモジュールである。ヒートステーションの例を図5-6に示す。熱交換器を持ち、熱導管から熱を受け取り、熱量を計量し、熱導管への戻し温度・圧力も制御する。

この基本的な熱需要家と熱導管のインターフェースに加えて、熱需要家の２次側機器への温度制御機能（図5-6の破線部）を同じユニットの中に設けることで、一つのユニット機器で熱需要家のすべての熱利用機器の温度制御を担当する。熱交換器を介することで、熱導管と熱利用者側の流体を絶縁でき、制御面のトラブルも予防できる。

ヒートステーションを用いない場合、ポンプや電動三方弁、熱交換器などを現場で個別に工事しなければならないこと、その制御も個別に計装を組まなければならないことなどから、コスト高となるうえ、工事にも時間がかかってしまう。

熱供給先が複数ある熱供給システムにおいては、有用な設備機器である。日本でも、バイオマスボイラーからの熱供給と既存熱需要への接続として、また、地域熱供給網の熱需要側接続機器としても、ヒートステーションを用いる事例が出始めてきている。ヒートステーションには、戸建て用、集合住宅用、大規模熱供給網の中継ステーション等、様々な規模や用途の製品がある。

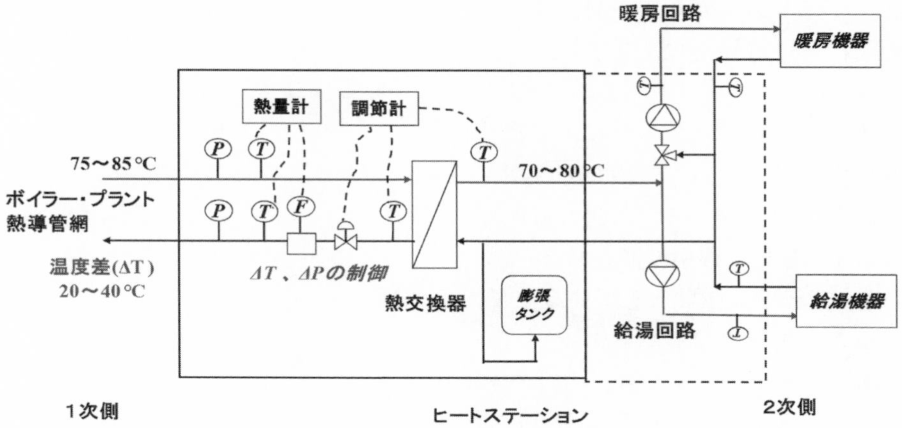

図5-6　ヒートステーション制御回路事例

5.9 熱供給の技術標準化

以上分析してきたとおり、バイオマスの熱供給システムは、従来の日本の石油ボイラーによるシステムとは、その技術体系が大きく異なる。このため、単にボイラーのみバイオマスボイラーに切り換えたのではバイオマスボイラー本来の性能を発揮できず、事業を成立させることができなくなってしまう。

バイオマス熱供給システムの技術体系は、バイオマスに限定されるものではない。今後、日本でも地域熱供給網の整備が進められていくと思われるが、距離のある場所に熱を送る地域熱供給に適用されるべき技術は、バイオマスの温水利用の技術と共通している。より緻密な設計が求められる地域熱供給網は、熱効率の最適化を追求していくことなしに事業は成立しない。

バイオマスによる熱供給や地域熱供給網は、従来の石油ボイラーとは技術体系が異なるがゆえに、そのための技術標準やマニュアルを作成することが不可欠である。その際に参考となるのが、QM Holzheizwerke（木質熱供給プラントの品質管理）[1]である。

これは、スイス、オーストリア、ドイツ南部3州（バイエルン、バーデン・ヴュルテンブルク、ラインラント・プファルツ）にまたがる共同の木質バイオマス熱利用技術の普及組織QM（Quality Management品質管理システム）が共同執筆したもので、欧州における技術標準体系の集大成である。

欧州のバイオマスボイラーならびに周辺機器の設計はこれに準拠している。このため、ボイラーメーカーが異なってもシステム設計方法は共通であり、相互に接続・運用可能となる。

日本では、ボイラーを無圧開放しているなど、欧州の利用環境とは少し異なる点もあるが、バイオマスや地域熱供給網のエンジニアリングの基本は共通である。この点については本章にて整理してきたとおりであり、本来ならこれをベースに、関係する業界あげて、日本におけるバイオマス利用、地域熱供給網の技術標準化作業を行い、徹底させていくべきである。それなしには、いつまでたってもバイオマス熱利用・地域熱供給網の本格的な普及拡大はできないだろう。

＜引用文献＞

1）QM Holzheizwerke HP
https://www.qmholzheizwerke.ch/home.html
2）日刊工業新聞社：（一社）日本木質バイオマスエネルギー協会編地域ではじめる木質バイオマス熱利用（2018.5）
3）㈱WBエナジー提供資料（Radius-Kelit Infrastructure、Wilo、PEWO）
4）柿沼整三・伊藤敦子：考え方・進め方建築設備設計、オーム社（2009）

第6章

安定稼働のための運転管理とメンテナンス

6-1　事業性確保の前提となる安定稼働

バイオマスボイラーの事業性を確保する上での最大のポイントが、ランニングコストの削減であり、そのためには、バイオマス依存率・稼働率を可能な限り高めることであるが、そのためのそもそもの前提となるのが、ボイラーの安定稼働である。

そこで本章では、設計・施工が適切であることを前提として、安定稼働のための運転管理・メンテナンスについて解説する。

なお、バイオマスボイラーの選定に際しては、まずは候補となるメーカーの設備機器が安定稼働しているかどうかを確認する必要がある。必ず、先行導入箇所について、

① 出力と年間稼働時間
② 燃料消費量（バイオマス＋化石燃料）
③ 導入前の化石燃料消費量
（既存施設の場合）

のデータをメーカーに出させて、バイオマス依存率・稼働率を確認する。これらは、最も基本的なデータであり、本来ならどこでも必ず把握しているものである。

6-2　バイオマス燃料の品質基準

使用するバイオマス燃料がボイラーの品質基準要件を満たしていることは、安定稼働の前提条件である。この基準を満たさないバイオマス燃料を使用する場合、ボイラーに不具合が生じても、十分な性能が出なくても、メーカーの保証は適用されず、安定稼働は困難である（図6-1に木質チップ外観の例を示す）。

図6-1　実際に利用している燃料チップの例
バークや微細粒子も混じっているが、この程度であれば支障はない。

ただし、だからといって、メーカーは、ボイラーが適切に稼働しないことを、安易に燃料のせいにしてはならない。そもそも、使用するバイオマス燃料の条件については顧客に事前に十分に説明して、導入後の燃料のトラブルを可能な限り回避するようにするのは、メーカーの責任であり、必須条件である。

欧州であればバイオマス燃料の品質に対する

表6-1　バイマス燃料の品質検査項目

項目	簡易な方法	詳細な方法
水分	簡易水分計測定	含水率計測（乾燥方式）
サイズ・形状	目視確認(長大燃料、微粉) (標準サンプルとの比較)	サンプリング計測 ホワイト、全木、バーク区別
異物・混入	目視確認異物(金属、石、泥・砂)	分析機関による分析
汚染物質・混入	変色度合の目視確認	分析機関による分析
樹種・部位	目視確認(針葉樹、広葉樹) 杉、竹等の適合性確認	

理解も進んでおり、品質基準も規格化され、燃料製造者、ボイラー利用者、メーカーなどに、それが広く共有化されているので、メーカーがボイラー導入者やボイラー管理責任者に対して、燃料について特に説明する必要性は発生しない。

しかしながら、バイオマス燃料に対する理解度が極めて不十分な日本においては、ボイラーを利用する導入者や管理者が燃料に対する正しい理解を持たないと、ボイラーを適切に運用できないことは目に見えている。だからこそ、燃料に対する理解・認識を有するメーカーが、燃料にかかわる説明を導入者に十分にすることによって、燃料に関するトラブルを可能な限り回避することは、当然の責務といえよう。

表6-1は、バイオマス燃料の品質にかかわる項目と検査方法である。このうち、異物や汚染物質などの混入は論外として、実際の現場で日常最も気を付けるべきは、水分と形状である。バイオマス燃料の水分・形状については、同じメーカーであっても、機種によっても燃料要求特性の違いが大きいこともあるので、メーカーはユーザーに対して十分な説明をしなければならない。参考例として、燃料チップの品質基準等についてのメーカー説明資料を添付するので、参照されたい。

＜参考＞燃料チップの品質基準等についてのメーカー説明資料

メーカーの燃料に関する説明責任の例として、以下に、参考のため、燃料基準に関する㈱WBエナジーの顧客用説明資料（一部抜粋）を紹介する。

チップボイラーの円滑な運用や燃料消費量は、使用するチップの品質に大きく依存するとして、詳しく解説している。

1）形状

- ボイラーで使用するチップは、切削チップであることが前提となります。
- 原料は、製材端材、林地残材、剪定枝などでも利用可能です。
- ただし、バークや微細粒子の許容できる混入割合は、10%程度までです。
- 大きさの多少の不ぞろいは問題ありません。また、長い部分の混入も、単発であれば可です。ただし、長い部分の混入比率が多くなればなるほど、燃料つまりの発生する頻度が高くなることがあります。
- 破砕チップを利用した場合や、微細粒子が多い場合は、ボイラーの燃料消費量は増えます。また、灰の量も多くなります。

2）水分

- 水分は、「水を含めたチップ全体の重量に対する水分重量の比」と定義されます。
- チップは水分が低くなればなるほど、単位当たり熱量が増えます（図6-2参照）。
- 水分が低ければ、その分エネルギー含有量も多くなり、熱効率が向上します。
- 本ボイラーで燃焼できるチップの水分の上限は、機種Aで45%、機種Bで40%です。
- ただし、可能な限り水分管理されたチップを利用することを推奨します。理想は、水分30～35％です。

- 水分が高すぎると、以下のトラブルを起こしやすくなります。

(1)　サイロの中でブリッジをおこし、燃料が十分に投入できなくなる。

(2)　灰に水分が混じり固まりやすくなる。

(3)　不完全燃焼となりうる。

(4)　ボイラーが冷めている状態の場合、着火不良となりうる。

- また、水分の高いチップは、特に冬季に問題をおこしやすい傾向があります。
- 水分が低すぎると、炉内の温度が高くなり、燃焼炉やレンガが傷みやすくなります。

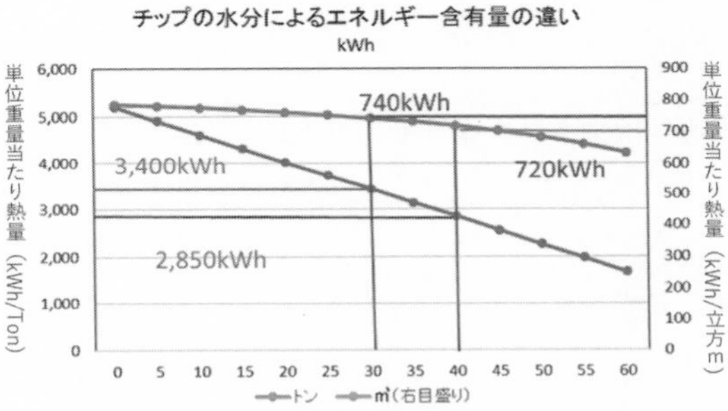

図6-2　チップ水分量と単位あたり熱量相関

3）チップ水分とボイラー出力の関係（図6-3）

- ボイラー本来の出力の基準は、チップ水分28％です。
- 水分が28％を超えると、ボイラーの出力が低下していきます（図6-3参照。ただし、ボイラーにより相違あり。本事例は、機種Aの場合です）。

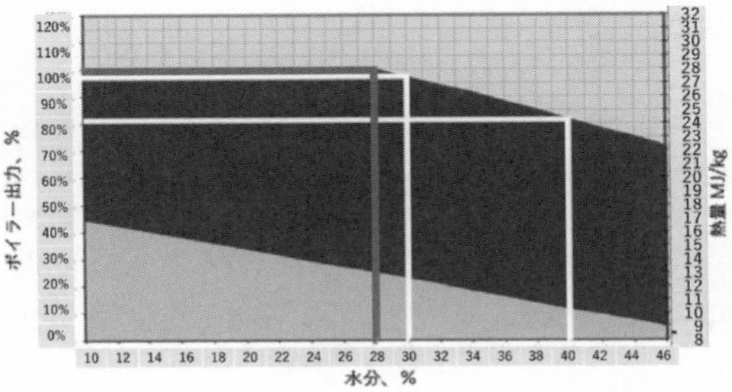

図6-3　チップ水分とボイラー出力の関係

6-3　バイオマスボイラーの運転

バイオマスボイラー設置現場に運転管理者を配置することは必須である。管理者は、ボイラーが自動運転であることを前提として、普段は別の業務を行う兼任で十分である。現場管理者がボイラーにかかわるのは、燃料の管理や、自主メンテナンス、灰処理作業、不具合時の対応、メーカーとの連絡などである。表6-2に運転管理者の日常一般業務をまとめたので参照されたい。

バイオマスボイラーの自動運転とは、基本的に、燃焼制御（出力調整、オンオフ制御）、煙管自動清掃装置、自動灰出しの機能が付いており、普段の運転は人の手を介す必要がない運転である。これらが自動でないと、運転管理者が現場に張り付かなければならず、それだけでもコストがかかって、事業が成立しなくなってしまう。

バイオマスボイラーの自動運転・遠隔監視機能は、従来の石油ボイラーにはないほどの進化した機能を有しているといえるが、それでも燃料がチップの場合、ボイラーそのものは、石油ボイラーよりも現場での対応を必要とする。反面、ペレットボイラーの燃料系のトラブルは少なく、この点では石油ボイラーに近い利便性を備えている。

チップボイラーで現場対応が必要となる代表的な事例は、チップ燃料つまりである。燃料のボイラーへの投入口にチップが固まってしまう、センサにバークのような長いものが重なってセンサが機能しなくなるなどの症状である。図6-4に、杉のバークが配送スクリューに絡まった例を示すが、微粉が多い、バークの長い部分の混入度合が多いバイオマス燃料の場合に、発生頻度が高くなる。

また、灰の処理も石油ボイラーにはない作業である。灰の処理の手間の軽減のためには、灰出しの処理が自動であることは必須である。ま

表6-2　一般的なバイオマスボイラー運転業務

作業・業務	頻度	概要
ボイラー稼働状況の確認	適宜	遠隔監視画面による各種パラメータの確認
稼働状況の記録	適宜	通常は遠隔監視機能にて、データ自動記録・分析が可能である。
燃料量の確認（自動化）	適宜	運転計画に合せた燃料量を確認、不足の場合は補充連絡する。
燃料受入・検査	適宜	バイオマス燃料の品質チェックも兼ね、水分、サイズ、形状のチェック行い、異常発見時は連絡する。
着火（自動化）	適宜	断続運転タイプでは自動着火。着火して、熱を供給できるまでには一定の時間を要する。
消火（自動化）	適宜	自動消火。燃焼炉内の火が完全に消えるには時間を要する。それまでは放熱し続ける。
灰箱交換	回/1-6 週	メーカー、燃料の品質によって灰の比率は異なる。灰箱は十分な容量であること（最低でも、ピーク期1週間分）。
灰掃除(燃焼炉)	適宜	自動が基本だが月に 1 回程度は追加掃除が必要となる場合もある（メーカー、機種、燃料の質などにより異なる）。
煙管クリーニング	適宜	自動。自動でない場合、効率の低下、人力による掃除、稼働率・依存率低下などにより、事業が成立しない。
冬期除雪作業	適宜	冬期の積雪地帯での燃料配送道路の確保

図6-4　スギのバークがスクリューに絡まった例

た、灰箱は大きいほうが良い。少なくとも、ピーク時でも1週間以上は交換不要な程度の容量が必要である。

灰出しが自動であっても、炉内の隅に蓄積していったり、水分が多いチップを使うと灰が凝縮して固まったりするので、定期的に目視で確認・清掃することが望ましい。

ボイラーの構造が適切であれば、通常はクリンカの発生はかなり抑制されている。クリンカができるようであれば、燃焼制御やボイラーの構造に問題がある可能性が大きい。ボイラーメーカー・機種を決める場合、この点も確認する必要がある。

6.4　遠隔監視機能と不具合対応

欧州製のボイラーは、インターネット回線を利用して、スマホやタブレット、PCで、ボイラーの運転状況をリアルタイムで確認できる遠隔監視機能がついているものが標準となっている。これは安定稼働のために不可欠の機能である。遠隔監視機能があれば、不具合発生時には遠隔監視画面で確認できるし、電話、メール等で連絡が来るようにすることもできる。

遠隔監視では、ボイラー運転にかかわるすべてのパラメーターを確認できる。たとえば、出力、燃焼状態、送り・還り温度、一次・二次燃焼温度、給気・排気ファンの運転状況、負圧状態、酸素濃度、蓄熱タンク温度、二次側熱供給温度等々である。これにより、ボイラーの運転や温水供給システムが順調か、不具合・問題点の有無をまずは確認することができる。

図6-5に遠隔監視モニター画面の例を示すが、不具合が発生した場合にもメーカーはこのような画面を見てどこに問題があるかの見当をつけたり、把握したりできるので、現地の管理責任者に対応を指示できる。これにより、復旧の時間短縮、コスト削減が可能となる。遠隔監視機能がなければ、不具合が発生した際の適切な対応を指示することも困難で、いちいち現場に行かなければ対応できないということになりかねない。

不具合状況によっては、現場の管理者では対応しきれないものもある。その場合は、メーカー本社もしくは近隣のメーカー代理店からの担当者が現場にかけつけることになる。このレベルでのバイオマスボイラーの不具合対応は、相応の訓練を受けてないと難しい。メーカーによっては、現地での不具合対応は代理店での対応としている場合、その担当の者の名前と訓練の度合いを確認することも必要である。

なお、このようなメーカーのサポート体制に関しては、対応時間、対応日（週末祝祭日）、サポート料金などを事前に確認しておくべきである。

6.5　安定稼働のための メーカーサポート体制

ボイラーに不具合が発生した場合、メーカーがどのようにサポートするか、また、料金体系についても、導入前に十分に確認しておく必要がある。

なお、原因の特定がすぐにできないような不具合が発生した場合、輸入ボイラーであれば、輸入代理店とメーカー本社との緊密な連携ができていることが重要である。このため、日本の輸入代理店に対しては、メーカー本社との連絡体制（日本側および本社側担当者）などについて、詳しく確認する。この点は国産ボイラーでも同様に確認する必要がある。

メーカーがスペアパーツをどのように用意しているかの確認も重要である。メーカーが、スペアパーツを保管していれば、部品が壊れた際にも迅速な対応が可能である。スペアパーツの在庫は、仕入コスト、倉庫代、在庫管理など、

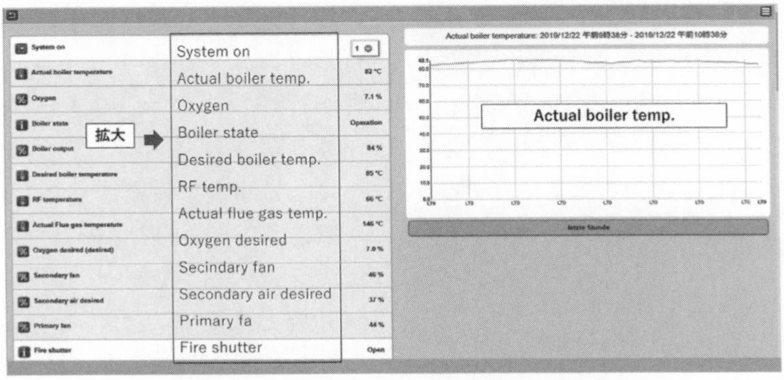

図6-5　遠隔監視モニター画面の例（ボイラー稼働部分）

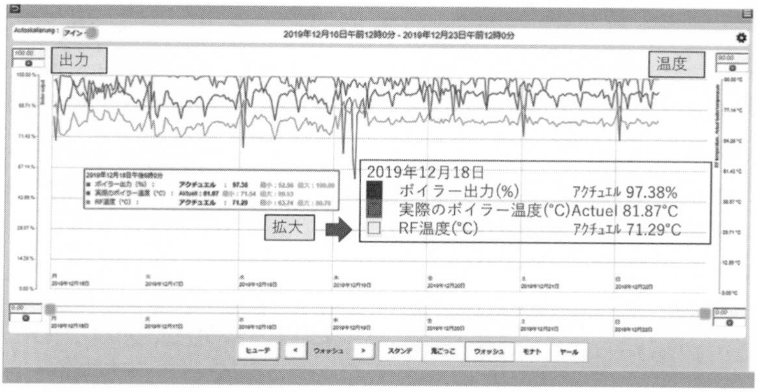

図6-6　ボイラー遠隔監視による稼働分析例

メーカーにとって相応の負担となるが、メーカーが責任を持つべきものである。

たとえ、国産品であっても場合によっては、調達に時間がかかることもあるので、国産・輸入にかかわらず、スペアパーツリストの有無とどこまで在庫しているか、在庫していない場合の納期なども確認しておく必要がある。壊れやすい部品やある程度定期的に交換が必要な部品については、メーカーがその推奨部品リストをつくって、顧客に保管を勧めているところもある。

また、温水供給の最適化のためには、ボイラー運用のパラメーターの調整も必要である。たとえば、春から秋の暖かい季節では熱負荷も小さくなるので、蓄熱タンクの設定温度を下げる、温水供給温度を下げるなどしていけば、熱損失のさらなる抑制につながり、事業性を高めることができる。この点、遠隔監視機能ではデータの蓄積もできるので、過去にさかのぼっての様々な比較分析も可能であり、温水供給システムの効率改善を行う上での分析ツールとなる。

メーカーによっては、データ分析を行い、システム効率改善の提案を行うところもある。図6-6にバイオマスボイラー遠隔監視による稼働分析例をしめす。

6.6　メンテナンス

安定稼働のためには、適切な定期メンテナンスが前提となることは言うまでもない。その頻度や内容はメーカーにより異なるが、基本的にはボイラーの稼働時間に左右されるので、稼働時間でメンテナンスの頻度を決めているところが多い。

メンテナンスは、そのための十分な訓練を受けた専門家が行うことが必須である。メンテナンスの内容もメーカーのみならず、同じメーカーであっても機種によって異なる。これはメーカーが責任をもって行うべき点である。

他方、メーカーや機種によってはたとえば月１回といった簡易メンテナンスが必要なものもある。煙管自動清掃装置でも、装置が届きにくい所の灰の除去やセンサ類・安全装置の確認などの作業がメインであるが、これをメーカーが行うとコストがかかりすぎるので、現場の管理者が行う。そのためのメーカーの指導・研修や、マニュアルは必須であり、この点についてもメーカーに事前に確認すべきである。

表6-3に一般的なバイオマスボイラーのメンテナンススケジュールを示すが、定期的に交換が必要となる部品も、だいたい決まっている。センサ類などは突然に壊れることもあり、これが壊れるとボイラーも止まってしまうので、セ

表6-3　メンテナンススケジュール（一般的）

メンテナンス箇所	頻度	コスト（目安）	実施者	備考
ばい煙測定	2回/基/年	10-20万円/回	事業者	伝熱面積 10m2 以上
定期保守点検	1-2回/基/年	10-20万円/回	メーカー	自主点検
煙管	数年に1回		事業者	
炉本体；ストーカー、耐火物	メンテナンス時		メーカー	損傷、腐食、割れ 部品交換(頻度はメーカー、機種、稼働時間に左右)
モーター (燃料供給装置)	メンテナンス時	―	メーカー	断線、軸受摩耗 部品交換(5～10年)
スクリュー (燃料供給装置)		―	メーカー	基本的にボイラー寿命内なら交換不要
サイロ床面駆動用油圧装置のシール	メンテナンス時	―	メーカー	シール故障 部品交換(5年以上)
ストーカー駆動油圧装置のシール	メンテナンス時	―	メーカー	シール故障 部品交換(5年以上)
安全装置・各種センサー	メンテナンス時	―	メーカー	機能点検・交換
各部消耗品	メンテナンス時	―	メーカー	摩耗点検・交換

ンサキットとして現場で保管し、いざとなったら現地ですぐに交換できるようにすることが望ましい。

また、高温にさらされるレンガや燃焼炉の部品などは、定期的な交換が必要な部分である。この部分は突然に壊れるというよりは徐々に劣化していくので、定期メンテナンスの際に損傷状況を確認し、次期メンテナンスの際に同時に作業するようにすれば、余計なコストを回避することができる。

6.7　試運転

試運転は、まずリレーテストを行いバイオマスボイラーの駆動装置の作動確認を行った後、燃料を投入して運転を開始し、所定の出力を出せるかどうか、そして、蓄熱タンクが設定温度に一定の計算時間内に昇温できるかのチェックを行う。このためには、熱量計での測定が必要で、これは当然、メーカーが担当する。

以下に試運転における注意事項をまとめた。

⑴　試運転調整

試運転調整は、燃料供給装置などの単体試運転から火入れ、負荷運転と移行し、順次燃料投入を増やし燃焼効率を上げていき、最大ボイラー効率の達成までの流れである。一般には１～２週間程度実施される。

ただし、遠隔監視機能によりボイラーの運転状況を詳しく把握できるので、メーカーが現場でこの期間張り付くというわけではない。

試運転要領書は、試運転に入る前に工事請負者（設備メーカー等）より提出させ、その内容について事業者と請負者にて十分協議し、事業者が承認したものとする。

⑵　所定機能満足の確認

燃料供給装置、火入れ、燃料投入量を増加していく負荷試運転調整により、各種検査（各チェックポイントでの水温、圧力などの確認、耐圧配管、およびボイラーの水圧、気密試験、電気試験等）も行うことになる。

工事請負者から試運転報告書に従い、報告を受ける。事業者側（発注者側）は、その報告事項が各機器の設計値を満足していること、かつ正常に各機器が作動し、所定の機能を満足していることをしっかりと、データに基づき、確認する必要がある。

⑶ 試運転・費用負担

試運転には、作業員派遣、使用燃料等かなりの負担がかかる。試運転期間中の燃料や電力、薬品類、油脂類、消耗品、燃焼灰の処分費等、さらには、作業員派遣などの負担については、契約前に設備メーカーと十分協議し、確認すべき事項である。

⑷ 試運転記録および報告

事業者は請負者に対し、試運転期間中の日報および試運転完了報告書の提出を求め、その内容を確認する必要がある。試運転期間中に行われる調整および点検は、原則として事業者担当者の立ち会いのもとに行うものとする。

手直し箇所が発見された場合には、その原因等を記載した手直し要領書の提出を求め、事業者の承認後に手直しを実施させるようにする。

表6-4　安定稼働に関するメーカーへの確認事項

項　目	確認内容
1 燃料	当該ボイラーの燃料規格に対する説明は十分か。資料があるか。
	・ボイラー稼働時のトラブルを燃料のせいにさせられないよう、メーカーとの間で書面での記録を残しておくことが望ましい。
	・対応燃料に関する水分、形状、水分の高い燃料を使う場合の留意点など。
2 遠隔監視機能	遠隔監視機能の内容と不具合の連絡方法の確認。
	・確認できるパラメーターの確認（ボイラーの運転温度、燃焼温度、排ガス温度、酸素濃度、燃焼ファン、負圧状況等々）。
	・これらデータを蓄積・グラフ表示し、分析することが可能か
	・遠隔監視に関する説明資料の内容。
3 不具合対応	具体的な対応方法。
	・メーカーの対応体制（人員体制、対応時間、曜日）
	・過去の不具合発生などの主なアラームリストとその対応方法に関する説明資料があるか。
	・現場管理者で解決できない場合の対応方法とその金額。
	・遠隔監視サポート機能の料金
4 メンテナンス	メンテナンス頻度、料金。
	・メンテナンスマニュアルの確認（実際にみせてもらうこと）。
	・メンテナンス要員の人数と研修内容。
5 スペアパーツの保管状況	スペアパーツリストとその国内保管状況。
	・国産品であっても時間がかかるものもあるので、確認のこと。
6 メーカー、代理店との連絡体制	メーカー、代理店サポート体制、連絡方法・頻度
7 メーカー本社との連絡体制	メーカー本社の日本サポート体制＋代理店の本社との連絡方法・頻度。
海外メーカーの場合	・それぞれの担当者とそのバックグランドの確認。
8 メーカー本社の日本市場の認識	日本市場の課題とその対応方法。
海外メーカーの場合	・モデル事例構築の必要性に対する認識。
	・日本市場サポートの体制。
9 安定稼働のメーカー実績	稼働している代表的事例数ヶ所の以下の簡単な運転データを提出させること。
	・ボイラー出力・蓄熱タンクの大きさ・サイロの容量。
	・年間稼働時間（設備利用時間）
	・導入後のバイオマス・化石燃料消費量
	・導入前の化石燃料消費量
	・以上で、当該ボイラーの稼働率・カバー率を計算でき、どの程度安定稼働しているかが判断できる。

6.8　メーカーチェックリスト、メーカーヒアリング結果

バイオマスボイラーの安定稼働は、事業性を確保する基本中の基本となるものであり、かつ、バイオマスボイラーへの信頼獲得のためにも極めて重要なものである。そのためにメーカー選定に際しては、メーカーが安定稼働についていかなる考えでいるのか、いかなる体制でサポートしているのかを必ず事前に確認すべきである。その場合のメーカーチェックリストを表6-4にて示す。

今回のバイオマスアカデミー活動の一環として、各国産及び海外のボイラーメーカーに対し、メンテナンスのヒヤリングを行った。ヒヤリング各社及びその結果は、表6-5のとおりである。この場をかりて、ご協力いただいた各メーカーおよびご担当者には深く感謝申し上げる。

＜引用文献＞

1）森のエネルギー研究所：木質バイオマスボイラー導入指針
2）日本木質バイオマスエネルギー協会：木質バイオマスの加速度的な拡大について（提言）
3）KWB社：バイオマスボイラーカタログ・技術資料
4）ソーラーワールド社：ETAバイオマスボイラーカタログ・技術資料

表6-5　バイオマスボイラーのメンテナンスに関するヒヤリング結果

項目	確認内容	オヤマダエンジニアリング	KWB（WBエナジー）	ETA（ソーラーワールド（株））	ダレスサンドロ	巴商会（トモエテクノ）	ヒラカワ	緑産（HERZ）
基本契約 保証期間 保証内容	・保証期間は？	本体;1年	本体;1年or6000時間	本体;1年	本体;1年	本体;1年	本体;1年	本体;1年or3000時間
								搬送機器類;1年
	・基本契約の有無？	基本契約あり	基本契約は必須	基本契約あり	基本契約あり	基本契約あり	基本契約あり	基本契約あり
		契約締結を推奨	契約締結は必須 遠隔監視サポート・ 定期メンテナンス	契約締結を推奨 遠隔監視サポート＋ 定期メンテナンスが基本	直接契約or地域代理店契約 or地場企業契約など 遠隔監視サポート＋ 定期メンテナンスが基本	契約締結を推奨	契約締結を推奨	契約締結は必須 定期メンテナンス+ 遠隔監視サポートが基本
	・標準保証書の有無（保証範囲）	○（ボイラー本体）	○	-	○	○（本体,サイロ,搬送設備	○	○
	・メンテナンス費用・概算	現場毎に見積	現場毎に見積	-	現場毎に見積	現場毎に見積	現場毎に見積	現場毎に見積
	・具体的メンテ方法は？		顧客の担当者の指導支援 and 自社社員による	-	清掃・点検・清掃	清掃・点検・清掃	顧客の担当者の指導支援 and 自社社員による	清掃　点検
定期メンテ 頻度・内容	・頻度；毎月、毎年、隔年など	1回程度/年 燃料により変化	3000, 1500時間 設備タイプにより変化 1-2回/年	2回/5000時間毎	3-4回/年 燃料により変化	2回以上/年 燃料により変化	3000, 1500時間 設備タイプにより変化 4回/年以上	1回/年or3000時間 別途協議
	・メンテナンス内容	炉/煙管/センサ類	時期によらず同じ	炉材,ロストル	時期により変わる	炉,サイクロン,煙管,センサ 稼働時間,燃料より変わる	時期によらず同じ	時期によらず同じ
定期メンテ以外の点検業務	・必要か？	必要（24時間受付）	必要（顧客による簡易メンテを推奨）	必要（動作確認・灰出し）	必要（動作確認・灰出し）	必要（動作確認・灰出し）	必要（顧客による簡易メンテを推奨）	必要（日常点検）（顧客による簡易メンテを推奨）
	・重要ポイントは？	煙管・炉清掃/クリンカ除去	センサー汚れ、灰出し	-	灰出し	灰出し,煙突,簡易清掃	センサー汚れ、灰出し	燃焼室清掃,灰除去
メンテナンスマニュアル	・マニュアルはあるか？	取扱説明書に記載○	日本語マニュアル○	日本語マニュアル○	日本語マニュアル○	日本語マニュアル○	取説に含まれる○	日本語マニュアル○
	・顧客への説明	顧客サイド・メンテを指導	重要事項説明	必要事項説明	重要事項説明	必要事項説明	必要事項説明	重要事項説明
運転マニュアル	・マニュアルはあるか？	取扱説明書に記載○	日本語マニュアル○	日本語マニュアル○	日本語マニュアル○	日本語マニュアル○	取説に含まれる○	日本語マニュアル○
	・顧客への説明	運転・取扱い時に説明	重要事項説明	必要事項説明	重要事項説明	必要事項説明	必要事項説明	重要事項説明
スペアパーツ	・入手・保管方法	メーカー責任	メーカー責任and顧客保管	メーカー責任	メーカー責任 国内調達可能部品多数	メーカー責任	メーカー責任and顧客保管	メーカー責任
	スペアパーツリスト	○	○	○	○	○	○	○
	メーカー常時保管パーツ	消耗品一式・炉材など	センサー類＋消耗品一式	消耗品一式	消耗品一式	消耗品一式	センサー類＋消耗品一式	炉材・モータ・ガスケットなど
	都度、輸入パーツ	純国産部品	基本国内保管	基盤,メーカー推奨品	炉材,基盤,センサ・リレー類	消耗品以外	消耗品以外	消耗品以外
メンテ・人材 人材教育	・メンテ実施者	自社メンテ要員	自社メンテ要員	自社メンテ要員	業者メンテ中心	自社メンテ要員	自社メンテ要員	自社orサービス代理店
	・教育テキストはあるか？	取扱説明書使用	メンテマニュアル使用	メンテマニュアル使用	メンテマニュアル使用	メンテマニュアル使用	取扱説明書使用	メンテマニュアル使用
	・メンテ人材教育	社内OJT教育	社内研修体制あり	地場業者教育推進	地場業者教育推進	松戸にて研修体制あり	社内研修体制あり	海外(Herz)研修派遣
	・人材確保	必須	必須（十分）	必須	必須（不足気味）	必須	必須	必須
	・特別メンテ訓練	現地業者研修実施 メンテサービス委託検討中	協力会社メンテ研修実施	欧州メーカーメンテ研修実施 （自社＋地場業者）	簡単な機械整備できる人材を地場業者にて確保	社内メンテ研修実施	社内研修実施	社員によるメンテ指導 海外(Herz)メンテ教育受講
補足項目 （自由記載）		バイオマスボイラー・エコモスは国産量産ボイラーである。着火から停止までの自動運転を実現が可能、また、チップの水分に合わせた運転モードを搭載しており、高含水率切削型チップ燃料でも問題なく使用可能である。遠隔監視システムとの併用により、トラブルの原因究明、復旧作業がスムーズに実施可能である。	弊社導入のKWBボイラー、高い稼働率を達成。導入・稼働実績および燃料代削減効果分析資料も作成。高い稼働率・100%のバイオマス依存率は、導入前の適切なボイラー出力や仕様の決定、バイオマスに合わせたシステム設計と、その前提となる欧州製の高性能な熱導管やインバータポンプ、ヒートステーションなどの提供とセットで可能である。	ETA社は1998年創業。年間生産台数2万台、およびオーストリア輸出シェアの80%を誇る。チップボイラはロータリーバルブによって最長15cmのチップ片（投入チップ量の最大6%まで）に対応可能、チップ搬送装置内での目詰まり発生を防ぐ構成となっており、納入先においても燃料詰まりに係るエラーはほとんど発生していない。	ダレスサンドロジャパン社は、40年程の歴史を持ち、欧州のバイオマスボイラーメーカーとして、基本性能を有する製品を提供しています。 蓄熱タンク等バイオマスボイラー設備導入に必要な機器の提供、システム設計提案や使用燃料に応じた設備・システム提案も行っております。			Herz社は、オーストリアで100年以上の歴史があり、ヨーロッパでは7万台以上の納入実績をもつ老舗メーカー。最近では特殊燃料(鶏糞、果肉の搾りかす、バーク等)のバイオマスボイラーを専門に製造・販売しているBinder社をグループに迎え、バルブからソフトウェアまで自社開発可能な高技術力の総合的なバイオマスボイラーメーカーです。

第7章

ランニングコスト・事業性分析

7.1　事業性と構成する項目

バイオマス熱利用は、割高なイニシャルコストを燃料のランニングコスト差で回収する事業構造である。したがって、事業性のポイントは燃料代を抑制する熱効率の高いシステムとすることである。もっとも、ランニングコストは燃料代以外にも、電気代、管理費、メンテナンス費が加わるので、これらをどう抑制するかも採算性に直結する。

また、設備が大掛かりになるバイオマスは、イニシャルコストはどうしても割高にならざるをえないが、これを可能な限り抑制することも事業性確保にとって不可欠である。

本書では、第２章から第６章にかけて、バイオマスの事業性を確保することを目的として、これを構成する各項目について詳しく分析してきた。本章では、これをふまえ、ランニングコスト抑制のポイントとイニシャルコストのレベル、およびその事業性について分析する。

なお、現状ではペレットは化石燃料と比べて競争力がないこと、薪は小規模家庭用がメインなので、ここで対象とするのはチップとする。

7.2　バイオマス依存率・稼働率とボイラー容量最適化

イニシャルコスト抑制の基本となるのは、バイオマスボイラーの設備容量の最適化である。

バイオマスボイラー設備は、サイロや蓄熱タンク、配管などの付帯設備も含め、容量に比例して投資金額も膨らんでいくので、蓄熱タンクとの組合せでボイラー容量を小さめに抑えて稼働率を可能な限り高めることが、イニシャルコストを抑えるための基本である。

他方で、バイオマスボイラー稼働率を高めるために、ボイラー容量を小さくしすぎてバイオマス依存率が下がれば、化石燃料の消費量が増え、ランニングコスト削減の効果を十分に発揮できなくなってしまう。したがって、事業性の確保は、稼働率および依存率双方から検討する必要がある。最低でも、定格出力での稼働3,000時間以上、バイオマス依存率90％以上が望ましい。

また、バイオマス依存率は下がるものの、稼働5,000時間以上を稼げるなどで、高い稼働率を達成できれば、その分、燃料代削減効果を発揮することができる。たとえば、エネルギー需要が大きいものの、立地上の制約から、それに見合った規模のバイオマスボイラー導入が難しい、投資金額を抑えたいなどの場合、こうした選択肢もありうる。

これらボイラー・蓄熱タンク容量の決定方法については、第４章「熱需要分析と設備規模」にて解説したとおりである。

なお、バイオマスボイラー稼働率は、導入す

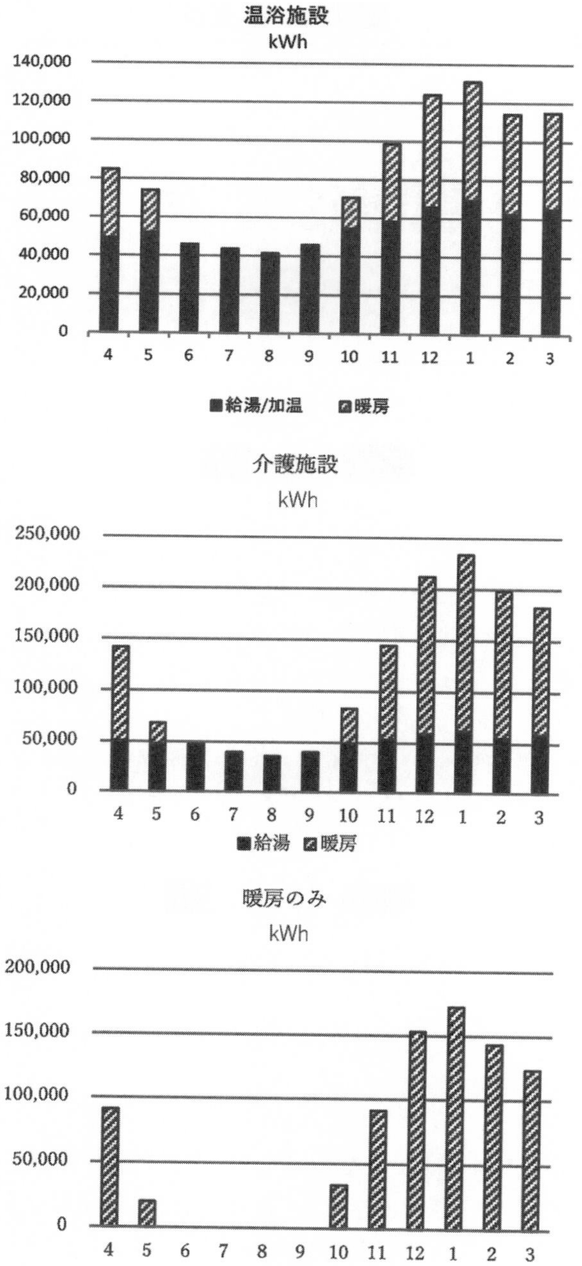

図7-1　施設別熱需要の特徴

る施設のタイプに大きく左右される。図7-1は、施設ごとの熱需要の特性を表したものである。これによると、年間を通して安定した給湯需要がある温浴施設は、暖房需要がない夏もボイラーを一定以上稼働できるので、高い稼働率を実現することができる。

他方、暖房需要しかない場合、夏期の熱需要がないので、稼働率は低くなってしまう。この場合、冷房についてもバイオマスを使用するなどの工夫が必要となる。温浴施設ほどではないが、それでも一定の給湯需要がある介護施設はその中間である。

それぞれの施設での稼働時間・依存率の目安は、温浴施設で稼働時間5,000時間強、バイオマス依存率98％、介護施設で同3500時間、95％、暖房のみで2000時間、100％である。ただし、それぞれの熱需要の特性により左右されるので、実際には現場ごとに判断する必要がある。

7.3　ランニングコストの項目とコスト抑制

もっとも、いくら稼働率・依存率を高めても、ボイラー効率が悪いなどで燃料消費量が増えたり、動力代がかかりすぎたりすると、ランニングコスト削減の効果を十分に引き出せなくなってしまう。事業性を高めるには、稼働率・依存率を可能な限り高める設備容量の選定を前提として、ランニングコスト抑制を最大化するシステムとすることが不可欠である。

ランニングコストは、①燃料代、②ボイラー・ポンプ動力などの電気代、③管理費（灰捨てや見回り、ユーザーサイドで行う簡易メンテナンスなど）、④メンテナンスコストから構成される。正しく設計されたシステムであれば、ランニングコストの大半は燃料代で占められるはずである。

表7-1は、ランニングコストの項目とコスト抑制のチェックポイント、ランニングコストに占める各項目の構成比の目安を示したものである。これは、温浴施設などで、燃料消費量が多く、稼働時間が5,000時間以上のケースを想定してのものである。仮に、暖房需要のみで稼働率も低い場合、ランニングコスト全体に占める燃料代

表7-1　ランニングコスト抑制のポイントと構成比の計算例

構成項目	内容	構成比
1．燃料代（燃料消費量）		90%
ボイラー効率	熱需要が同じなら、効率が高いほど燃料消費量を抑制できる。水分管理されたチップを用いるボイラーの場合、90％以上であること。ただし、低質・安価な燃料に対応する連続運転タイプのボイラーの場合、効率80％程度でもランニングコスト抑制ができる。	
システム効率	熱損失を最小限に抑える設計とすること。	
チップ品質（水分・形状）	メーカー指定の水分・形状で、能力最大値。それからずれると、燃料消費量増加、管理業務の増加などが起こりうる。ただし、あまりにも厳格な品質基準は、管理費・燃料価格の上昇にもつながりうる。許容度の広いものが、管理上望ましい。	
2．電気代		2%
ボイラー動力	ファンやモーターの出力・作動方法を確認。実績値があれば参考になる。	
ポンプ動力	必要な時に必要なだけの熱量を送るシステムとすること。システム効率の最大化とも密接に関係。	
3．管理費		1%
日常見回り、不具合対応、灰出し作業	月に1～２人日程度の作業範囲であること。管理費の抑制には、遠隔監視機能が不可欠。 灰出しの作業頻度は、ピーク期でも1週間に1回以下であること。	
4．メンテナンスコスト		7%
メンテナンス頻度、価格	メンテナンス頻度と稼働時間の関係。主な交換部品・頻度・価格を確認。メーカーのメンテナンスコスト抑制努力の内容。	
安定稼働、遠隔監視	安定稼働のためのメーカーサポート体制が重要。遠隔監視機能は必須。また、その際にボイラーのパラメーターをどこまで確認できるかも、メーカーに照会のこと。	
計		100%

（注）コスト構成比は、年間熱需要150万kWhの場合のシミュレーション
チップ価格3,800円/m^3（水分35％）、年間消費量約2,200m^3を想定

の比率はこれより低めになる。

以下で、これらランニングコストの内容とその抑制する方法について、詳しく検討する。

7.4　ボイラー効率

燃料代は、燃料単価×燃料消費量である。燃料単価を一定とすれば、燃料代を決定するのは燃料消費量であり、これは熱効率（ボイラー効率・システム効率）に逆比例する。また、燃料の質も燃料消費量を左右する要因となる。ボイラー効率については第３章「ボイラー効率とボイラー構造」にて、システム効率については第５章「熱供給システムのエンジニアリング」にて解説している。

ボイラー効率は、水分管理されたチップを使うボイラーであっても、実質60％台のものから90％台のものまで存在する。仮に燃料代に1,000万円かかるとして、ボイラー効率が10％違えば、年間100万円の差が出ることになる。20年間使えば、それだけで2,000万円の差になってくる。水分管理されたチップを使う欧州製の断続運転型のボイラーであれば、ボイラー効率90％以上が標準なので、これが指針となろう。

なお、低質な燃料も利用できるよう設計された連続運転型のボイラーで、安価な燃料を利用するのであれば、ボイラー効率がある程度低くても事業性は向上する。例えばバークなどを燃料として、燃料代が半分の500万円程度ですむとすれば、たとえボイラー効率が10％以上低いとしても、それによる燃料代の上昇分は十分に吸収できる。ただし、このタイプのボイラーで効果を発揮できるのは、一定規模以上からである。

ボイラー効率はまた、メーカーが指定したチップの品質基準に合致したものを前提としており、その基準からずれれば、ボイラー効率は低下し、燃料消費量も変わってくる。

チップの品質は、水分と形状である。詳細は第２章「木質バイオマス熱利用と燃料」にて解説しているので、ここでは省くが、水分が多くなればなるほど投入する燃料は多くなり、燃料代も上昇する。加えて、水分が多ければ重量も増え、１回に運べる量もエネルギー量も減ってしまう。このため、輸送回数もその分増えることになり、これにより燃料代はさらに跳ね上がることになる。価格に占める輸送費の比率が高いバイオマスにとって、これも長期的に事業性に響いてくる。

さらに水分が高いと灰が固まりやすくなる、厳冬期にはサイロ内でチップが凍結したり、ブリッジができやすくなる、燃料搬送系のトラブルが発生しやすくなる、不完全燃焼、黒煙が出るなど、種々問題が起こりうることに留意する必要がある。これらは燃料代の増加というよりは、現場での頻繁な対応が必要となって、管理費の負担増という形できいてくる。

7.5　熱損失と電気代の抑制

熱損失が大きければその分、燃料消費量も増加する。したがって、熱損失をいかに抑えるシステムとするかも、事業性にとって重要なポイントである。この問題は第５章「熱供給システムのエンジニアリング」にて解説したとおり、熱損失を抑えるためには、全体の温水の供給温度を可能な限り低くすること、温水供給の往きと還りの温度差を可能な限り大きくとること、

ケース１		ケース２	
•往き	85°C	•往き	70°C
•戻り	65°C	•戻り	50°C
➡中間温度	75°C	➡中間温度	60°C
•室温	20°C	•室温	20°C
•ΔT	**55℃**	•ΔT	**40℃**

熱損失の比較

図7-2　温度差による熱損失の違い

温水の不必要な循環を抑制することである。

温水の供給温度と外気温の温度差が大きければ大きいほど、熱損失は大きくなる。したがって、供給温度は熱需要が許容する範囲で可能な限り下げることが望ましい。また、熱供給の往きと還りの温度差が大きければ大きいほど、その中間温度は下がるため、外気温との差も小さくなり、熱損失の抑制につながる（図7-2）。

さらに、往きと還りの温度差を大きくとれば、その分、ポンプや配管径を小さくできるため、設備費の低減にもつながる。また、温水は常時一定量送るのではなく、必要な時に必要な量だけ送るシステムとすることも、熱損失の抑制につながる。そのためには、温水供給用のポンプはインバータ仕様とすることも不可欠である。

熱損失を抑制するシステムは同時に、電気代の抑制にも直結する。電気代の主なものはボイラー本体・付帯設備関係（駆動モーター・ファン・着火用ヒーター、燃料供給装置モーター等）と、ポンプである。正しく制御されたボイラーであれば、ファンや動力などは必要な時に必要な量稼働するだけなので、実際の消費電力はそう大きくはない。

また、第５章「熱供給システムのエンジニアリング」で分析した通り、バイオマスボイラーの場合、蓄熱タンクの温度差を利用し、必要な時に必要な量を送るシステムとすること、その前提としてインバータポンプ制御とすることなど、バイオマスの温水利用に基づいたシステムとしていれば、ポンプの電力消費量も大幅に抑制できる。

反対に、大きめのポンプで常に温水を回す石油ボイラーの延長で設計すると、ポンプの電気代だけでも相当な金額となってしまう。これはまた、熱損失を拡大することにもなり、事業性を大きく損ねかねない。

正しく設計された小型ボイラーのシステムであれば、電気代は全体のランニングコストの数パーセントにおさまるはずである。バイオマス

ボイラー導入により、石油ボイラーの稼働は停止するか、稼働率は非常に少なくなるので、それと相殺されると想定して、計上しない。電気代はこれを考慮する必要がある。

7.6　管理費の抑制：ボイラー運転の自動化

管理費については、本来であれば、その業務は月に１度から数度の灰捨て、月に１回の簡易メンテナンス（メーカー、機種により異なる）、不具合対応（チップのつまり・センサ不具合など）が主な内容である。

灰に関する作業は、バイオマスボイラー固有の作業である。灰には、燃焼炉の燃焼灰とボイラー熱交換器である煙管につく飛灰がある。バイオマスボイラーの中にはこれの処理が自動でなく、人力で処理しなければならないものもあるが、その場合、頻繁に灰出しの作業が発生し、そのために専任の管理者をおかなければならなくなってしまう。

また、煙管の飛灰はピーク期には１日に数回クリーニングしないと、熱交換の効率が低下していってしまう。自動クリーニング機構がついておらず、人力でクリーニング作業を行う場合、少なくとも半日はボイラーを止めて作業をしなければならない。そのための管理者が必要となることはもちろん、効率が落ちること、ボイラー停止により稼働率・依存率が下がることなどで、事業を成立させることができなくなってしまう。

燃焼炉より燃焼灰を自動で排出する機構および煙管の自動クリーニングは、バイオマスボイラーに必須の設備である。

また、バイオマスボイラー固有の対応として、燃料系のトラブル対応（チップつまり、センサ汚れなど）がある。その発生頻度は様々だが、一般には１ヶ月に１回程度の対応が目安だろう。

ボイラー管理は、普段は別の業務を持っている人が兼務で対応するとして、その作業の人工は月に１～２人日程度が指針となると思われる。基本的に、石油ボイラーでもある程度の管理は必要なので、それとの比較でコスト計算をする場合、この経費は相殺されるとして、計上しなくてもいいと考えられる。なお、ボイラー管理にかかわる基礎知識については、第３章「ボイラー効率とボイラー構造」が参考になる。

7.7　メンテナンスコスト

安定稼働のためには、適切なメンテナンス作業が必須である。そのための具体的な対応については、第６章「安定稼働のための運転管理とメンテナンス」にて詳しく解説している。

メンテナンスの頻度はメーカーや機種によって異なるが、一般には定格出力での稼働時間が基準になる。温浴施設のように年間5,000時間を超える稼働時間となればメンテナンス頻度は増えるだろうし、暖房需要中心であれば、年1回で十分な場合もあるだろう。

また、バイオマスボイラーは炉内が高温にさらされるので、燃焼炉やレンガもある程度の間隔で必ず交換が必要となる。その交換個所や頻度は燃料や運転状況にも左右されるが、メーカーにはデータの蓄積があるはずなので、この点については、事前に必ずメーカーに確認する。

定期メンテナンスは、当該ボイラーの状況を的確に把握し、必要に応じ予防措置をとることできるようにしておくことも大事なので、メーカーに責任をもたせるような体制とすることが望ましい。予防措置は、メンテナンスコストを下げ、安定稼働のためにも重要である。

ユーザーが自らメンテナンスを行うことは、何か不具合が発生した際の責任の所在があいまいになることも起こりうるので、注意が必要である。

安定稼働のためには、遠隔監視機能によるメーカーのサポートも重要である。遠隔監視機能では、ボイラーの状況に関するほとんどすべてのパラメーターの確認が可能であり、何か不具合が発生すれば、パラメーターの分析でその原因を推定ないし特定することができる。これがないと、最悪その都度メーカーから現場に確認に行かなければならず、維持管理コストが大幅に割増しになってしまう。

定期メンテナンスコストはメーカーや機種によって異なることはもちろんだが、1回10～20万円（＋交通費等）の範囲である。燃焼炉やレンガについては、その価格や交換頻度はメーカー・機種により異なるので、この点は必ず事前にメーカーに確認すべきである。

また、遠隔監視によるメーカーサポートの内容および価格は、メーカーにより異なるので、これも事前にメーカーに確認する。

なお、定期メンテナンス、部品交換、遠隔監視など含めた年間のメンテナンスにかかわる総経費は、稼働20年間の平均として、断続運転タイプボイラーの場合、定格出力での稼働時間当たり180円～250円程度と考えられる。

7.8　事業性シミュレーション

以上より、適切に設計・施工されたバイオマスボイラーの事業性について、稼働率の高い温浴施設をモデルケースとして、試算してみよう。

施設の熱需要15万kWh、重油ボイラー効率80％として、重油消費量18.4万Lと仮定する。ここに、300kWの断続運転タイプバイオマスボイラー（効率92％）を導入するとして事業性を試算してみる。前提条件としてバイオマス依存率は100％、ここでの価格前提は使用するチップは、水分35％、価格は3,800円/m^3、重油価格は81円/Lとする。

表7-2にモデル事例による燃料代削減効果をまとめたが、これによる燃料代削減額は、約650万円である。ボイラーの運用には、メンテナンス代や電気代、管理費が他に加わるが、石油ボイラーでもこれらはかかっている経費であること、簡略化して計算することから、ここでは燃料代だけで検討した結果である。

仮にイニシャルコスト8,000万円とすると、投資回収期間は12年強、半額補助金支援が得られた場合には、6年あまりで回収できる。

表7-2　モデル事例による燃料代削減効果

バイオマス導入前				
熱需要	①	1,500,000　kWh		
重油消費量	②	184,366　L	重油熱量 10.17kWh/L 、ボイラー効率 80%	①÷10.17÷0.8
重油代	③	14,933,646　円	81円/L	②x 81円
バイオマス導入後				
ボイラー定格出力	④	300　kW	ボイラー効率 92%	
チップ消費量	⑤	2,224　m^3	チップ熱量 733kWh/m^3（水分 35%）	①÷733÷0.92
定格出力稼働時間	⑥	5,000　H	バイオマス依存率 100%	①÷④
チップ代	⑦	8,451,200　円	3,800 円/m^3	⑤x 3,800 円
燃料代削減額		**6,482,446　円**	①－②	③－⑦

表7-3　300kWバイオマスボイラーのイニシャルコスト（二次側工事含む）

項目	備考	万円
ボイラー設備		3,500
ボイラー本体	300kW、断続運転タイプ、効率 92%	
燃料供給装置	１段階タイプ、モーター400V	
煙突	断熱二重構造、ステンレス製、高さ６ｍ	
蓄熱タンク	６トン、断熱材込み	
ポンプ・熱交換器等		
工事・運転調整費		
配管工事		2,500
バイオマスボイラー棟	ボイラー・タンク配管工事　熱供給用インバータポンプ	
既存機械室　暖房・給湯回路への接続	既存機械室接続用ヒートステーション、ヘッダー	
これら制御機器・計装・設計		
熱導管	発泡ウレタン断熱・架橋ポリエチレン管　距離 50m	
建屋工事		2,000
ボイラー室	平屋　約 70 ㎡（サイロ含む）	
サイロ 5x5x3	75 ㎥	
設計費		
間接費	計上せず	
計		**8,000**

300kWバイオマスボイラーのイニシャルコスト8,000万円の内訳は、表7-3に示す。

上記工事は、民間事業であり、事業主がボイラーメーカーのサポートを受けつつプロジェクトマネジメントの一部を担うこととし、間接費は計上していない。公共事業でこれを行う場合、この３割から４割増しくらいになると思われる。

第8章

事業性評価のプロセス・ケーススタディ

8.1　事業性と利便性

バイオマスはカーボンニュートラルな地域資源であり、その普及拡大は地球環境問題への貢献のみならず、地域経済にも大きなメリットをもたらすものである。しかしながら、いくら環境に優れていても、コスト的に不利であったり、使い勝手が悪くて苦労しないと使いこなせないというのでは、その利用は一部にとどまってしまう。普及拡大ができなければ、地域経済へも、環境へも貢献ができず、バイオマス利用を進める意義そのものが失われかねない。

バイオマス熱利用の本格的な普及拡大のためには、経済的なメリットがあり、利便性でも納得してもらえることが前提である。ところが、従来、導入されてきたバイオマスボイラーのほとんどは、システム効率が悪くバイオマス依存率も上がらない、電気代がかかりすぎるなどで事業性に問題があるうえ、燃料トラブルが頻繁に発生する、煙が出る、灰出し作業の回数が多い、使うのに手間暇がかかるなど利便性も悪いため、稼働をやめてしまった、苦労しながら使っているなどが実態である。

蓄熱タンクの利用が前提となるバイオマスボイラーの温水利用は、短時間に大量の温水を送る日本の石油ボイラーの温水利用とは、システムの在り方が根本的に異なる。このため、バイオマス利用に必要となる技術体系に基づいた設計をしないとシステムの整合性が取れず、バイオマスボイラー導入の効果を発揮することができない。

また、形状や水分が様々なバイオマス燃料は、その燃料の特性を踏まえて、サイロや燃料供給装置を設計することが不可欠である。そうでないと、燃焼や燃料搬送のトラブルが頻発し、利便性が大きく損なわれてしまう。

本書では、第２章から第６章にかけて、このような技術課題について整理分析し、バイオマス利用にふさわしい技術体系のあり方を提示してきた。そして、第７章「ランニングコスト・事業性分析」にて温浴施設の事例をもとに、コストの目安を検討した。

そこで本章では、バイオマス固有の技術体系に基づいて設計・施工管理された、温浴施設のバイオマスボイラーの具体的な事例について、その事業性を評価する。設計・施工管理は㈱WBエナジー、導入バイオマスボイラーはオーストリアKWB社製Powerfireである。

8.2　出力規模とバイオマス依存率・稼働率、燃料消費量の試算

本施設では、バイオマス導入前には、給湯・昇温および施設の床暖房に2017年で、18.8万Lの重油を消費していた（図8-1）。この重油消費量のデータに加え、来客数や浴槽の大きさ、風呂の運用方法などのヒアリングデータを元に、365

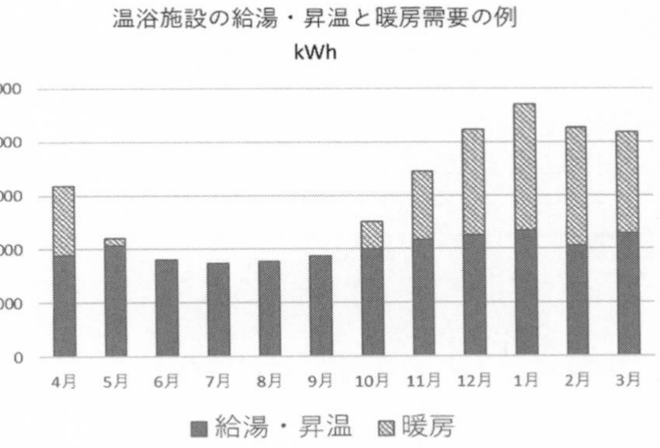

図8-1　エネルギー需要

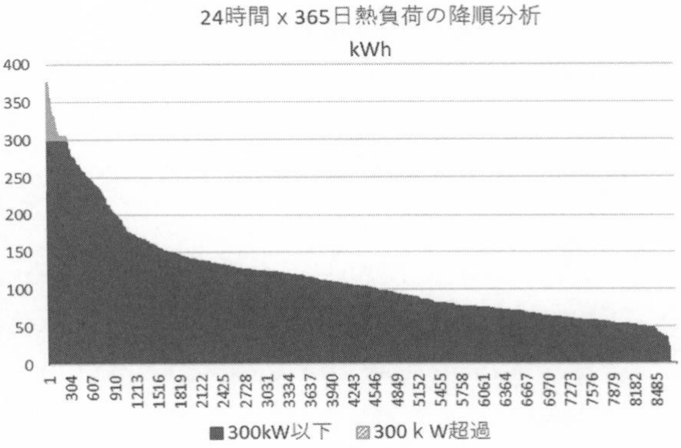

図8-2　年間負荷持続曲線

日×24時間の熱負荷計算を行い、これを降順に並べ替えて年間負荷持続曲線をつくり（図8-2）、ボイラー出力や燃料消費量などを検討した。

ここで導入するバイオマスボイラーは断続運転可能な小型ボイラーである。このタイプのボイラーは、負荷変動に応じ停止・運転を自動で繰り返す。このため、基本的に最大負荷をカバーする出力を選べば、それで熱需要のすべてをカバーでき、バイオマス依存率100％を達成できる。ただし、ピーク熱負荷が極端すぎる場合、それに合わせて出力を設定すると規模が大きくなりすぎ、稼働率も下がるなどで、事業性が損なわれかねない。こうした場合は、極端なピーク負荷に対してはバックアップで対応するなどの割り切りも必要である。

本温浴施設の場合、上記の通り安定した熱需要があるうえ、ピークも特に突出しているわけではないので、ピーク近くに合わせて出力を決めれば、それが最適規模になり、バイオマス依存率とバイオマスボイラー稼働率ともに高めることができる。本施設では、メーカーのラインナップから出力300kWを選んで、バイオマス依存率や稼働率等を計算した。

その計算結果は以下のとおりである。

① バイオマス依存率

- 300kWを超える熱負荷の発生は280時間ほどであり、計算上のバイオマス依存率は99％となった。

② バイオマスボイラー稼働率

- 給湯昇温暖房用の各月の必要熱量は、上記図8-1のとおりであり、合計熱量は157万kWhである。
- ボイラー出力は300kWなので、ボイラーの定格出力での稼働時間は5,230時間、設備利用率（定格出力での稼働率）60％である。

③ チップ消費量

- KWBのPowerfire300のボイラー効率92％として、157万kWhの熱量を供給するための必要燃料熱量（一次エネルギー）は、157万kWh÷0.92＝170万kWhとなる。
- チップのエネルギー含有量は744kWh/m^3（水分30％）なので、チップ消費量は170万kWh÷744kWh＝2,285m^3である。

④ 燃料代比較

- チップ価格を3,800円/m^3とすると、年間のチップ料金は3,800円×2,285m^3＝868万円となる。
- 他方、従来の重油消費量は18.8万Lなので、重油ボイラーを使い続けたとした場合の燃料代は重油価格80円/Lとして1,504万円となる。
- つまりチップボイラー導入による重油燃料代削減額は636万円と試算された。
- また、表8-1には、2017年の重油ボイラーと2019年のバイオマスボイラーの年間の燃料代比較シミュレーション結果をまとめたがほぼ同様の燃料代削減効果があった。

表8-1　チップと重油の燃料代比較シミュレーション

		4月	5月	6月	7月	8月	9月	10月	11月	12月	1月	2月	3月	合計
重油実績	L	16,202	14,823	12,542	11,676	11,168	12,693	15,537	16,870	19,223	20,425	18,187	18,965	**188,311**
2017	万円	131	120	102	95	90	103	126	137	156	165	147	154	**1,525**
チップシミュレーション	m³	197	180	153	142	136	154	189	205	234	249	221	231	**2,291**
2019	万円	75	68	58	54	52	59	72	78	89	95	84	88	**871**
燃料代削減額	万円	56	52	43	41	39	44	54	59	67	71	63	66	**655**

（注）重油価格81円/L、チップ価格3,800円/m³として計算

8.3　導入設備概要

従来のように、バイオマスボイラー部分とその他配管システムとを個別に設計し、設備機器をそろえる方式では、システムそのものは石油ボイラー延長方式で設計するため、システムの整合性が保てず、バイオマス導入の効果を十分に発揮することができない。

このため、本施設での設備導入においては、ボイラー設備関係（ボイラー・燃料供給装置・煙突・蓄熱タンク）のみならず、既存機械室の給湯・昇温・暖房回路の接続に関する設備機器、およびこれらにかかわる制御まで、一括して㈱WBエナジーが設計、設備提供した。

実際に導入した設備機器は、以下のとおりである（図8-3参照）。

- ボイラー出力は上記の通り、断続運転タイプのKWB製Powerfire300に、６トンの蓄熱タンクの組み合わせである。ボイラー効率は92％、対応チップ水分最大45％である。
- 煙突は、ドラフト計算に基づく断熱二重煙突（径400mm、断熱材50mm、外径500mm、高さ6m。ステンレス製）である。
- 既存機械室で使用していた重油ボイラー349kW×２台および関連ポンプは老朽化のため撤去し、替わってバックアップ用に67kWの灯油の簡易温水ボイラーを５台、エネルギー棟に設置し、蓄熱タンクに接続

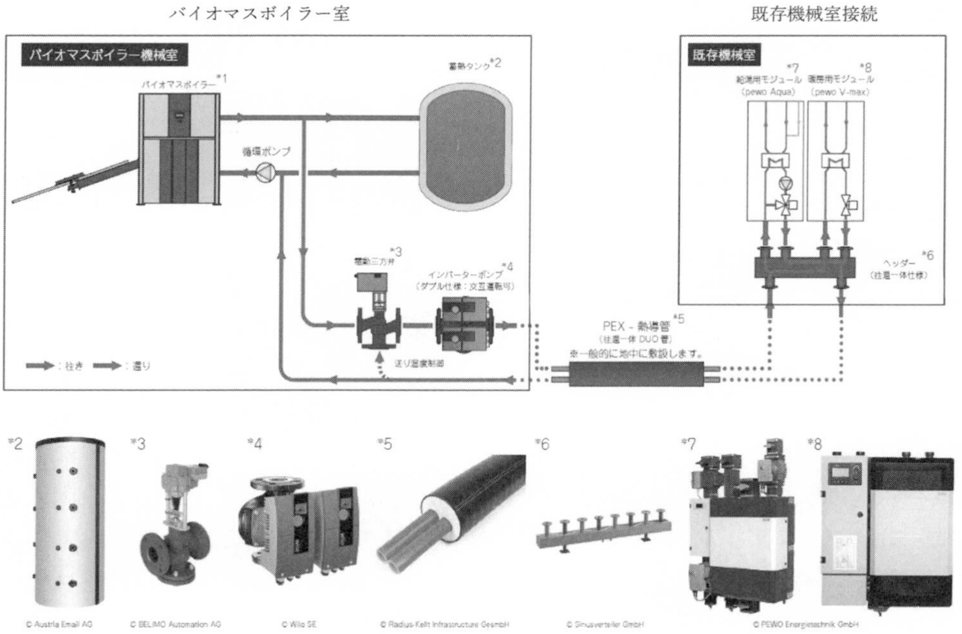

図8-3　導入主要設備

する。

- 燃料投入の関係からサイロは地下式とし、燃料供給は、２段式スクリューコンベアとした。燃料撹拌機は直径5mで、サイロの大きさは5m×5m×3mである。容積は75m^{3}だが、実質容量では、50m^{3}程度である。
- バイオマス設備関連は、既存機械室の近くには立地に余裕がないので、80mほど離れたところにエネルギー棟を建設して、そこからバイオマスボイラーで作られた温水を埋設熱導管により既存機械室のヘッダーに接続する。
- 熱供給用のポンプは、低消費電力（0.13～1.35kW）のドイツwilo社製インバータ仕様のダブルポンプを採用する。
- 熱導管は、断熱性能に優れるオーストリアのラディウス・ケリット社製で、往復で160mを埋設する。
- 既存機械室ヘッダーから、貯湯タンク、浴槽昇温、暖房用の回路への接続には、熱交換器・３方バルブ・ポンプが組み込まれてモジュール化されているドイツpewo社のヒートステーションを使用した。これがなければ現場でそれぞれの機器を組み合わせなければならず、その制御も個別設計が必要となるため、工事・経費が大幅に割増しになったと思われる。
- ヘッダーは、往きと還りが一体となったコンパクトなドイツSinus社製である。既存機械室は配管で埋めつくされており、かろうじて機械室内上部の空間が利用できる程度で、そこにヘッダーとヒートステーションをおいた。日本の従来型の独立型のヘッダーでは、場所の確保が相当に困難であった。
- ボイラー、熱供給ポンプ・３方バルブ、暖房・給湯用ヒートステーションの制御は、欧州製のコントローラーを用いて一括して行った。これを国内で設計すると、その計装だけでも相応なコストとなると思われるが、欧州製の制御はモジュール化されているので、日本の計装に比べればかなり安価に導入できる。

8.4　システム設計上の留意点

本施設のシステム設計に際しては、あたり前ではあるが、バイオマスボイラーの稼働率・バイオマス依存率を可能な限り高めること、電力消費量・熱損失を可能な限り抑制することを最優先課題とした。そして、その前提となるのが、蓄熱タンクの温度成層を最大限利用することである。

バイオマスボイラーの運転は基本的にボイラー水の往きの温度と、往きと還り温度差で制御されるが、蓄熱タンクの温度成層ができないと、往きと還りの温度差も十分に取れなくなり、ボイラーは出力を制御するか停止してしまう。そうなると石油ボイラーが頻繁に稼働することになるので、バイオマスボイラーの稼働率・依存率は低迷してしまう。

日本の化石燃料のシステムは、大量の温水を常時送れる方式であり、この延長でシステム設計すると、蓄熱タンクの中が撹拌され、温度成層ができなくなってしまう。しかも、大容量のポンプを使うので電気代がかさむ、熱損失が大きくなるなど、システムとしての健全性が損なわれてしまう。従来導入されてきたバイオマスのシステムは、そのほとんどがこうした問題を抱えている。

本施設では蓄熱タンクの効果的な温度成層のため、ボイラー・蓄熱タンク間の一次側に流量調整弁を設けるとともに、蓄熱タンクから先の二次側熱供給に関しても、①インバータポンプにより必要な時に必要な量だけの温水を送る、②二次側需要側で熱負荷が小さい場合でも、高温のまま戻らず、蓄熱タンクへの還り温度が低くなるよう３方バルブで制御するシステム設計とした。

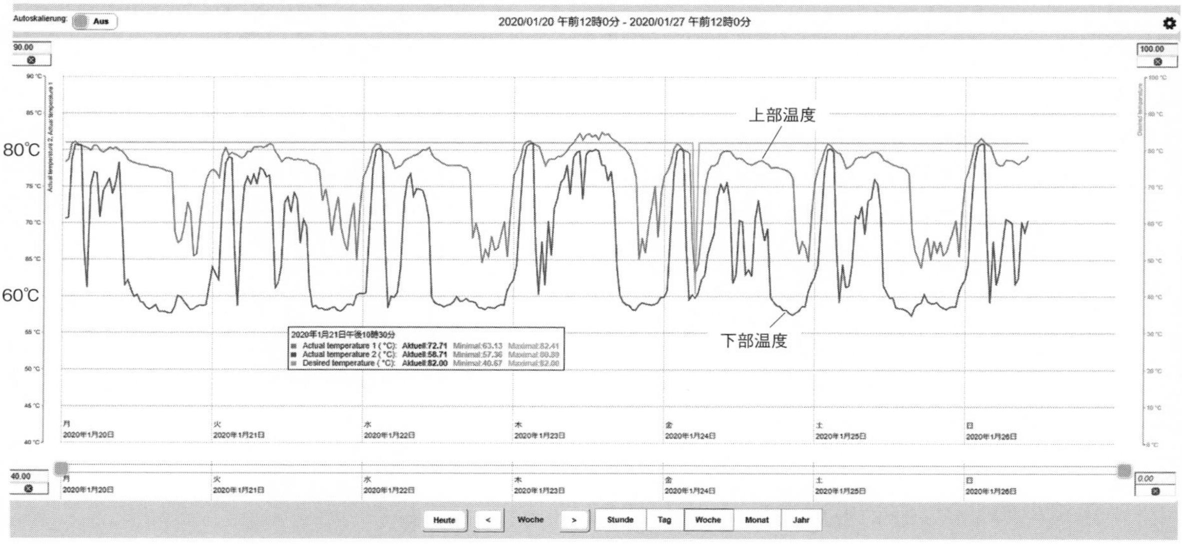

図8-4　蓄熱タンク上部・下部温度の推移（１週間）

図8-4は、本施設の蓄熱タンクの実際の上下温度の１月の１週間分の推移である。温度成層が形成されており、バイオマスボイラーが適切に熱を供給していることがわかる。

8.5　稼働実績

次に、2019年１月末の稼働開始から１年間（2019年２月～2020年１月）の実際の稼働状況を分析する。

なお、本施設では、使用する重油価格81円/L、チップ価格3,800円/m³にて計算する。

(1)　チップ消費量と燃料代

図8-5は、2019年２月から2020年１月にかけての実際のチップ消費量と、設備導入前に分析した想定消費量を比較したものである。この図からも明らかなとおり、導入前に熱負荷計算により想定したチップ消費量と実際の消費量は、かなりの確度で一致している。

表8-2に、バイオマス燃料代削減効果を示す

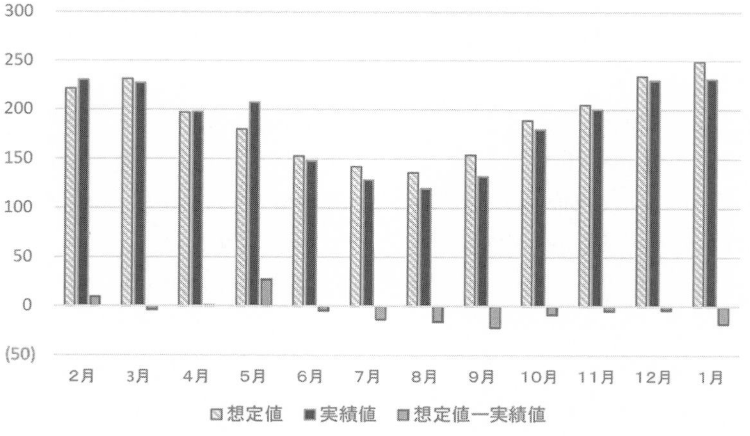

図8-5　チップ消費量想定値と実績値、m³

表8-2　バイオマスボイラーの燃料代削減効果

		2月	3月	4月	5月	6月	7月	8月	9月	10月	11月	12月	1月	合計
重油 2017年	L	18,187	18,965	16,202	14,823	12,542	11,676	11,168	12,693	15,537	16,870	19,223	20,425	**188,311**
	万円	147	154	131	120	102	95	90	103	126	137	156	165	**1,525**
チップ 2019	m^3	230	227	197	207	148	128	120	132	180	200	230	231	**2,230**
	万円	87	86	75	79	56	49	46	50	68	76	87	88	**847**
燃料代削減額	万円	60	67	56	41	45	46	45	53	57	61	68	78	**678**

（注）重油価格81円/L、チップ価格3,800円/m^3として計算

が、この間のチップ消費量の合計は、想定値2,291m^3に対し、実績値は2,231m^3だった。チップ価格3,800円/m^3とすると、この間のチップ代は847万円である。これに対し、2017年の同期間の重油消費量は18万8,000Lなので、重油代81円/Lとして燃料代は1,525万円となる。つまり、バイオマス導入によるこの間の燃料代削減額は約678万円である（表8-2）。

⑵　ボイラー効率・熱損失・システム効率

ボイラーから蓄熱タンクへの接続、エネルギー棟熱供給、および既存機械室ヘッダーにそれぞれ熱量計を設置すれば、システム効率を計測することができるが、本施設には熱量計は設置されていない。このため、間接的な手法となるが、バイオマスボイラー導入前の重油消費量と導入後のチップ消費量を熱量換算し、その差を比較することとする。

また、表8-3にバイオマスボイラー導入前後の投入熱量の比較を示すが、バイオマスボイラーの１年間のチップ消費量は2,291m^3である。チップ熱量744kWh/m^3（水分30％）とすると、この間の投入熱量は、170万kWhとなる。他方、2017年の同期間の重油消費量188万Lの熱量は194万kWhであり、バイオマスシステムの方が、重油ボイラーの時に比べ、投入熱量は約24万kWh少ないとの結果となった（表8-3）。

⑶　電力消費量

ボイラー棟には電気メーターが設置されており、電力消費量を把握できる。これは、チップボイラー関係の動力、熱供給用インバータポンプ、重油ボイラー、電灯など、エネルギー棟の電力をすべて含んでいる。その電力消費量は、月平均1,000kWh、１日当たり33kWhである。

⑷　熱供給の安定性

いくらシステム効率が良くても、熱を安定的に送れなければ事業は成立しない。エネルギー棟からの熱供給温度は夏期65℃、冬期70℃の設定としており、これが保たれる限り、熱は安定的に供給されていることになる。

図8-6は、エネルギー棟から既存機械室への熱供給の温度の１週間の推移である。青線が設定温度で赤が実際の供給温度である。このとおり、設定温度に沿って温度供給を行えていることがわかる。なお、熱負荷が非常に大きいときには供給温度が設定温度に達しないことも起こりうるが、それでも既存機械室で要求する温度を下回らなければ、熱が不足することはない。

⑸　安定稼働を支える体制

安定稼働のためには、それを支えるメンテナンス体制も重要である。これについては第６章

表8-3　バイオマスボイラー導入前と後との投入熱量比較

	年間燃料消費量	単位当りの熱量	年間投入熱量(kWh)
チップボイラー 2019	2,291 m^3	744 kWh/m^3	1,704,504
重油ボイラー 2017	188,311 L	10.3 kWh/L	1,939,603.3
差額	-	-	**-235,099.3**

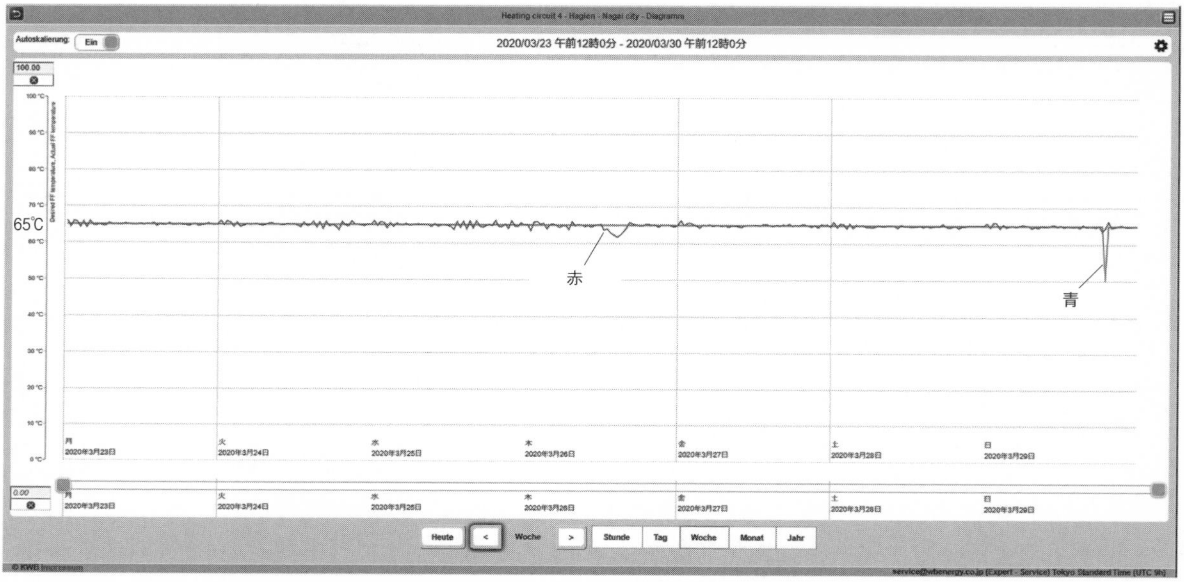

図8-6　エネルギー棟からの熱供給温度の設定温度（青）と供給温度（赤）の推移

「安定稼働のための運転管理とメンテナンス」に詳しく解説しているので詳細はここでは省略するが、安定稼働を支える要因で特に重要となる、ボイラーの遠隔監視機能と現地での管理体制について、触れておきたい。

KWBボイラーの遠隔監視機能では、ほとんどすべてのパラメーターを確認するとともに、設定の変更もできるようになっている。こうした機能は、オーストリア製のボイラーには基本的に備わっている。

遠隔監視機能では、ボイラー運転にかかわるすべてのパラメーターを確認できる。たとえば、出力、燃焼状態、往き・還り温度、一次・二次燃焼温度、給気・排気ファンの運転状況、負圧状態、酸素濃度、蓄熱タンク温度、二次側熱供給温度等々である。これにより、ボイラーの運転や温水供給システムが順調か、不具合・問題点の有無をまずは確認することができる。

不具合が発生した場合にもメーカーはこの機能によってどこに問題があるかの見当をつけたり、把握したりできるので、現地の管理責任者に対応を指示できる。これにより、復旧の時間短縮、コスト削減が可能となる。遠隔監視機能がなければ、不具合が発生した際の適切な対応を指示することも困難で、いちいち現場に行かなければ対応できないということになりかねない。

このように現地で対応する管理責任者の配置も、非常に重要である。管理責任者は、経験的に、ボイラーの構造や日常管理、灰の処理などについての研修を行い、経験を積んでいけば、ボイラー稼働開始から数か月で慣れる。特に資格がいるわけではない。

以上のことは、コスト削減に直結することもあり、事業性確保の重要なポイントである。

第9章

プロジェクトマネジメント

9.1　プロジェクトマネジメントの必要性

木質バイオマスボイラーを導入する際には、ユーザーの立場に立って設計・施工管理をする体制を構築すること（プロジェクトマネジメント）が不可欠である[1)]。加えて、「バイオマスボイラーや熱利用システムに習熟したバイオマス専門家」（以下、バイオマス専門家）がプロジェクトマネジメント体制に加わることも不可欠である[2)]。

敢えて、プロジェクトマネジメントとバイオマス専門家の必要性を強調するのは、次のような理由による。

(1)　バイオマスボイラーは小さいながらボイラー、蓄熱タンク、熱導管システムを含むプラントである。石油ボイラーのように最大熱需要に対応した機器選定を実施したのでは、ほとんどの場合で事業性は得られない。事業性のあるプラントとするには、熱需要の変動を考慮し、バイオマスボイラー稼働率を高める規模選定や、効率重視のシステム構築がプロジェクトの早い段階から必要となり、これにはエンジニアリングを伴う。事業性を成立させるためのバイオマス熱利用プラントシステム設計検討ができる体制が必要である。

(2)　現地で調達可能なバイオマス燃料の形態、及び品質に見合ったボイラー、及びシステムの選定は個々のケース毎に条件が異なる。欧州でのボイラー機種や周辺機器の最新技術は近年でも変化している。バイオマス燃料の科学的知識や、バイオマスボイラーと利用技術の知識と経験を有したバイオマス専門家が不可欠である。

(3)　バイマオスボイラーはサイロ設計、燃料搬送車の進入路、ボイラー建屋の煙突など、建築関係の取り合いがあり、使い勝手の確保や安全性の確保のためにも、バイオマス専門家と建築専門家の連携が必要である。

日本でのバイオマス熱利用の失敗事例のごく一部にすぎないが、NPO法人農都会議バイオマスアカデミー（以下、バイオマスアカデミー）における事例研究や関連メンバーの議論によると、次のような失敗事例が散見される。これらは、プロジェクト推進体制やチェックポイントを整備すればかなりの部分は防げるものと想定される。

①　設計が進むにつれて予算オーバーとなり、予算内に納めるために無理をしたため使い勝手が悪い設備となった。

②　計画段階から実施段階になって、全体を良く知るコンサルとの契約が終了したため、計画時の設計コンセプトが活かされないまま熱利用設備ができてしまった。

③　設備はできて稼働はしたが、稼働率が低

い、熱効率が低いなどの理由により、計画していたようには既設の化石燃料の使用を減らせなかった。

9.2 プロジェクトマネジメントの進め方

木質バイオマスボイラーの熱利用の実施事例は日本においては、約2,000基あまりで、まだまだ数が少ない。バイオマスボイラーを効率良く熱利用するための技術基準やマニュアルが存在しない日本では、自称バイオマス専門家であっても、熱利用システムの制御技術まで熟知した専門家は極めて少ない。従って、プロジェクトマネジャーはコンサルやバイオマス専門家の知見を参考にしながらも、任せきりにしてはいけない。バイオマス専門家の技術知識が不足している可能性も踏まえて技術マネジメントを行うことが求められる。失敗を撲滅することは難しいとしても、リスクを減らし、許容できる範囲でプロジェクトを推進するためのポイントやプロジェクトマネジャーの役割について、プロジェクトの進行フェーズに沿って以下に説明する。

プロジェクトの進行は一般には、例えば、表9-1のように進む。

(1) 計画立案段階：計画を構想し、その構想の事業性が確保できそうかFS（Feasibility Study）を実施し超概算のコストを把握する。事業の可能性が認められれば、その可能性の精度を上げるために、コストインパクトの大きな事象について仕様を明確にする計画設計を実施し、予算化を図る。

(2) 実施設計段階：計画設計のものを現地と照らし合わせて、実際の設計図面に落とし込む。木質バイオマスボイラーメーカーからの仕様・見積り説明を受けた上で、ボイラーメーカーを選定する。選定したメーカーからの見積りをベースにプロジェクト見積もりを積算し、予算を調整した上で確定する。ボイラー、機械システム、建屋など

表9-1　バイオマスボイラー導入までの一般的な実施工程[1) 3)]

<table>
<tr><th>段階</th><th>項目</th><th>内容</th><th>予算関連</th><th>契約</th></tr>
<tr><td rowspan="12">計画立案</td><td>基本計画</td><td>導入目的、必要性、事業の大きな構想</td><td></td><td>FS契約</td></tr>
<tr><td rowspan="5">FS（事業性調査）</td><td>熱利用の需要家の調査（熱需要量、場所など）</td><td rowspan="5">超概算イメージ</td><td rowspan="5">基本設計契約</td></tr>
<tr><td>燃料調査（燃料製造箇所、燃料品質、価格、供給体制）</td></tr>
<tr><td>関連法規、環境性確認</td></tr>
<tr><td>ボイラーシステムの構成要素、建屋位置、アクセス</td></tr>
<tr><td>導入コストの超概算、事業成立性の検討</td></tr>
<tr><td rowspan="6">基本設計</td><td>コストに影響する要素の仕様決定</td><td rowspan="6">予算措置</td><td rowspan="6">実施設計or設計・工事一体契約</td></tr>
<tr><td>ボイラー種類、蓄熱タンク、熱導管の重要仕様</td></tr>
<tr><td>ボイラー建屋、進入道、サイロ、周辺機器</td></tr>
<tr><td>熱供給の事業性の精査</td></tr>
<tr><td>燃料種と価格、事業の波及効果など</td></tr>
<tr><td>燃料コスト見積りと熱需要家からの集金方法</td></tr>
<tr><td rowspan="5">実施設計</td><td rowspan="5">実施設計</td><td>ボイラー、蓄熱タンク、熱導管、周辺機器、ボイラー建屋、煙突、サイロ、進入道、既存設備との取り合いなどすべての仕様、図面展開</td><td rowspan="5">コスト積算、予算修正・調整、事業性見直し</td><td rowspan="5">工事契約</td></tr>
<tr><td>ボイラー候補メーカーからの仕様・見積り説明を受け、最終メーカーの選定</td></tr>
<tr><td>燃料品質・供給条件の契約条件の協議と合意</td></tr>
<tr><td>熱利用者と熱供給者の契約条件</td></tr>
<tr><td>灰の処理方法、メンテナンス方法などの文書化と確認</td></tr>
<tr><td rowspan="5">設置工事</td><td rowspan="5">工事・試運転</td><td>必要機器、資材、設備等の調達</td><td rowspan="5"></td><td rowspan="5"></td></tr>
<tr><td>設計者と施工工事者との工事の進め方の調整と確認</td></tr>
<tr><td>工事監理</td></tr>
<tr><td>運用に向けての研修</td></tr>
<tr><td>設備の試運転、検収</td></tr>
<tr><td rowspan="5">運転保守</td><td rowspan="5">運転・保守</td><td>メンテナンス項目、費用、スペア部品などのメーカー確認</td><td rowspan="5"></td><td rowspan="5">メンテナンス契約</td></tr>
<tr><td>必要なスペア部品の確保</td></tr>
<tr><td>ボイラーシステムの運転・管理、灰の処理</td></tr>
<tr><td>メーカとのメンテナンス契約</td></tr>
<tr><td>熱需要家への代金請求など</td></tr>
</table>

の入札手続きを実施する。

(3)　設置工事段階：設計者と施工工事者の工事の進め方の調整と確認のうえ、工事を開始する。ある程度の期間の連続試運転（10日間程度）で、性能確認が必要である。また、工事、試運転、実運用のため、オペレーターなどへの教育・研修は必要。

(4)　運転保守：メンテナンス項目、頻度、費用、スペア部品などのメーカー確認をし、必要なスペア部品の確保を実施する。運転管理に関しては、できれば運転マニュアルがあれば、運転技術の継承がスムーズである。熱供給運転管理に関して、別会社が設立されて実施することもある。

プロジェクトは、コストオーバーランを防ぎながら実施し、運用時には狙った性能が達成できるようにマネジメントされる必要がある。プロジェクトマネジャーと全体システムを良く知るバイオマス専門家の体制が(1)〜(3)までを通して推進されることが望まれる。

プロジェクトマネジャーは、発注者内部の人で設置することが難しければ、外部の専門家にその機能を委託しても良い。このプロジェクトマネジャーは、(1)〜(3)まで全体を通してプロジェクトに関わる必要がある。また、(4)の運転保守の段階でも熱を利用する事業計画を熟知するプロジェクトマネジャーが関与できることが望ましい。

失敗事例として多く見られるケースとして、FS段階と国の補助金取得段階までをコンサルに委託したが、その後の実施設計、施工の段階ではコンサルとの契約が切れてしまい、推進体制が素人集団に変わってしまうケースがある。計画設計の内容を良く理解した人間が、その後の実施設計や施工段階に継続して関わることができるような、体制や仕組みが必要である。

バイオマスアカデミーにおける失敗原因の議論を通じて気づきがあった点として、基本設計でどこまでの範囲をカバーすべきかの認識が関係者の多くでバラバラであることが挙げられる。本点が、プロジェクト推進で失敗している根本原因のケースもあるものと思われる。

9.3　プロジェクトの基本設計

一般に建築設備設計関係のプロジェクトでは、基本設計はシステム設備計算、熱源方式、仮の機器リストなどは提示されるが、各機器の仕様までは特定されない。一方、プラント設計関係では、プロジェクトの基本設計の段階は、プラントの基本的機能・形状要求を決定する段階で、プロセスフロー、マテリアルバランス、熱バランス、主要機器仕様、計装仕様が決定される。このように、建築設備関係者とプラント関係者は基本設計に対して持っているイメージが異なっている。建築設備関係者でバイオマスボイラーを石油ボイラーのように建築物内に設置される一つの購入機器と認識すると、基本設計の段階ではボイラーの仕様検討にはあまり力が注がれない可能性がある。

しかし、基本設計のもともとに立ち返ると、建築の場合でもプラントの場合でも、基本設計では、顧客の求める機能を満足させる全体像を描き、性能とコストに関する全体イメージを共有することが求められる。バイオマスボイラーシステムにおいては、システム全体の構成、仕様、制御イメージを持つことは、性能とコストを把握するために必須の要件である。バイオマスボイラー導入においては、プラント分野で用いられる基本設計の範囲に沿ってプロジェクト推進が実施される必要がある。

日本のバイオマスボイラープラントの基本設計の多くは、地域の設計事務所が担うことが多く、全体としては建築設備系の考え方でプロジェクトが推進されることがほとんどである。設計事務所は次のようなことを理解して、プロジェクト推進において必要な専門家を加えた設計体制を構築することが求められる。

① バイオマスボイラーは機器ではなくプラントである。
② プラントの基本設計では、プラントの構成、システム性能の把握、主要機器や計装の仕様について検討する。

9.4 計画立案段階のプロジェクトマネジメント

計画立案段階は構想に基づき事業性を調査するFS（Feasibility Study）を経て、基本設計を実施する。プロジェクトの全体像や熱利用の事業構想を決める重要な部分であり、国の補助金を得て進められるケースも多い。

FS段階では、木質バイオマスボイラーの導入意義を明確化することが非常に重要である。一般に投資回収期間の長いバイオマスボイラーは、地域産業との関連や雇用創出、エネルギー自立、環境意識の高まりなどの効果と合わせて導入目的が整理される[3)]。FSでは導入意義などの社会条件の整理に様々な調査が必要であり、設備コストや導入後の化石燃料削減の事業性算定に関連する技術検討は粗い精度にとどまる。

FS終了後の基本設計では、コストに影響が大きな仕様を明確化する。基本設計でどこまでの仕様を明確化するかについて、設計事務所はバイオマスボイラーをプラントと認識して専門家を体制に入れて仕様を明確にすべきことを前項で述べた。しかし、バイオマスボイラー導入の経験数が日本では少ないため、専門家の力量にはバラツキが大きい。この観点からプロジェクトマネジャーの技術マネジメントが重要になる。

また、特に公的な業務については、予算枠をどの段階で設定するかも重要となる。FS段階でのコスト試算は超概算であって大きな誤差を伴う。FS段階で予算枠を設定すれば、予算管理の観点からプロジェクト推進が困難になる場合がある。また、先に述べたように基本設計での技術マネジメントが不十分で基本設計の性能予測の精度が低すぎると、事業計画の前提となる性能が得られず、設備完成後の事業性が確保できない場合もある。

プロジェクトマネジャーは、各種の管理業務に加えて、特に次に留意してプロジェクトの推進を図るのが良い。

(1) FS段階での超概略のバイオマスボイラー計画ではなく、基本設計に基づいて予算枠を設定すべきである。国の補助金の予算期間など様々な制約があるため、どうしてもFS終了時点での超概略予算が後々の強い制約要因となることが予想される場合は、FS段階で基本設計の重要部分を取り込んでコストインパクトの強い部分を評価するようにする。

(2) FSの最初の時点から、バイオマスボイラー、システムのことを良く知るバイオマス専門家を加えるようなプロジェクト体制作りをする。

(3) 事業性に関わる重要項目（システムの石油ボイラー代替率やボイラー効率・電力使用量、機器構成や主要機器の仕様、計測制御システムの基本仕様）を基本設計段階で、極力精度高く確定できるようする。そのためには、基本設計の実施者にバイオマスの専門家のほかに熱導管の温度・圧力制御の技術者などを体制に加えることを要請したり、完成後の事業性を表す重要な指標である、システムのバイオマス依存率、システム熱効率などの項目の予測数字の提出を求める、などを行い、技術マネジメントを実施する。

以下、これらの役割が重要であることを説明する。

9.5　FS段階の超概略コストでは予算枠を設定しない

FS段階では、プロジェクトの骨格と大きな仕様が定められ、超概略のコスト算定がされる。FS調査の実施項目は概ね表9-2の項目である[1)]。FS段階では、熱需要のある候補先や年間の熱需要推移などの概略は調査される。

(1)　バイオマスボイラーのFS段階のコスト計算

石油ボイラーであれば、熱のピーク量に合わせてボイラー仕様を設定すれば良いので、FS段階の検討からボイラーサイズはほぼ正しく設定できる。しかし、バイオマスボイラーはミニプラントと考えるべきであり、バイオマスボイラーのサイズ決定は蓄熱タンクと合わせて、熱需要の時間・日時・月別を見ながら、ボイラーが最大稼働できるようにサイズを決定する綿密なプロセスが必要である。ボイラーの最も重要な仕様であるサイズ（定格出力）は、単にピーク量に合わせたサイズと全く異なる（第４章「熱需要分析と設備規模」参照）。このように最もコストやシステムの仕様に影響があるボイラーサイズの検討にはエンジニアリングワークが必要である。このエンジニアリングワークは経験豊富なエンジニアであれば簡易的に概算推定できるが、日本では経験量も少なくFS調査実施者の力量はさまざまである。FS段階で提示されるバイマオスボイラーの規模推定の精度のバラツキは非常に大きいと考えた方が良く、バイオマスボイラーシステムの超概算の見積もり精度では、最初の予算枠設定に用いるとしても精度が低すぎる場合が多い。

このことを理解しないまま、超概略のFS調査のコスト算定から予算枠設定をしてしまい、その予算枠に強く影響されて基本設計、実施設計、施工段階に進んでしまうと、多くの場合プロジェクトはコストオーバーラン、仕様見直し、などの手戻りを繰り返し困難に直面することになる。一方で納期に関しては、設計施工を請け負ったサイドは、納期優先で事業を進め、事業性に大きく関わる技術検討が不十分なまま、資材、設備、部品などが納入されてしまうケースが発生してしまう。

表9-2　FS段階の主な実施内容（参考例）[1)]

項目	内容
バイオマスボイラー導入の合理性	比較対象の化石燃料のベースライン（既存設備やモデル計画）設定
	ベースラインの熱需要家と使用熱量実績、調査
	潜在熱需要家の調査
	利用燃料に関する調査（既存の燃料供給者、地域材の有効利用）
	バイオマスボイラー導入のメリットの算定、経済性、地域活性
ボイラーシステムの構想	既存設備で活用すべきもの
	ボイラーシステムの設置場所の可能性と熱需要家との位置関係
	建屋スペース、進入路、熱導管配管可能性
	超概略のボイラーシステム構成と主な仕様
社会の許容性	関連法規の遵守
	必要事項の許可申請の実施と確保
	周辺地域への影響、騒音、振動、ばい煙、煙、悪臭
	バイオマス燃料搬送の交通
	周辺地域の開発計画との整合性
	周辺地域住民の意識
	分散エネルギー源として防災観点
事業の成立性	燃料価格と温水利用価格の調査と仮設定
	燃料の形態、品質、管理。地元で供給されない場合の代替手段
	対象とする熱需要家の選定と、段階的導入などのプロジェクト計画
	季節変動などを考慮した稼働時間の推定
	イニシャルコストの超概略イメージ
	投資回収期間の算定
	地域循環・波及効果
環境性	燃焼灰、飛灰の処分
	産業廃棄物の処理；バイオマスのカスケード利用、建築廃材、バークなど
	CO_2排出削減効果

このようなプロジェクト推進の課題は、プロジェクトマネジャーの経験が少なく、何が重要かを良く理解しないまま進めるケースでありがちな事である。

(2) 一般公共設備のFS検討例

一般公共設備でも同様の現象は発生している。バイオマスボイラーに限らない一般的な地方公共団体などの公共事業の問題点の指摘も参考になるので、簡単に要点を指摘する。国土交通省土地・建設産業局建設課地方公共団体における建築事業の円滑な実施に向けた手引き（平成29年７月）によれば、地方公共団体では大きなプロジェクトは滅多になく、ノウハウを経験・蓄積した専門家がいないので、予算管理に問題があるという指摘がある[4)]。

図9-1には、公共建築事業の工事発注までの業務フローを示す。発注までの予算管理の問題とは、「一部で設計内容が予算に収まっていないことの確認がなされないまま事業が進められ、工事の入札契約段階になっても予算に収まっていないことが判明し、事業の停滞や手戻りが生じてしまう例が見受けられる」という事象である。すなわち、専門家の不在で予算に関する見通しが難しく、企画段階、基本設計、実施設計の各段階での差異が大きく発生する。予算に収まっていないまま、設計段階が進み、最終的に実施設計後の積み上げげでの予定価格が当初の企画段階や基本設計段階の概算予算と大きく異なっていて、事業そのものを最初から見直す事態も発生することがある。

(3) 予算枠の設定の進め方

このような事情を理解していても、地方自治体の業務推進プロセス上は、FS調査段階で概略予算を設定したくなる動機が働く。バイオマスボイラーの導入は一般的に巨額のプロジェクトではないので、FS調査や基本設計に多くの時間と費用を使うことは通常できない。また、FS調査に見込みがあるとなれば、プラント導入スケジュール上、なるべく早く議会でプロジェクトを認めてもらうべく予算枠のイメージが必要となる。年度をまたがるFS調査・基本設計はなるべく避けて、なるべく早くプロジェクトの了承を得たい動機が働く。

このような事情を考えると、FS調査の段階

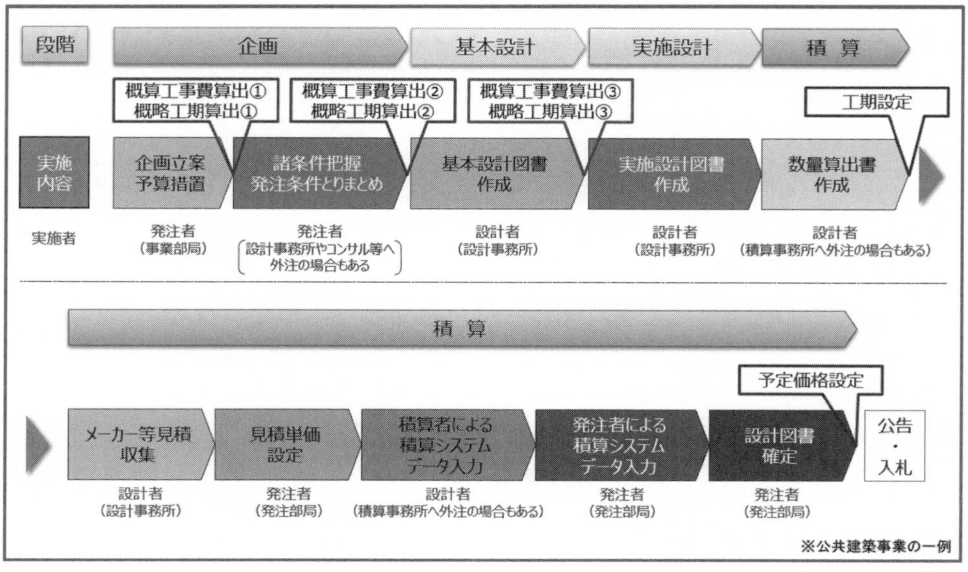

図9-1　公共建築事業の発注までの業務フロー[4)]

で予算精度を上げる方策も重要である。日本の場合、特定の熱需要家に限って熱供給を実施する場合が多く、システムは比較的シンプルである。本書、第2章、3章、4章、5章の方針に沿って検討すれば、それほど大きな作業を伴わず、バイオマス燃料の種類、ボイラータイプ、ボイラーと蓄熱タンクの設備規模、システム制御の基本原則を決めることができる。これらが決まれば、設備のコスト構造や事業性の大まかな部分はほぼ決まるため、仮予算と事業性をイメージすることができる。

なお、熱需要家の数が多く、しかも熱需要の変動が大きい場合は、ボイラー、蓄熱タンク、熱導管、熱利用機器を含めたトータルシステムの温度・圧力制御システムが事業性に大きく影響する。この熱導管と温度・圧力制御システムを熟知している日本のコンサルや設計事務所は現時点では存在しないと想定している。海外のコンサル（日本の欧州基準でのエンジニアリング経験者含む）に設計依頼するか、バイオマスボイラー制御要件を良く理解した制御技術者が個別にシステム検討を実施するかが必要である。基本設計の体制を整えた上で、FS調査＋基本設計を実施し、その後に予算枠の設定をするのが良い。

以上は、公的な事業を念頭において、予算策定のプロセスを検討した。民間では、予算枠の変更に対して、公的事業よりは柔軟に対応できる場合が多いが、予算見通しの難しさは共通しており、事業検討を相当に進めた段階で事業内容の見直しが発生し易いことについては、民間も公的事業も差異はない。

9.6　バイオマス専門家をFS初期から加える

FS段階では、バイオマス燃料として何を活用すべきか綿密な検討が必要である。また、バイオマスボイラーの特性についての理解が、上述の予算策定時に決めておくべき事項の設定や予算管理のリスク把握に役立つ。バイオマス専門家はFSの初期から参加している必要がある。

更に、バイオマスボイラーの特性の理解がボイラー建屋の要求事項の理解や、蓄熱タンクの活用方法の理解につながる。バイオマスボイラーは、木質燃料を扱い、かつ燃焼が不完全であれば有毒の排気ガス放出にもつながる。バイオマスの専門家は、基本設計の段階にも、安全確保も含めた試運転調整の段階でもプロジェクトの中に加わっている必要がある。

なお、バイオマスの専門家は、場合によってはボイラーメーカー社員の場合のこともある。ボイラーの木質バイオマス燃料の種類や水分管理範囲の対応可否などはボイラーメーカーの方が、バイオマスの専門家コンサルよりも良く知っているケースもある。しかし、客観性の担保と、カバーできる範囲の広さからは、バイオマスの専門コンサルの知識を活用できる体制にあるのが良い。

9.7　基本設計段階の技術マネジメントができる体制とする

基本設計では、ボイラーシステムのイニシャルコストに影響がある仕様や、設備完了後の運用時の事業性に影響がある仕様について、十分な技術検討が実施される必要がある。ボイラーシステムに関連して基本設計で規定される項目は、概ね表9-3で示される。

表9-3の中の前提条件や事業計画については、プロジェクト推進サイドで策定する必要があり、基本設計を実施する設計事業者とコミュニケーションを重ねて、事業計画や前提条件とボイラープラントシステムとの整合をとりながら、各種調整や計画の修正を実施するようにする。

基本設計の遂行は、日本の設計事務所が実施する場合や、海外のコンサルを活用する場合な

表9-3　ボイラープラントシステムの基本設計項目

		項目	内容
前提条件		燃料	燃料の種類（木質、チップorペレットor薪）、水分率、想定入手価格
		熱需要家	熱重要家の候補、年間の熱利用量変化
基本設計（ボイラープラントシステム関連分）	ボイラー規模	ボイラ	ボイラーの規模、タイプ（連続、断続）、運転可能範囲と効率、使用電力 ボイラーの年間運用パターン（稼働率）
		蓄熱タンク	温度成層型、容量、材質、保温条件
	ボイラー周辺装置	燃料供給	燃料供給速度、タイプ
		建屋	ボイラー建屋、サイロ、搬送車進入路、建屋配置 既存施設との取り合い ボイラ建屋の大きさ、サイロの容量・タイプ、供給装置 安全性に関する要求、排ガス対策に関する要求、換気に関する要求 煙道の基本仕様 燃料搬送車進入とサイロ投入方法の要求
	熱導管と熱供給制御	熱導管	熱需要家の特定、既存設備との取り合い、 供給温度、戻り温度、ポンプ容量、配管計装図（P&ID） 熱導管の配管経路、配管径、材質、断熱仕様 メンテナンス要求条件、制御機器の仕様、熱量計測の仕様 ポンプ動力、熱損失の要求仕様
		システム	既存システムとの取り合い、モニタリングシステムの仕様、 緊急時の制御
事業計画		事業計画	熱供給の事業体制、業務内容、要員計画 イニシャルコスト、ランニングコスト（稼働率、燃料代、電気代、メンテナンス、消耗品） 補助金計画、事業性評価、経済波及性評価

どさまざまと思われるが、バイオマスボイラーシステムでは各社の基本設計の推進能力にはバラツキが大きい。また、バイオマス専門家についても、残念ながら力量にはバラツキが大きい。プロジェクト推進サイドは、バイオマス専門家や設備設計実施者などに任せきりにしていけない。プロジェクトマネジャーは、事業性や安全性にインパクトがあるような重要な仕様について、基本設計実施者とバイマオス専門家に目標値の設定とその根拠の説明を求め、技術マネジメントを実施する必要がある。

9.8　バイオマスボイラーシステム基本設計と技術マネジメント

バイオマスボイラーシステムの基本設計は大きく分けると次の３点に集約できる。

⑴　熱需要家の年間の変動を踏まえて、ボイラーと蓄熱タンクの適切なサイジングをする。

⑵　バイオマスボイラーシステムを安全に安定して使用できるように周辺装置を選定する。

⑶　熱導管と熱供給温度・圧力制御を設計して、ポンプ駆動電力損失や熱損失を事業性が確保できる範囲に小さく抑える。

⑴、⑵については、バイオマス専門家が適切な指示を出せるはずの部分であるが、プロジェクトマネジャーは基本設計実施者に対して、次の指示と確認が重要である。

①　熱需要者の年間の需要量変動を踏まえて、ボイラーと蓄熱タンクのサイジングを行う。

②　基本設計の進捗に伴い、事業性を考慮して、対象とする熱需要家を選別し直す必要性が生じる場合がある。（熱需要が少ない遠くの需要家のために熱導管を延伸する場合は、経済性が成立しない可能性が高いので、熱需要家の範囲をFS段階から変更すべき場合がある）この可能性を含めて、基本設計者に指示をしたり提案させたりする。

③　バイオマス燃料の搬送についての条件

（交通事情、休日、雪の影響など）を十分に考慮してサイロなどの周辺仕様を設定する。

④　バイオマスボイラーの安全性に関わる部分は、例えば停電時にどうなるか等の事象も含めて、念入りに確認する。

(3)の熱導管制御については、配管システムの基本設計を担当する設備設計事務所に対して適切な指示を出すことができるバイオマス専門家は極めて少ない。これらは配管とバルブの制御システムであるので、プラントエンジニアであれば個別ケース対応で設計できるはずだが、プラントエンジニアはバイオマスボイラーの経験はなく、どのような要求仕様に対応すれば良いのかを知らない。プロジェクトマネジャーは、ボイラー事業者と連携して、第５章「熱供給システムのエンジニアリング」のシステム制御要件を設備設計事務所に理解してもらい、その制御原則に則り設備設計を実施するのが良い。

また、基本設計実施者に対して次の指示を出すことも、技術マネジメントの推進につながる。

①　熱導管についての、ポンプ動力値と熱損失の推定値を検討させる。

②　これらの推定値は熱需要家の熱需要変動を考慮したものとする。

③　これらの推定値が基本計画の事業性を満足するものであることを確認させる。

プラントが複雑であれば、基本設計者は海外のコンサルを活用するケースがあるかもしれない。欧州の熱導管設計基準に沿って効率の高い熱導管とその制御設計を実施する場合、例えば需要家側に対して熱導管主管への還り温度が低くなるように温水利用制御の変更が必要となるケースもあり、このような場合には需要家サイドとの追加的な調整が必要となるケースもある。基本設計実施者は、基本計画の事業性を満足するように、プロジェクトマネジャーに適宜提案して行くことも大切である。

プロジェクトマネジャーは技術課題があることを認識して、事業性が確保できる熱効率や電力使用量に収まるのか、基本設計実施者に確認を怠らないことが重要である。

9.9　実施設計段階のプロジェクトマネジメント

基本設計が精度高く実施できれば、実施設計段階以降は通常の工事のプロジェクト管理と大差はない。プラントの事業性に関わる大きな部分は基本設計の段階で決まってしまう。実施設計では、使い易さ、メンテの容易さ、最終的なコストに影響する。ただし、基本設計者の多くがバイオマスボイラー、及びそのシステムの経験が少ないことと同様、実施設計者もバイオマスボイラー、及びそのシステムの経験は少ない。次のようなケースが生じる場合がある。

(1)　基本設計で重要な仕様が正しく規定されていない場合。例えば、基本設計段階でバイオマスボイラーの特性を踏まえた、蓄熱タンク制御や熱導管制御などの検討が不足している場合がある。

実施設計段階では、基本設計にとらわれすぎず、最終目標性能を満足することを優先して、関係者のコミュニケーションにより実施設計展開すべきである。例えば、ボイラーメーカーと制御範囲などを確認しながら、基本設計のプロセス条件などを変更すべき場合もある。

(2)　実施設計実施者がバイオマス特有の機器（ボイラーやサイロなど）に不慣れな場合。

バイオマス専門家、ボイラーメーカー、サイロエンジニアリング・施工、熱導管エンジニアリングを得意とする事業者、などから十分な情報を得た上で、実施設計（基本設計の延長であるケースも多い）を実施する必要がある。その上で、専門性を考慮して、設計委託、メーカー選定、施工事業者選定などを実施すべきである。実施設計が不完全であると、バイオマス関連設備の施工に不慣れな事業者では、施工段階で多くの調整作業が発生するリスクがあり、実施設計から施工までを一貫して専門事業者に発注する方がリスクは少ない。それでも、設計者間のインタフェースが整合していることを確認することが、プロジェクトマネジメントとして必要である。

(3) 基本設計の展開においてボイラー以外にも海外製の機器を活用する場合。

多くの場合は、海外ボイラーの導入や欧州における熱利用技術の検討を進めている場合であると思われる。一般に効率面とコスト面では欧州機器の活用が有利であるが、メンテナンス等を考慮して、日本製機器を使用したいケースもある。欧州製の機器と日本製の機器では、接続条件が異なる場合があるので、なるべく、相互干渉がないように使い分ける方がリスクは少ない。

プロジェクトマネジャーは入札関連の方針に関わることになるので、技術的なリスクを減らしながら、適切に予算を管理できるように、実施設計者、ボイラーメーカー、工事関係者を選定する必要がある。

(1) 基本設計に基づいて、実施設計と設備一式で提案型の入札。ただし、多くの場合は、建屋関連やボイラーシステム機器一式などの複数に分割される。

(2) 基本設計に基づいて実施設計を発注。実施設計を基に、個別機器単位での入札。各機器は関連が深いので、技術的なリスクを避けるためにも、多くの場合は、あるかたまりに対して、実施設計と設備一式の提案型での入札となることが多い。

いずれの場合においても、相互に関連するものが複数の発注先となることもあるので、実施設計関係者間の相互理解と調整がプロジェクトマネジャーの重要な業務となる。

9.10 設置工事・試運転調整のプロジェクトマネジメント

一般的な工事のプロジェクトマネジメントと大差ない。表9-1のように、工期確認、納品チェック、設備性能試験の準備、管理者向けバイオマスボイラー関連設備に関する事前研修などを実施する。

ただし、バイオマスボイラー関連設備に、日本の地域の工事会社は不慣れであり、実施設計の内容と工事の推進に齟齬がないように十分なコミュニケーションが必要となる。配管工事など現地合わせが重要な場合は、基本設計を基に、実施設計と現地工事を合わせて実施される場合もある。基本設計を海外のエンジニアリング会社が実施している場合、例えば、樹脂製高断熱配管を使用したり、海外製のインバータポンプなどを利用すると、それらの実施設計展開や工事推進に不慣れな部分が生じることがある。プロジェクトマネジャーはそれらの事象に備えて、工事実施前の十分なすり合わせを関係者に要請するなどの事が望まれる。

それでも、施工サイドの予定外のトラブルや実施設計の不備の発覚などのリスクがあり、スケジュールやコストのオーバーランのリスクは残る。設計や工事の契約において、各種のリスクに備えた条項を検討しておくのが良い。

また、安全関連設備や性能試験内容など、プロジェクトマネジャーがバイオマス専門家とともに内容確認をすることが求められる。

バイオマス関連設備の試運転は、バイオマス燃料が樹木種、水分、燃料サイズなど品質が安定していないため燃焼管理が難しい。10日間程度の試運転期間で安定運転、性能確認をすべきである。また、季節要因も十分視野に入れた試運転が肝要である。

9.11　運転・保守と遠隔監視機能

表9-1のように、バイオマスボイラーの運転・管理として設備清掃、燃料の品質管理などの他、メーカーと定期検査や消耗品確認に加え、焼却灰の処理も実施する。

熱供給の需要家と事業者の関係にもよるが、事業者はボイラーの運転保守だけでなく、熱需要家との契約に基づいた検針や代金請求業務が発生する場合もある。欧州製の熱導管の流量制御システムでは、各需要家の使用量の計測値を遠隔監視できる機能は標準装備されているので、熱需要家が多くなる場合には、基本設計の事業計画の中で、熱供給の事業体制の提案と共に遠隔監視を含めるのが良い。

9.12　うまくいかないプロジェクトマネジメントの特徴

プロジェクトマネジメントといえば、プロジェクトマネジメントチームを作れば成功するか、そんなに簡単ではない難しさがある。プロジェクトメンバーが人間だからである。

経験上、次のようなプロジェクトはうまくいかない可能性が高い、うまくいかないというのは、時間をかけても成果が出る可能性が低い。

(1)　プロジェクトメンバーが明確でない、役割が明確でない。

　プロジェクトメンバーの力量が十分ではない。特にプロジェクトマネジャーが看板のみで、力量が無い場合は、問題が大きい。十分な力量、経験があるメンバーを選ぶ必要がある。

　プロジェクトメンバーは、そのニーズ、役割を明確にし、合わせて責任も負うようにする。

　相互に尊重し合い、意思疎通もスムーズにするようにしなければならない。定期的、かつタイムリーなミーティングはプロジェクトの推進には必須事項である。

(2)　ゴールを明確にイメージできていない。もしくは明確なゴールがない。

　そもそもプロジェクトは目的があり、目標も明確に決まっている必要があり、それが明確でなければプロジェクトそのものの意味がない。

(3)　責任者（プロジェクトオーナー/PO）が決まっていない

　意思決定権のある責任者が入っていないプロジェクトは、判断が必要な都度、責任者との調整が必要となり、調整時間・コストが無限に広がるので、時間がかかるばかりでなく、プロジェクトをまとめきれない危険性が高い。

　意思決定フローを明確にし、一本化する必要がある。

(4)　プロジェクトの各ステップでのゲートキーパーが必要である。各ステップの目標が達成されてから次のステップに行くべきであり、中途半端のまま、次のステップに移行しても、再び戻る必要が必ず発生する。

(5)　周囲の期待値が低い。

　周囲の期待値が最初から低い、もしくは期待値が無いプロジェクトは協力も得られず、リソース配分も受けられないので、プロジェクトマネジャーが、孤軍奮闘することになり恐ろしく疲弊する。できたとしても評価されず、意味がなくなる。

9.13　今後の課題、技術レベルの向上

日本では、バイマオスボイラーと熱利用システムの双方に習熟したバイオマス専門家が極めて少なく、更に、日本語で示されたバイオマス熱利用関連の技術標準や技術マニュアルも存在していない。このために、プロジェクトマネジメントは、プロジェクトの進捗管理に加えて技

術マネジメントが重要になる。しかし、熱利用の事業推進プロジェクトにおいて、このような開発プロジェクト的な技術マネジメントは本来の姿ではない。欧州を見れば、技術標準が存在する上、施工事業者なども経験が豊富で、技術ベースが明らかに異なっており、プロジェクトマネジメントは日本の場合よりもはるかに容易である。

日本においても、技術ベースが向上し、プロジェクトマネジメントにかける労力を低減することができれば、熱利用者や熱供給事業者にとってバイオマスボイラー導入の障壁が低くなり、導入コストの低下にもつながって行くものと想定できる。

次のような事項の整備を図ることで、技術ベースの向上が望まれる。

(1) バイオマスボイラーシステムに関する、技術マニュアルや技術標準

(2) バイオマスボイラーと熱利用システムの双方に習熟したバイオマス専門家が養成され、認知される社会の仕組

<引用文献>

1) 木質バイオマスボイラ導入マニュアル－山形県最上地域木質チップボイラ導入編

2) CIBSE (Chartered Institution of Building Services Engineers), Biomass heating AM15：2014

3) ㈱森のエネルギー研究所：木質バイオマスボイラー導入指針（平成24年３月）（平成23年度林野庁「木質バイオマス利用に係る環境影響評価調査等支援」事業）

4) 国土交通省 土地･建設産業局 建設課：地方公共団体における建築事業の円滑な実施に向けた手引き（平成29年７月）

第10章

バイオマス熱利用と法規制

10.1　バイオマス熱利用法規制の実状

木質バイオマスボイラー設備・システム導入にあたっての法律、条例は、木質バイオマスに特化したものはないといえるほど整備されていないのが実情である。やむなく、化石燃料の設備・システムに適用される法律、条令に準拠し適用することになる。化石燃料とバイオマス燃料には基本的にその性状に大きな差がある。また、石油ボイラーとバイオマスボイラーにもその構造、システムには、大きな差があり現状の化石燃料用法規制ではカバーできない部分もかなりある。その意味では、バイオマスボイラーの普及拡大を進めるためには、関連法規の制定と見直しが重要である。

10.2　木質バイオマス関連施設整備に関係する法令

木質バイオマスのエネルギー利用、特に、バイオマス発電設備、バイオマスボイラー設備導入にあたっては、法律、条例その他の規制が係わってくる。コンプライアンス重視の観点、安全衛生の観点から、該当する場合には、必要な許可の取得、届出を行い、法規制を遵守する必要がある。

⑴　必要な法手続き

ボイラー、圧力容器に関する法令としてはソフトの基準として、労働安全衛生法、労働安全衛生法施行令、労働安全衛生規則、ボイラー及び圧力容器安全規則などがあり、ハードの基準としてボイラー構造規格、圧力容器構造規格並びに小型ボイラー及び小型圧力容器構造規格などがある。体系としては、法律として労働安全衛生法、政令として労働安全衛生法施行令、省令として、労働安全衛生規則並びにボイラー及び圧力容器安全規則、告示として、ボイラー構造規格、圧力容器構造規格などが位置付けられている。また、ボイラー及び圧力容器安全規則に規定されたボイラーを使用する事業主には、構造検査後１年以内に１回、その後毎年１回/年の性能検査が義務付けられている。

木質バイオマスのエネルギー利用設備に関連する主要関係法規を表10-1にまとめる。

これらのうち、バイオマスのエネルギー利用、特に、熱利用に関連する部分について、章立てをして解説する。

⑵　関連法規と届出先

表10-1の内、届出が必要な法規、及びその届出先・期日、許認可取得に係わる標準的な期間と手順を表10-2に示す。

⑶　県市町村条例

各地方自治体で、バイオマス関連の規制値の詳細や報告義務などを条例で定めているケースもあり、詳細については各自治体に確認する必要がある。この各自治体の条例が、全国共通に

表10-1　木質バイオマスのエネルギー利用設備に関連する主要関係法規一覧

関連法令	木質バイオマスボイラー導入との関係	管轄省庁
労働安全衛生法 （第２章）	ボイラーの伝熱面積により、運転就業資格があり、ボイラー技士が必要である。ただし、簡易ボイラーであれば必要ない。	経産省
労働基準法	利用設備の運転員の就業規則など労働基準（労働条件に関する最低基準）	厚労省
大気汚染防止法 （第３章）	ボイラーで伝熱面積が 10 m^2 以上、重油換算で、ガスエンジンでは燃料消費 35L/h 以上、ガスタービンにて燃料消費 50L/h 以上の施設から発生する煤煙、粉塵排出規制などの大気汚染規制がある。	環境省
工場立地法	一定規模以上の工場は生産施設を一定の割合に抑え、敷地内への環境施設の設置義務（25%以上）	経産省
都市計画法	都市計画内外での土地の開発行為について、開発規模や事業の内容によって許可が必要となる。	国交省
建築基準法	利用設備・建屋申請、煙突構造等の技術基準であり、100 m^2 以上の建屋の建設時、木造以外建屋では、２階以上、又は 200 m^2 以上の建屋に適用、煙突は許可届出の必要はないが、構造基準に従い、安全性を考慮した十分以上の離隔距離や遮熱、断熱処置、近隣への配慮などをして設置することが必要である。	国交省
騒音規制法	指定区域内での利用設備設置工事に伴う騒音規制、運転における圧縮機、送風機などの定格容量が 7.5kW 以上、チッパーの定格出力が 2.25kW 以上の設備には騒音規制がある。	環境省
振動規制法	指定区域内での利用設備設置工事に伴う振動規制、運転における圧縮機、送風機などの定格容量が 7.5kW 以上、チッパーの定格出力が 2.25kW 以上の設備には振動規制がある。	環境省
消防法 （第４章） 市町村条例	バイオマス燃料・指定可燃物の貯留量が 10 m^3 以上の場合、必要な設備基準を満足し、届出が必要である。又、その管理には資格者が必要である。	消防庁
廃棄物の処理及び清掃に関する法律 （第５章）	バイオマス燃料が廃棄物とされた場合、廃棄物焼却炉など処理施設の許可、産業廃棄物の収集運搬又は処分を業として行う者は、許可がそれぞれ必要である。	環境省
ダイオキシン類対策特別措置法	バイオマス燃料が廃棄物とされた場合、ダイオキシン類排出規制に従う。	環境省
水質汚濁防止法	バイオマス燃料が廃棄物とされた場合、排水及び浸透水の規制に従う。	環境省
肥料取締法 （第６章）	燃焼灰を肥料として有効活用する場合の法律で、バイオマス燃焼灰は特殊肥料と位置づけられ、生活環境の保全上支障が無い利用が可能な場合は、自ら利用や他人への販売といった有効利用が可能である。	農水省
熱供給事業法 （第７章）	地域熱供給を行う場合、使用するボイラー、ヒートポンプ、熱交換器の加熱能力の合計が 21GJ/h の熱供給を行う場合は許可が必要である。	経産省
電気事業法	一定以上の発電設備は、工事計画書の届出が必要。蒸気タービン；ほぼ全ての規模、ガスタービン：1,000kW 以上、内燃機関：10,000kW 以上、ガスエンジン：200kW 以上、又、ボイラーを用いる場合は、ボイラー・タービン技術者の選任が必要である。	経産省
エネルギー使用の合理化に関する法律	使用エネルギーが原油換算で 1,500ｋL/年以上の利用設備では、有資格者が必要。エネルギー使用量の記録義務、定期報告が必要。	経産省
環境保全面の法律	○自然公園法○自然環境保全法○都市公園法○都市緑地保全法	関係省庁
防災面の法律	○河川法○地滑り防止法○砂防法○急斜面地の崩壊による災害防止法	関係省庁

本表では、木質バイオマスのエネルギー利用設備を「利用設備」とする。

表10-2　バイオマス設備導入に関する関連法規と届出先[1]

法規	提出書類	届出先	期日	備考・規制項目
大気汚染防止法	ばい煙発生施設 設置届出書	各地域県民局環 境管理事務所	当該施設の設置工事開始 60 日前までに提出	バイオマス機器の場合、工事前に届出先への事前相談が 望ましい。
消防法	消防用設備等 設置届出書	各地域の所管消防署	設置完了後 4 日以内	指定可燃物の貯留 10 m^3 以上の設備
各市町村・火災予防条例	給湯湯沸設備 設置届出書	各地域の消防署 等	個別に確認が必 要	所管の消防署へ問合せ
廃棄物の処理及び清掃に関する法律	廃棄物収集運搬業、処分業許可 (一廃、産廃)	一廃;市町村長 産廃;都道府県知事		廃棄物を無償で引取り処理する場合、該当する
	産業廃棄物処理施設の設置許可 (一廃、産廃)	都道府県知事 相談窓口;都道府県、地方自治体		・焼却施設;処理能力 200kg/日以上又は、火格子面積 2 m^2 以上 ・破砕処理施設;処理能力 5t/日以上(産廃のみ)
	生活環境影響調査・手続き			廃棄物処理施設に該当する場合
労働安全衛生法	ボイラー設置届出	各地域の労働基準監督署	設置工事の開始 30 日前まで	法律上のボイラーに該当するか否か判断⇒該当しない場合は届出不要
建築基準法	建築確認申請	各自治体所轄	工事着工前に「確認申請書」を申請	
騒音規制法	特定施設の設置届出	市町村長	設置工事の開始 30 日前まで	原動機の定格出力が 7.5kW 以上の施設
振動規制法	特定施設の設置届出	市町村長	設置工事の開始 30 日前まで	原動機の定格出力が 7.5kW 以上の施設
肥料取締法（燃焼灰の肥料活用時）	肥料販売業務 開始届出書	各地域県民局 地域農林水産部 農業普及振興室	販売事業開始の 2 週間前迄に届出	専門機関による燃焼灰の成分分析結果と共に登録・届出を行う。

※木質バイオマスエネルギー導入マニュアル（青森県農林水産部発行）を参照、適宜修正の上筆者作成。

なっていない実態が多くみられ、このことがバイオマスの熱利用の普及の妨げとなっているとも考えられる。

10.3　法改正、規制緩和が必要である

木質バイオマスエネルギー設備・システム導入にあたっての法律、条例は、ほとんどないのが実情である。そのため、化石燃料の設備・システムに適用される法律、条令に準拠し、適用することになるが、化石燃料とバイオマス燃料は基本的にその燃料特性、燃焼性能が大きく異なり、そのまま適用するには無理がある。

木質バイオマス発電、熱利用を広く普及するためには、バイオマス燃料の特性を反映できるような法改正、さらなる規制緩和が必要である。

10.4　日本バイオマスボイラ協会の設立（提案）

「一般社団法人日本ボイラ協会は、ボイラー・圧力容器について、どのようなニーズにも応じられる組織のもとに斯界の指導的な役割をはたしている。」と定義しているように、ボイラーや圧力容器による災害及び大気汚染等を防止し、併せてエネルギーの使用の合理化及び地球温暖化の防止に寄与するため、ボイラーや圧力容器についての調査研究、検査検定、教育・相談、

広報・出版、技術交流の場の提供、品質マネジメントシステムの審査、登録などを行っている。

しかし、バイオマスボイラーは、今のところ、日本ボイラ協会の対象になっていない。そのテキスト・教育資料にはバイオマスの記述はいっさいない。即ち、バイオマス燃料、バイオマスボイラー、圧力容器などについては、上記活動の対象にされていない。

バイオマスボイラーや圧力容器についての調査研究、検査検定、教育・相談、広報・出版、技術交流の場の提供、品質マネジメントシステムの審査、登録などを行う組織としての日本バイオマスボイラ協会設立の必要性は、日本のバイオマス熱利用ビジネス拡大のためには、早期に必要であると考える[2)]。

10.5 労働安全衛生法

(1) 法適用ボイラーと手続き内容

ボイラーや圧力容器による災害を防止するために必要な事項は、労働安全衛生法（昭和47年法律第57号）で規定されている。

労働安全衛生法では、ボイラーの種類や規模により必要な手続きが異なる。表10-3に、貫流蒸気ボイラーに適用される法適用ボイラーと手続き内容をまとめる。蒸気ボイラー、温水ボイラーなどボイラーの種類によって、それぞれ必要な手続きが異なるので、関連法規を参照されたい。

バイオマスボイラーで一般的となっている無圧開放ボイラー（温水ヒーター）であれば労働安全衛生法で規定されているボイラーに当たらないため手続きは不要である。即ち、温水ヒーターであれば手続きは不要であるが、蒸気ボイラーでは該当する可能性がある。

また、表10-4には、ボイラーの製造者側と使用者側における主な法的要求事項をまとめる[3)]。

(2) バイオマスボイラーの法適用の実態

欧州などからの輸入ボイラーにも当然この法的要求事項が適用される。欧州の規格に適合した輸入ボイラーについても、ボイラーの構造要件の具備状況の確認を目的として使用検査が義務付けられている。

小型ボイラーを設置した時は設置場所付近の状況や当該ボイラーが構造規格に適合しているかどうかを確認する必要があり、事業者は小型ボイラー設置報告書に構造図および小型ボイラー明細書、並びに小型ボイラーの設置場所の

表10-3　法適用ボイラーと手続き内容

ボイラー形式	分類	伝熱面積	内容
貫流蒸気ボイラー	簡易ボイラー	$5\ m^2$ 以下	なし
	小型ボイラー	$5\ m^2$ 超～$10\ m^2$ 以下	労働基準監督署長へ設置届出
	ボイラー	$10\ m^2$ 超	労働基準監督署長へ設置届出、及び落成検査

表10-4　ボイラー適用区分に基づく、主な法的要求事項

法的区分		製造者側				使用者側				
	製造許可	溶接検査	構造検査	使用検査	個別検定	設置届	設置報告	落成検査	性能検査	自主検査
ボイラー	○	○	○	○	X	○	X	○	○	X
輸入ボイラー	X	X	X	○	X	○	X	○	○	X
小型ボイラー	X	X	X	X	○	X	○	X	X	○
簡易ボイラー	X	X	X	X	X	X	X	X	X	X

周囲の状況を示す図面を添えて２部、所轄の労働基準監督署長へ提出する必要がある。

その費用と手続きの面倒さから、無圧開放ボイラーとして申請し、この法規制をかいくぐって輸入されている実態がある。

日本メーカー製造の国産バイオマスボイラーにおいても、そのほとんどが、この無圧開放ボイラーである。ボイラーは元々、圧力がかかる構造になっており、ある欧州メーカーの担当者は、無圧開放ボイラーに改造することにより、改造費用がかさむばかりでなく、熱効率を無視した構造となってしまい、本来の機能が発揮できないと嘆いている。

⑶ 無圧開放式温水ヒーター

無圧開放ボイラーは、無圧開放式温水ヒーターとも呼ばれ、ヒーター缶体に大気開放タンクを設け、缶体を無圧としている。無圧開放式温水ヒーターは、労働安全衛生法に該当しないので、以下のメリットがあるとされている。

- ボイラー技士資格が不要
- 法廷定期検査が不要
- 缶体が無圧のため、熱交換器や貯湯タンクは圧力容器でないため、設置届出が不要。
- 熱交換器の最高使用温度で温水供給可能である。
- 原理・構造が簡単で取扱いが容易である。

日本のボイラーメーカーでは、このメリットを活かした簡単構造のバイオマスボイラーを製造している実態もある。当然であるが、熱効率は低いボイラーが多く、欧州の普及型バイオマスボイラーとは、構造、性能とも大きく異なる。

ただし、欧州の加圧式ボイラーを無圧開放ボイラーに改造して使用する場合は、本来の機能とは異なる使用方法であり、問題が発生する場合がある。

⑷ バイオマス熱利用における安全対策、ボイラーの取扱管理

バイオマス熱利用においても、森林整備、間伐、搬出、チップ生産、ペレット生産、薪生産、バイオマス発電、バイオマスボイラーなど、どれをとっても、危険が伴う作業である。

特にボイラーに関しては、労働災害を防止するための基本的要件として、ボイラー設備自体の安全対策などは言うまでもないが、ボイラー運転に必要な技能を有しないものを、業務に就かせてはならないことと、就業前の安全教育の実施など人的対策も必要である。ボイラーの取り扱い就業制限をまとめると表10-5となる。

バイオマスボイラーそのものは、無圧開放ボイラーとして、労働安全衛生法の適用は受けないが、労働災害防止のため、バイオマスボイラー就業条件として、表10-5に準拠した形での取扱資格者の配置と、ボイラー取扱技能講習、特別教育の実施の必要性は言うまでもない。

表10-5　ボイラーの法的区分と就労資格

	簡易ボイラー	小型ボイラー	小規模ボイラー	ボイラー		
蒸気ボイラー (m^2)	0.5<	0.5-1.0	3.0≦	3-25	25-500	500>
就労資格	不要	特別教育	ボイラー取扱技能講習	ボイラー技師2級以上	ボイラー技師1級以上	ボイラー技師特級
温水ボイラー (m^2)	4<	4-8	14≦	14−25	25−500	500>
就労資格	不要	特別教育	ボイラー取扱技能講習	ボイラー技師2級以上	ボイラー技師1級以上	ボイラー技師特級
貫流ボイラー (m^2)	5<	5-10	30≦	30-250	250-5000	5000>
就労資格	不要	特別教育	ボイラー取扱技能講習	ボイラー技師2級以上	ボイラー技師1級以上	ボイラー技師特級

10.6　大気汚染防止法

(1)　対象となるバイオマスボイラー

木質バイオマスボイラーでは、バイオマス燃料を燃焼させ、煤煙を発生させることから、大気汚染防止法上の「ばい煙発生施設」に該当する場合には規制対象となる。

① ボイラー（熱風発生炉を含み、熱源として電気又は廃熱のみを使用するものを除く）では、算定伝熱面積（以下、単に「伝熱面積」という）が10m^2以上であるか、又はバーナーの燃料の燃焼能力が重油換算50L/h以上である場合に該当する。

ボイラーの種類によって伝熱面積は異なるので確認が必要である。

重油換算算出基準：液体燃料；10L、ガス燃料；16m^3、固体燃料（バイオマス燃料はこれに相当する）；16kgに相当するものとされている。

② 廃棄物燃焼炉では、火格子面積が2m^2以上であるか、又は、焼却能力が200kg/hの場合は該当する。

③ ばい煙発生施設に該当する場合には、設置者は以下の義務を負うことになる。

表10-6　ばい煙の排出基準

ばい煙の種類	排出基準	単位	
硫黄酸化物	—		小型ボイラー適用無し
窒素酸化物	350	Ppm	O_2 6%換算
ばいじん	0.30	g/m^3N	O_2 6%換算
有害物質	—		バイオマスボイラー適用無し
特定有害物質	—		バイオマスボイラー適用無し
特定物質	—		バイオマスボイラー適用無し
指定物質	—		バイオマスボイラー適用無し

表10-7　ばい煙測定方法と頻度

<table>
<tr><th>測定項目</th><th>ばい煙発生施設区分</th><th colspan="2">頻度</th><th>測定方法</th></tr>
<tr><td>硫黄酸化物</td><td>硫黄酸化物排出量
10 m^3N/h 以上</td><td colspan="2">2ヶ月以内に1回</td><td>JISK0103
JISZ8808</td></tr>
<tr><td>燃料中・硫黄含有率</td><td>硫黄酸化物に係わる全施設</td><td colspan="2"></td><td>JISK2301
JISK2514
JISM8813</td></tr>
<tr><td rowspan="2">窒素酸化物</td><td>廃ガス量
40,000 m^3N/h 以上</td><td colspan="2">2ヶ月以内に1回</td><td rowspan="2">JISK0104</td></tr>
<tr><td>廃ガス量
40,000 m^3N/h 未満</td><td colspan="2">年2回以上</td></tr>
<tr><td rowspan="2">ばいじん濃度</td><td>廃ガス量
40,000 m^3N/h 未満</td><td colspan="2">2ヶ月以内に1回</td><td rowspan="2">JISK8808</td></tr>
<tr><td>廃ガス量
40,000 m^3N/h 以上</td><td colspan="2">年2回以上</td></tr>
<tr><td rowspan="2">有害物質</td><td>廃ガス量
40,000 m^3N/h 以上</td><td>2ヶ月以内に1回</td><td>カドミウム・鉛
塩素
塩化水素
フッ化水素</td><td>JISK0083
JISK0106
JIGK0107
JISL0105</td></tr>
<tr><td>廃ガス量
40,000 m^3N/h 未満</td><td>年2回以上</td><td>カドミウム・鉛
塩素
塩化水素
フッ化水素</td><td>JISK0083
JISK0106
JIGK0107
JISL0105</td></tr>
</table>

※都道府県ごとの条例により、「ばい煙発生施設」の規制が定められており、その確認が必要である。

- 設置の届出；工事着手予定日の60日前までに申請書と必要添付書類を添えて届け出る
- 排出基準の遵守
- 自主測定・記録
- 事故時の措置
- 公害防止組織の整備
- 公害防止管理者の選任等の届出

(2)　ばい煙排出基準

①　バイオマスボイラーの排出基準を表10-6に示す。

②　硫黄酸化物は小型ボイラーには適用されない。又、有害物質、特定有害物質、特定物質、指定物質は、バイオマス燃料にこれら物質が含まれていないと確認された場合は、バイオマスボイラーには適用されない。

(3)　ばい煙測定項目、測定方法と頻度

①　ばい煙測定項目、測定方法及び頻度を表10-7にまとめる。

②　都道府県ごとの条例により、「ばい煙発生施設」の規制が定められており、その確認が必要である。

③　測定結果は、記録表に記録し3年間保存しなければならない。

10.7　消防法（火災防止条例）

(1)　消防法とボイラーの設置位置と構造

ボイラーを設置する場合、その能力にかかわらず、火熱を使用する設備であることから、所轄消防署への設置届出が必要である。

ボイラーの設置位置及び構造は、火災防止条例により、次に掲げる基準によらなければならない。

①　設置位置

- 可燃物が落下し、又は接触するおそれのない位置に設けること。
- 可燃性のガス、又は蒸気が発生し、又は滞留するおそれのない位置に設けること。
- 階段、避難口等の付近で避難の支障となる位置に設けないこと。
- 燃焼に必要な空気の取入れができ、かつ、有効な換気ができる位置に設けること。
- 屋内設置の場合は、土間又は不燃材料のうち金属以外の材料で造った床上に設けること。ただし、金属で造った床上又は台上に設ける場合において防火上有効な措置を講じた時は、この限りでない。

②　構造

- 蒸気管は、可燃性の壁、床、天井等を貫通する部分及びこれらに接触する部分を、けいそう土その他の遮熱材料で有効に被覆すること。
- 蒸気圧力が異常上昇の場合に自動的に作動する安全弁その他の安全装置を設けること。
- 使用に際し、火災の発生のおそれのある部分を不燃材料で造ること。
- 地震その他の振動又は衝撃により容易に転倒しない、亀裂しない、又は破損しない構造とすること。
- 表面温度が過度に上昇しない構造とすること。
- 屋外設置の場合では、風雨等により口火及びバーナーの火が消えないような措置を講ずること。
- 開放炉又は常時油類その他これらに類する可燃物を煮沸する炉では、その上部に不燃性の天蓋及び排気筒を屋外に通ずるように設けるとともに、火粉の飛散又は火炎の伸長により火災発生のおそれのある場合は、防火上有効な遮へいを設けること。
- 溶融物があふれるおそれのある構造の炉にでは、あふれた溶融物を安全に誘導する装置を設けること。
- 熱風炉は、熱交換部分を耐熱性の金属材料でつくる、また加熱された空気の温度が異常に上昇した場合、熱風の供給を断つ非常

停止装置を設けること。

- 熱風炉に附属する風道については、次によること。

風道並びにその被覆及び支枠は、不燃材料で造るとともに、風道の炉に近接する部分に防火ダンパーを設けること。

炉から防火ダンパーまでの部分及び当該防火ダンパーから2m以内の部分は、建築物等の可燃性の部分及び可燃性の物品との間に15cm以上の距離を保つこと。ただし、厚さ10cm以上の金属以外の不燃材料で被覆する部分については、この限りでない。

給気口は、じんあいの混入を防止する構造とすること。

- 薪、石炭その他の固体燃料を使用する炉にあっては、たき口から火粉等が飛散しない構造とするとともに、ふたのある不燃性の取灰入れを設けること。この場合において、不燃材料以外の材料で造った床上に取灰入れを設けるときは、不燃材料で造った台上に設けるか、又は防火上有効な底面通気を図ること。

(2) ボイラーの管理

ボイラー（炉）の管理は、次に掲げる基準によらなければならない。

① 炉の周囲は、常に整理及び清掃に努めるとともに、燃料その他の可燃物をみだりに放置しないこと。

② 炉及びその附属設備は、必要な点検及び整備を行い、火災予防上有効に保持すること。

③ 液体燃料を使用する炉及び電気を熱源とする炉にあっては、前号の点検及び整備を必要な知識及び技能を有する者として消防長が指定するものに行わせること。

④ 本来の使用燃料以外の燃料を使用しないこと。

⑤ 燃料の性質等により異常燃焼を生ずるおそれのある炉にあっては、使用中監視人を置くこと。ただし、異常燃焼を防止するために必要な措置を講じたときは、この限りでない。

⑥ 燃料タンクは、燃料の性質に応じ、遮光し、又は転倒若しくは衝撃を防止するために必要な措置を講ずること。

(3) 入力350kW以上のボイラー（炉）の場合

入力[注)] 350kW以上の炉にあっては、不燃材料で造った壁、柱、床及び天井（天井のない場合にあっては、はり又は屋根）で区画され、かつ、窓及び出入口等に防火戸を設けた室内に設けること。ただし、炉の周囲に有効な空間を保有する等防火上支障のない措置を講じた場合においては、この限りでない。

(4) バイオマス燃料の貯蔵

バイオマス燃料は、可燃物であり、少量危険物の貯蔵及び取扱いの届出などが消防法で定められている。バイオマス燃料製造工場（木質ペレット工場、木質チップ工場、薪製造工場）での原木置場、生産したバイオマス燃料の貯蔵設備（タンク、サイロ、倉庫）などが対象となる。指定可燃物として$10m^3$以上（5～6トン程度）の場合、所轄消防署への届出が必要である。

また、チップの乾燥、木質ペレット生産のためのオガ粉乾燥に火熱を利用する場合、火を使用する設備などの所轄消防署への設置届出が必要である。

注）「入力」とは、火気使用設備・器具の最大燃焼時の1時間当たりの燃料消費量を熱量に換算したものをいい、最大熱消費量、最大消費熱量、インプット、燃焼熱量等で表示されるが、液体燃料を使用するものにあっては、1時間当たりの燃料消費量（ℓ/h）で表示される。入力（kW）＝燃料の発熱量（kWh/kg、低発熱量）×1時間当たりの燃料消費量(kg/h)

10.8　廃棄物の処理及び清掃に関する法律

バイオマス燃料のコスト低減のためには、バイオマスのカスケード利用が有効な手段である。バイオマスのカスケード利用を推進するためには、建築廃材、樹皮（バーク）、剪定枝等、多様なバイオマス燃料を有効活用すべきである。現状では、バイオマス燃料について、有価物相当か、廃棄物相当かによって、係わる法令が異なる。廃棄物の相当する場合、廃棄物の処理及び清掃に関する法律（以下、廃掃法とする）が問題になる場合がある。

(1)　バイオマス燃料が廃棄物の対象となった場合

バイオマスボイラー等で、バイオマス燃料が廃棄物扱いとなった場合、廃掃法では、ボイラーは焼却炉扱いになる。この場合、この設備は構造基準、維持管理基準の遵守の他、構造基準を満足するために補助バーナー、高度集塵機などの追加設備が必要となる。また、維持管理基準では、燃焼ガス温度を常時800℃以上とする必要があり、バイオマスボイラーとしては非現実的な運転となってしまう。

また、ダイオキシン類対策特別措置法では、焼却炉（焼却能力50kg/h未満のものは除く）にたいして、ダイオキシン排出基準量の遵守と定期的な検査を義務づけている。

この問題に関しては、環境省・林野庁連名で「木くずの燃料利用に係わる取扱いについて」の通知がでており、(3)で説明する。

(2)　有価物と廃棄物の判断

廃掃法では、廃棄物は「自ら利用し、又は他人に有償売却できないため不要となった物」としている。

自ら利用する場合は、廃棄物扱いとなってしまうが、飛散、流出などしないように保管し、地域住民の生活環境の保全に支障のないような適正な有効利用が必要である。

有価物か廃棄物かの判断は、各都道府県知事が下記５項目を総合的に判断して決定する。

① 物の性状；利用用途に要求される品質を有し、生活環境保全上の支障が発生する恐れのないもの

② 排出の状況；需要にあった計画的なものであり適切な保管管理がされている。

③ 通常の取扱い形態；製品として市場が形成されており、廃棄物として処分されている事例が通常はない。

④ 取引価値の有無；有償譲渡がされ、かつ客観的取引合理性があること。運送費等の諸経費を含めても双方にとって営利活動として合理的な価格である。即ち輸送費込みでプラスである必要がある。

⑤ 占有者の意思；占有者が適切に利用する意思をもっており、放置または処分の意思が認められない。

(3)　木くずの燃料利用に係わる取扱い

木質バイオマスの利活用については、平成19年７月に環境省・林野庁連名で「木くずの燃料利用に係わる取扱いについて」の通知が出された。これにより、一定の要件を満たす燃料として利用されるバイオマスボイラーは産業廃棄物の焼却炉には該当しないとされる。

本通知は、近年の循環型社会形成や地球温暖化防止に向け、木質バイオマスの利活用の促進を促すものであり、木材・木製品生産工場等が含まれ、木くずとしては、背板、単板製造時のむき芯材、おがくず、プレナーくず、樹皮（バーク）等を示され、バイオマスのカスケード利用が、促進されるようになった[4)]。

10.9　肥料取締法

(1)　燃焼灰の位置付け

肥料取締法では、「肥料」とは、「植物の栄養に供すること」または「植物の栽培に資するため土壌に化学的変化をもたらすことを目的とし

て土地に施されるもの」及び「植物の栄養に供することを目的として植物に施されるもの」として定義されている。

また、肥料は「特殊肥料」と「普通肥料」の二つに分けられ、バイオマス燃料の焼成灰は、草木灰であり、「特殊肥料」に分類される。

肥料を生産、輸入、販売する際には、その種類に応じて農林水産大臣又は都道府県知事への登録や届出を行わなければならない。なお、肥料を自らが使用するために生産、輸入する場合は、登録や届出の必要はない。逆に、無償であっても他者に譲渡する場合は、登録や届出が必要となる。

⑵ バイオマス資源の焼却灰関係の通達

平成25年6月28日に木質ペレット又は、木質チップを専焼ボイラーで燃焼させて生じた焼却灰について、環境省から、通知が下記のようにされている[1)]。

「専焼ボイラーの燃料として活用されている間伐材などを原料として製造された木質ペレット又は木質チップについて、その焼却灰の中には、物の性状、排出の状況、通常の取扱い形態、取引価値の有無、占有者の意思などを総合的に勘案した結果として、不要物とは判断されず、畑の融雪剤や土地改良材として有効活用されているケースも多い。このような木質ペレット又は、木質チップの専焼ボイラーから生じた焼却灰（塗料や薬剤を含む若しくはその恐れのある廃木材、又は当該廃木材を原料として製造したペレット又はチップと混焼して生じた焼却灰をのぞく）のうち、有効活用が確実で、かつ不要物とは判断されない焼却灰は、産業廃棄物に該当しない。」という判断が下されており、有効活用に問題ないものとされた[5)]。

⑶ 焼却灰の基本事項

① 焼却灰の内、自ら利用や、他人に売買できず不要になった物は廃棄物となる。

② 木質バイオマス専焼ボイラーから生じる焼却灰は、焼却灰の性状、排出の状況、通常の取扱い形態、取引価値の有無、占有者の意思等を総合的に勘案し、客観的に判断した結果、廃棄物に該当せず、生活環境の保全上支障が無い場合は、自ら利用や他者への販売が可能である。

③ 重金属等の有害物質や、放射性物質などの汚濁負荷については、焼却灰の性状分析を行い、生活環境保全上の支障のない利用を行うことを、焼却灰排出者及び利用者双方が確認することが必要である。

⑷ バイオマス焼却灰の有効利用

バイオマス発電・熱利用が本格化した場合、この焼却灰の対策は大きな問題となる。5MWのバイオマス専焼発電プラントでは、毎年６万トンのバイオマス燃料が燃やされ、その焼却灰は数千トンにも達する。日本のバイオマス発電規模を考えれば、肥料に有効利用するというレベルの量ではない。

石炭火力発電所から排出される焼却石炭灰（フライアッシュ）は、平成29年度の発生量は1,280万トン（前年度比46万トン増）となった。これに伴って、石炭灰の有効利用量は、1,267万トン（前年度比42万トン増）となり、有効利用率は99.0%とハイレベルであり、これらの値は、近年同等の傾向で推移している。歴史的に見れば、この石炭焼却灰の有効利用は、石炭火力発電業界が、半世紀以上の長い歴史のなかで、セメント強化材、コンクリート混和材、道路補強材など広範囲に利活用できるスキームが検討され確立されている。

コンクリート用フライアッシュの品質規定（JIS A6201-2008）も確立され、コンクリートの混和材として用いるフライアッシュは、利用目的に応じ４種類の品質がJISに規定されている。

バイオマスの焼却灰についても、業界全体の問題として、規格化、肥料以外の有効利用開発等の対策を早期に検討しておく必要がある[6) 7)]。

10.10　熱供給事業法

(1)　熱供給事業の現状

冷水や温水を一カ所でまとめて製造し、熱導管を通じて、複数の建物に供給する事業で、熱をまとめて製造・供給することにより、省エネルギーや省スペースなどのメリットがある。

熱供給事業法に基づく許可を受けた事業者数は、平成26年８月末時点で78社、供給地点は138拠点である。日本国内の分布は東京、大阪、名古屋といった熱需要密度の高い地域に集中している。その事業規模は売上げ、1,447億円で、一般電気事業の約1/110、一般ガス事業の1/25とまだまだ小さい。また、事業者数、地点数ともに減少傾向にある。

木質バイオマスによる熱供給が事業化されている先進地域は札幌市（札幌駅南口地区）などであり、地点型ビジネスモデルといえる[8)]。

(2)　熱供給事業法の改正

地域熱供給を事業として行う場合、バイオマス熱供給にかかわらず、熱供給事業法が適用される場合がある。熱供給対象：一般の需要・熱供給設備（ボイラー、ヒートポンプ、熱交換器）・規模：21GJ/h（5Gcal/h）以上（経産省令で定める方法で算出した合計の加熱能力）、複数の建物への供給、事業者は需要家と資本関係のない第三者または、自家使用にならない事業者などの要件を満足する場合、定められた基準に従い、「熱供給事業者」としての許可を得て事業を行う必要がある。

熱供給事業法は昭和47年に制定され、平成27年に大幅な法改正がなされた。その目的は、「電力システム改革の実施にあわせて、ガスや熱供給についても制度改革を一体的に進めることで、これまで縦割りであった市場の垣根を取り払い、ダイナミックなイノベーションが生まれる総合的なエネルギー市場をつくり上げる」こととしている。

この法改正のポイントは、熱供給事業を「許可制」から「登録制」に移行した上で、「料金」や「供給義務」等の規制を緩和したとしている。その一方で、規制緩和により不利益を被る需要家が無いようにとの趣旨から、経済産業大臣が特に指定した区域（「指定旧供給区域」）の熱供給事業者に対しては､従来どおり需要家への「供給義務」が課せられ、料金その他の供給条件についても、これまでと同様に経済産業大臣の認可を受けた「熱供給規程」に拠ることが義務付けられている[9)]。

(3)　熱供給事業者となるための基準

熱供給事業者として許可を得るための基準は以下の通りである。

①　その熱供給事業の開始が一般の需要に適合すること

②　その熱供給施設の能力がその供給区域における熱供給需要に応ずることができること

③　その熱供給事業を的確に遂行するに足る経理的基盤および技術能力があること

④　その熱供給事業が確実かつ合理的であること

⑤　その熱供給事業の開始が、その供給区域における日常生活又は事業活動上の利便の増進のために必要であり、適切であること

10.11　バイオマス関連法規制の今後

バイオマス関連の主要な法規制に関して述べてきた。我が国では、石油産業拡大のため、労働者保護、安全性確保などの目的で、様々な法律が制定されている、この石油産業の既存法律をバイオマス産業用に改定することは、そんなに困難では無いと考える。すでに、一部ではあるが、バイオマス関連のニーズから法改正の動きが見られる。

COP21で採択されたパリ協定､「すべての締約国は長期的な温室効果ガスの低排出型の発展のための戦略（長期低排出発展戦略）を作成し、及び通報するよう努力すべきである」を踏まえ、

2019年６月11日、我が国は「パリ協定に基づく成長戦略としての長期戦略」を閣議決定している。温室効果ガス削減の切り札となり得るバイオマスの有効活用は待ったなしであり、この促進に向けた法的議論が進み、適切な法改正がなされることを大いに期待する。

＜引用文献＞

1） 木質バイオマスエネルギー導入マニュアル（青森県農林水産部発行）
2） 日本ボイラ協会ホームページより
3） トモエテクノ：技術資料“ボイラの法的区分と法規制”ホームページより
4） 環廃産廃第050812003号“木くずの燃料利用に係わる取扱いについて”（平成17年８月12日）
5） 環廃産廃第1306282号“バイオマス資源の焼却灰関係の通達”（平成25年６月28日）
6） 熊崎実：“木質燃焼灰は産業廃棄物か”、環境ビジネスオンライン（Apr.14.2014）
7） (一社)石炭エネルギーセンター：石炭灰全国実態調査報告書（平成29年度実績）
8） 経済産業省 ガスシステム改革小委員会：資料６（平成26年９月24日）
9） 藤本武士：“これからの熱供給を展望して～熱供給事業法改正とその施行にあたって～”、熱供給、Vol.96、pp.3-4（2016）

第11章

欧州と日本との比較分析

11.1　欧州と日本の バイオマスボイラー導入比較

欧州では木質バイオマスボイラーが普及し熱利用が継続的に拡大している。バイオマスボイラーや周辺機器の製品を見ても、欧州製品は近年も使い勝手が向上しているように見受けられる。一方、日本でも少しずつバイオマス熱利用の導入モデルケースは出てきており、その中には欧州製バイオマスボイラーの導入も増えている。しかし、普及拡大が定着している状況には至っていない。

欧州では経済性が成立して普及拡大しているバイオマス熱利用が、日本では同じボイラーを輸入しているケースもあるのに、何故普及拡大しないのか？日本では欧州と比較して格段にコストが高いと指摘されることが多いが、なぜ輸入品が安価に提供できないのか？欧州製のバイオマスボイラーを持って来ても日本の木質燃料ではうまく行かないケースがあるという事も聞くが、何故なのか？日本と欧州のバイオマスボイラー普及に関する、社会制度の違いは何か？このような事を分析考察することは、日本でバイオマス熱利用を普及拡大するための大きなヒントとなるに違いない。本章の目的はそこにある。

11.2　コスト構造

木質バイオマスの熱利用はカーボンニュートラルで環境に良いというだけでは普及の定着には至らず、日本であれ、欧州であれ、経済的に持続可能であることが普及のための最大要件である。経済的に持続可能とは、イニシャルコストが許容できる範囲であり、ランニングとメンテ維持コストはバイオマスを用いることによる油等の燃料費用節約で十分賄うことができる水準にあることが必要である。

バイオマスボイラーシステムは石油ボイラーに比較して数倍の高価格である。これは、バイオマスボイラーが単体としても、燃焼速度が緩やかであるために同じパワーでも大きな燃焼室を必要とすることから高価となり、更に、サイロや蓄熱タンクなどの付帯設備を必要とするシステムであるから必然的に高価になる。それでも、バイオマスボイラーが普及する理由は、安価なバイオマス燃料を利用して、ランニングでイニシャル設備投資を回収できるからである。そのように高価なシステムであるから、地域の複数の熱需要者で共同利用して一人あたりのコストを下げることも重要である。このようなビジネスモデルは、欧州でも日本でも共通している。

以下のコスト構造についての分析は、バイオマス燃料を地域で調達して、地域の公共施設、住宅、農業などへ利用することを主にイメージしており、規模的には欧州の地域のバイオマス熱利用で良く見られる、数10～数100kW程度（個人の住宅に換算すると、数10～200軒程度）の比較的小さな規模を想定し、温水での利用を想定している。

11.3　イニシャルコスト

日本のバイオマスボイラー導入イニシャルコストは欧州に比べて数倍高いと言われている[1)]。欧州製バイオマスボイラーを輸入した場合の、ドイツと日本の近年のボイラーシステムの価格の違いをバイオマスアカデミーで検討し直した。300kWのボイラーシステムを仮定し、民間ベースで極力コストを抑えた条件をイメージすると、**表11-1**に示すように約２倍程度、日本の方が高いという結果となった。

⑴　イニシャルコスト（設備・システム）

欧州製ボイラーを日本に導入する際に、日本の圧力関連法規をのがれた無圧開放への改造と、追加的なポンプ、熱交換器、防錆剤などの費用が追加となるが、**表11-1**はそれらの費用を含んでいる。

なお、価格は条件によって大きく変わることに注意が必要である。欧州製ボイラーの輸入・改造で、ボイラー単体価格は欧州の価格よりも高くなり価格低下が望まれるが、ボイラー単体価格は全体の半分以下であり、システム全体の価格を下げるためには、周辺の設計・施工費用も重要であることが分かる。欧州製ボイラーは競争市場の量産品であり機器単体では安価なコスト構造であると想定されるため、ボイラー単体のコストを下げ代よりも、周辺機器および設計・施工のコストの下げ代の方が大きいと想像できる。

なお、周辺機器および設計・施工費用のコストはボイラーが欧州製でも日本製であっても大きな差はないので、日本製ボイラーの場合でも周辺機器及び設計・施工費用コストの低下は重要な課題であることも想定される。

バイオマスボイラーシステムは、ボイラーという機械製品と、サイロという燃料受け入れ設

表11-1　ドイツと日本のバイオマスボイラーシステム価格の違い

円

	日本	ドイツ
1. ボイラー設備一式 ボイラー本体300kW、蓄熱タンク6トン、 煙突、燃料供給装置（一段階）	30,000,000	16,000,000
2. ボイラー設備一式設置工事	5,000,000	2,000,000
3. システム設計・計装	3,000,000	1,000,000
4. 配管工事 ボイラー・蓄熱タンクまで	4,000,000	2,000,000
5. 電気工事 ボイラー室・サイロのみ	1,500,000	1,000,000
6. 建屋（建屋設計費含む）サイロ工事 ボイラー室40㎡、サイロ30㎡	20,000,000	12,000,000
7. プロジェクトマネジメント	3,000,000	1,000,000
計	66,500,000	35,000,000

- ボイラーと燃料供給装置は直結式、建屋・サイロは平屋で、地下ピットなしを想定。
- 民間プロジェクトで、ボイラー関係、建屋関係、配管関係は、施主による直接発注とし、間接費は計上していない。
- プロジェクトマネジメントは、ボイラーシステムの提案から、システム配管工事、電気工事、建屋・サイロ工事まで含み、システムが適切に設計・工事され、正常に運転することを確認するまでを担当。

備、蓄熱タンクと熱導管配管系を含む一つのミニプラントである。機械単体ではなくプラントシステムであることから、全体システム設計、配管設計、配管施工工事などが必要となる。ハードウェアの価格は、プラントの規模が大きくなるほど大きくなるが、設計コストはプラント規模よりも構成要素数に依存する度合いが強い。バイオマスボイラーシステムでは、プラントとしては小規模であるが構成要素数は少なくないため、どうしても設計コストの比重が上がる傾向にある。

欧州においては、熱利用に関連して必要な周辺機器が量産汎用品として供給され、全体のシステム設計、配管設計などに標準やマニュアルが存在する。また、インターフェースや施工要領などの実務的な知識が共有化されている。周辺機器や制御機器を個別設計する必要がないため、デザインに関するコストを大きく削減することができる。いわば、バイオマス熱利用プラントの設計がパッケージ化され、イージーオーダースタイルになっている。更に、施工に関しても、地域の施工事業者の経験積み上げがあり、断熱配管部材についても、施工コストを減らす工夫がされている。

日本の現状では、バイオマス熱利用プラントは、個別プラントとしてエンジニアリング・設計が実施されているが、欧州では半分パッケージ化された形でシステム設計が実施されており、大きなコストの差となる。欧州には、このシステム設計を実施できる多くのコンサルが存在する。この欧州コンサルを活用することによって、バイオマス熱用プラントの中心部分のコストを削減することは可能であるが、海外コンサルを使う場合、日本の顧客とのコミュニケーション、日本の既存機器・システムとの接続、異なる技術体系の日本の施工事業者とのインターフェースや意志疎通に人手がかかり、この部分では余計なコストが発生する。プロジェクト推進過程での意思疎通の不足は、設計の手戻りなどの追加コストにつながることもある。

以上から、日本では欧州に比較してコスト高である要因は、ボイラー単体のコスト増要因もあるが、設計や施工の知識経験の共有化不足により、設計コストなどの人件費が多く発生している事も大きな要因と想定できる。

⑵　輸入ボイラーのコストアップ

ボイラーの単体コストについては、日本では、欧州製ボイラーを単に持ち込む以上の開発コストが発生する可能性について指摘する。木質バイオマス燃料の性状や含まれる成分は、国や地域によって差異があり、欧州では問題なく稼働したボイラーが日本ではクリンカ発生などの問題が発生することがある。例えば、竹ではアルカリ成分が多くクリンカ発生が問題となるが、欧州には竹がないため欧州製の竹専用ボイラーは存在しないことは良く知られているが、例えば杉でも燃焼性状の違いからクリンカが課題となる事がある。

木質燃料は厳密には地域によって相当に異なるため、同一種の木であっても、ある地域では問題なかったが別の地域では問題が発生することもあると聞いている。そのため、良心的なボイラー輸入企業であるほど燃焼の事前チェックなどのコスト発生が伴う場合がある。また、欧州のボイラーをわざわざ無圧開放して日本のボイラー法規に対応するケースがほとんどであり、ここでも欧州に比べて余計なコストが発生している。

11.4　ランニングコスト

⑴　燃料代

ランニングコストの構造については、第７章「ランニングコスト・事業性分析」にて解説した。ランニングの中で最も大きな比重は、燃料代である。バイオマス燃料に関する日本の状況、コストなどについては第２章「木質バイオマス熱利用と燃料」にて解説した。

欧州においても、日本においても、バイオマスボイラーで使うべきバイオマス燃料の原材料は、原木ではなく、安価な林地残材、製材端材とすべきである。林地残材についての価値観は、日本でも欧州でもほとんど変わらないはずで、林地残材を原材料とする燃料コストは、主に燃料への加工コスト、輸送コスト、積み替えコストなどである。

ペレットについては、ペレット製造プラントが高価であるため、製造プラントの規模が大きくない限り経済性の確保が難しいと考えられている。残念ながら日本のほとんどペレット製造プラントは規模が小さく、欧州よりはペレットの価格水準が高い。また、林業がサプライチェーンとして存在している欧州に比較して、ペレットの原料となるオガ粉などの原料の供給量も制約される。このために現在の日本の実状としてはペレットボイラー導入での熱利用は経済性成立が難しくなっている。

チップについても製造規模がコストに関連するが、チッパーのコストはそれほど高価ではないので、チップの場合の欧州とのコスト差異は小さくできると思われる。燃料のエネルギー密度（体積あたりの熱量）の高いペレットに比較してエネルギー密度の低いチップでは輸送コストの比重が高くなり、利用者に近いところでチップ化されることの経済合理性もある。

欧州では、自然乾燥も含めて、チップの燃料利用をトータルとして安価に実施するように工夫がされている。オーストリアでの見学事例では、原材となる林地残材を需要家の敷地で１年間自然乾燥し、水分が減ったところで、その場所にチッパーをレンタル導入してチップ加工し大きなサイロに蓄える方法をとっていた。燃料の横持ちの回数が減れば、コスト削減に直結するので、日本の場合においても、乾燥工程を含めて、どのように需要家のチップ入手を進めるのか、改善の余地があるように思われる。

燃料代は熱効率に逆比例するので、バイオマスボイラープラントシステム全体の熱効率は燃料代と同程度に重要である。バイオマスボイラー導入の事業性を確保するため、欧州のバイオマスボイラーは高効率を目指して開発が進められてきた。一方、日本製バイオマスボイラーは廃棄物処理の延長にあるものが多く、効率よりも低質燃料を安定して燃焼することに重点が置かれているものが多い。また、日本で流通している断熱配管の断熱性が欧州製に比較して劣っていることが多い。配管設計技術も欧州と比較すると熱損失低減の視点が薄いまま、供給温度や還り温度設定がされたり、総延長距離の長い配管が実施される傾向にある。日本において熱損失を減らす設計技術の共有化には改善の余地がある。

⑵　電気代

ランニングコストには、電気代も重要である。日本では、熱導管の主ポンプ動力などで過大な動力となり事業性を損なっている場合も散見されるが、これらの原因は第５章「熱供給システムのエンジニアリング」で示したように、システム制御などの設計技術の不備である。

以上のように日本においては、効率の高い設計技術が関係者で共有されていないことが、イニシャルコスト、ランニングコストの双方に悪影響を与え、日本におけるバイオマス熱利用導入の事業性を阻害する大きな要因になっていると推定できる。

11.5　日本の熱需要の特徴

欧州の地域での熱利用が日本に普及しない理由として、欧州では強い暖房需要があるが、日本では暖房よりも冷房ニーズが強いので、欧州流の熱利用は適さないと言われることがある。しかし、図11-1に見るように、日本の世帯あたりのエネルギー需要の中では、給湯の割合が高い[2)]。冷房需要もエアコンの普及で増えてきているが、使用する期間が限られ、年平均、地域

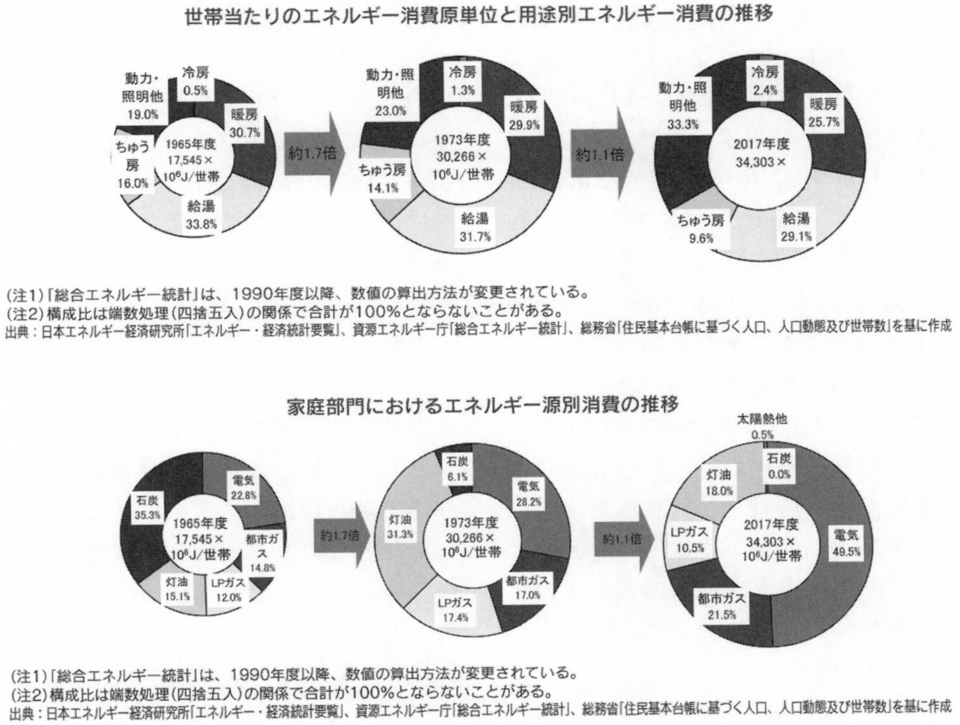

図11-1　日本の家庭での熱需要[2)]

平均になると冷房の熱量よりも暖房の熱量の方が大きい。この統計では、平均1世帯あたり2名強で、約25kWh/日の電気＋熱を使っている。仮に4人家族を想定すると、約46kWh/日となり、その内の半分は電気、半分は熱である。給湯などの熱需要が4人家族の平均で23kWh/日相当存在することになる。

オーストリアの森林局にインタビューしたところ、オーストリアの戸建ての住宅に対して、現在は家の断熱性が向上し、4kWで足りるとのことであった。すなわち、ピーク時にオーストリアでは、戸建てあたり96kWh/日の熱需要がある。日本では、給湯で年間平均して23kWh/日の熱需要があり、更に、暖房需要も給湯より低いがほぼ同程度の需要がある。暖房も熱供給で実施するとすれば、年間平均して4人家族あたり約44kWh/日が存在する。冬期暖房の期間が1/2程度であると考えると、オーストリアの熱需要も日本の平均的な熱需要も年間トータルすればほとんど変わらない。むしろ、日本では給湯需要があり、通年で使えることや、日本の地域により暖房需要は大きく変化するので、暖房需要の強い地域では、欧州よりも有利な熱需要の環境にあると考えられる。図11-1は、世帯あたりのエネルギー使用であり、商用や公用の温浴設備などは含めば、日本においても温水熱需要は十分にあると言える。

日本ではほとんどの場合、冷房需要に対応するように既に部屋別にエアコンが導入されている。エアコンでの暖房の快適性は温水利用のセントラル暖房には劣るが、日本の多くのケースは暖房に関して追加投資よりも快適性を我慢することを選んでいる。或いは、日本の多くの地域の従来からの戸建て住宅は、暑さ対策と高湿度対策のために通気性の高い住宅設計をしているので、このような住宅にはセントラル暖房は多くの熱量を必要としすぎて経済性が成立しない。このような、既存の空調設備との関連や、既存の住宅の断熱仕様との関連があるため普及が進みにくい事情がある。すなわち、地域の温水熱利用については、潜在的な熱需要はあるが、既存の社会インフラとの関連で普及が難しそうな地域があると理解するのが良さそうである。

日本においても、関東以北の地域などでは、断熱性の高い住宅と戸別のセントラルの熱利用が進んでいる地域もある。エコキュートなどの導入も日本全地域で進んであり、エコキュートが導入されるところは熱需要の高いところでもある。現在の日本におけるバイオマスボイラーの熱利用は、経済性が確保し易い温浴設備などの大量の熱需要がある施設と公共設備を中心に展開されている事が多いが、将来的に導入コストが下がれば、欧州のように地域の各戸建の暖房・給湯の熱需要への利用においても経済性が確保できる可能性がある。

11.6　欧州の熱利用技術の普及と技術変遷

(1)　地域熱供給システム

欧州の熱利用の歴史を振り返り、熱利用技術の動向を考察する。ドイツ、オーストリア、デンマーク等の地域を想定すると、もともと冷房ニーズはほとんど無く、強い暖房ニーズがある。また、セントラルでボイラー熱源を置き、各部屋に温水または蒸気で暖房用の熱供給することが各戸建てでも古くから実施されてきた。都市部においては蒸気或いは加圧温水による地域熱供給が実施されて、利便性と経済性を確保してきた。

例えば、デンマークでは1980年頃から、オイルショックへの対応や環境問題への意識の高まりから、再生可能エネルギーの導入と同時に、もともと存在した地域熱供給網の中に、ゴミ焼却場の排熱利用、バイオマスの熱利用、太陽熱利用などの導入を進めることは極めて自然な流れであった。また、熱利用の高効率化や配管コストの低減を図るべく、樹脂製断熱配管の導入が進み、蒸気ではなく温水利用が一般的になった。また、CHP（熱電併給）も、普及しはじめる。この時期は制御技術においてアナログからデジタルへの変化が始まる時期であり、インバータ技術やモニタリング技術により、高効率な熱利用を実現する手段が増えた。この温水利用が表11-2に示すように、デンマークで第３世代と呼ばれている技術である。

表11-2　デンマークの地域熱供給技術の変遷と動向

年代	第1世代 1880-1930年	第2世代 1930-1980年	第3世代 1980-2020年	第4世代 2020-2050年
特徴	蒸気ベース、コンリートパイプ	加圧温水、大規模な施設	断熱パイプ、サブステーション、計測・モニタリング	低いエネルギー需要、スマートエネルギー、双方向地域熱供給
背景			オイルショックと高効率化ニーズ、熱源の多様化ニーズ、デジタル制御の出現	持続可能な未来エネルギーシステムの追求
供給温度	＜200℃	＞100℃	＜100℃	50～60℃（70℃）
エネルギー効率	とても低い	低い	中程度～高い	高い
燃料	石炭、廃棄物	石炭、廃棄物、石炭・石油CHP	天然ガス、廃油、石炭、廃棄物・石炭・石油CHP、産業排熱、バイオマス、大規模太陽熱	廃棄物・バイオマスCHP、集中型HP、産業排熱、バイオマス、余剰風力発電、地中熱、大規模太陽熱
蓄熱槽	蒸気蓄熱	蓄熱槽	蓄熱槽	蓄熱槽、冷水槽、季節間蓄熱

引用文献３）を参考に筆者作成

(2) 木質バイオマス熱利用

木質バイオマスボイラーの熱源利用に関しては、木質バイオマスボイラーの性能が向上し使い勝手にも優れた製品が開発されたのは、1990年になってからである。特にその先駆的な役割を果たしたのは、オーストリアである。同国では、1978年に稼働直前であった原発を国民投票で1．5％の僅差で否決し、以降、脱原発の道を歩むことになった。このような社会ニーズの変化がバイオマス熱利用を推進する一因となっている。バイオマス熱利用システムの熱回路の制御システムに集中的に取り組むオーストリア企業もこの時点で登場している。

バイオマスの熱利用システムの経済性は、前述のようにシステム全体の効率が大きく影響する。欧州においても最初から熱効率が高かかったのでは無く、この第３世代の技術が普及する過程で高効率化技術の普及が進んだものと推測される。オーストリア、ドイツ、デンマークなどの熱利用技術を解説した技術資料では、例えば配管網における流量制御の効率が低い悪い事例など、従来の良くある失敗パターンの指摘と改善方策が示されている。例えば、熱導管の流量制御はバイパス流制御ではなく、インバータポンプを使うなどの指摘である。オーストリアで熱供給関連のヒアリングを実施した際にも、過去では熱需要者がΔＴ（熱導管の往き還り温度差）をつけてくれずシステム全体効率が低かったが、熱供給者と熱利用者の契約を改めることでΔＴを改善した歴史などを示してくれた。これらは、熱利用の経済性を高めるために、システム全体の効率を向上すべく技術の整備と普及に努力した結果であることを示している。

デンマークでは現在、第４世代の推進を提案している。デンマークの事例調査によれば、戸別民家への熱供給など熱利用の線密度が低い場合は配管からの熱損失が増え、多くの地域熱供給で熱導管網からの熱損失が20％を越えており、その熱損失の多さを問題視していることが背景にある[3)]。

(3) 日本の現状

日本においては、熱導管の配管網設計、温度と流量制御の方式、配管の断熱性などにおいて、現在でも多くの場合で表11-2の第２世代の技術にとどまっていると言える。更に、バイオマスボイラーの特性についても十分に理解されていない。そのために、バイオマスボイラーの熱利用システムにおいては、需要家の負荷変動などへ対応する技術が未熟で、エネルギー効率はひとまず置いて安定的に稼働させる事で手一杯になっている事例が多く存在するように見受けられる。

11.7　熱利用に関する事業環境の変化と将来方向

欧州でのバイオマス熱利用に関しては、例えば、ドイツでは2009年に再生可能エネルギー熱法で再生可能エネルギー熱利用に対する支援がされ、イギリスでは2011年からRHI（Renewable Heat Incentive）を導入し、熱利用量に応じた補助を支払う制度ができたことにより、木質バイオスボイラーの普及が急速に進む、などの動きがあった[5)]。

欧州では、このような動きに加え、再生可能エネルギーのコスト低下とパリ協定の動きを受けて、近年でも各国でさまざまな事業環境変化やCO_2排出削減につなげる規制の動きが出ている。網羅することはできず事例紹介にすぎないが、欧州での今後の動きに関連しそうな点を挙げる。

(1) 再生可能エネルギーのコスト低下が進み、電力会社の競争環境が変わってきた。どこからでも調達できる電力事業の収益確保が難しく、熱供給事業の方が地域独占性が高く、事業利益を生みやすい場合が出てきている。風力発電などの発電量が需要量を上回ると予想される時間帯の電気料金がマイナスになる事があり、熱に変えて蓄熱することが実施されており、余剰電気での水素製造などの動きもある。

(2) 各国、各州などで規制の度合いは異なるが、デンマーク、ドイツ、オーストリアの一部では、CO_2削減の観点から民生分野での石油ボイラーを禁止する動きが出ている。

(3) 日本でも、CO_2排出削減のための再生可能エネルギーの拡大や熱利用の促進を進める方向性は出ているが、欧州の具体的な動きに比較すると、まだまだ具体性に欠いている。バイオマス熱利用に関して、欧州のような具体的な政策後押しも期待されるところではあるが、経済的に持続可能なシステムとするためには、エネルギー政策に加えて、次のような視点も重要である。

① 経済的に持続可能なバイオマス熱利用技術を啓蒙・普及する仕組み

② ビジネスとして関係者がWin-Winとなる仕組み

③ 補助金の有効な使い方

11.8 正しい技術を普及する仕組み

欧州の第３世代の技術普及において、欧州においても努力がなされたことを11.2で示した。第３世代の技術は1980年頃から始まっているが、それらの技術整理が2010年前後に実施されている。熱利用に関して、ドイツ、イギリスの普及支援制度が打ち出された時期にも一致している。ドイツの一部、オーストリアの一部、スイスの一部の技術者によりバイオマス熱利用や地域熱供給に関連する一連の技術標準が作成された[6)7)]。イギリスではCIBSE：Chartered Institution of Building Services Engineers（英国公認建築設備技術者協会）により、バイオマス暖房利用のマニュアルが作成された[8)]。

これらは、設計技術のマニュアルや指針であり、木質バイオマスボイラーや周辺機器の正しい選定、蓄熱タンクとの連携制御方法、ボイラーの稼働率を高めるサイジング、熱導管システムの温度圧力の制御方法などが細かく規定されている。これらを活用することで、熱効率や動力効率を確保して経済性のあるバイオマス熱利用システムの基本設計ができるようになっている。

筆者の推測ではあるが、木質バイオマスボイラーの先進国とは言えないイギリスにおいてこのような技術資料が作成された背景には、日本と同じようにバイオマスボイラーをプラントではなく機器としてとらえたが故に失敗した事例が相当数発生したのではないかと想定している。日本でも、現在同じような状況にあり、木質バイオマスボイラーによる熱利用を普及拡大しようとすれば、イギリスやドイツ・オーストリア・スイスと同じような、正しい技術を普及させる努力、或いは技術標準作りが必要だと考えられる。

残念ながら、関連法規や既存設備の取り合いなどで、これらの標準類が日本の場合にそのまま適用できるものではないが、日本においてもこのような技術標準の作成とその標準の普及活用が重要ではないかと考えている。

11.9 ビジネスとして関係者がWin-Winとなる仕組み

バイオマスボイラーシステムは石油ボイラーよりも相当に高価であるので、投資回収にはかなりの年月が必要となる。民間事業者では、長い投資回収期間の設備投資は簡単には実施してくれない。普及が加速するためには、設備の導入者、燃料の販売者、熱の購入者、機器プラントの製造者の皆がWin-Winの関係であることが重要である。

オーストリアでヒアリングしたケースでは、林地の複数の所有者が共同で地域の熱供給会社を設立する。熱供給会社は半公共であるので、熱供給事業が大きな利益を出すことはできないが、林地の所有者としては、熱供給会社が自分の林地で製材会社や製紙会社が引き取らない林地残材を有価で買い取ってくれることにメリットがある。また、林地残材を活用することが林地の生産性も高める効果もあることが分かり、林地所有者にとって更にプラスのメリットとなる。この事例では、皆にメリットがあることから、林地所有者が自ら熱供給事業者になるモチベーションが働いている。そのようなビジネスモデルが成立するような、官のサイドの制度（税制、融資など）となっている印象を受けた。

日本の場合でも、各地域の様々な人が、木質バイオマスの利用についてビジネス立ち上げを模索している。ただ、誰でもできるビジネスモデルという点では、林地所有者と熱供給事業者が一致しているオーストリアのビジネスモデルは分かり易い。地域のバイオマス熱利用では、林地所有者や林業関係者との関連が欠かせない。新しくできた森林環境税や森林環境譲与税の上手な活用な仕組みが望まれるのではないだろうか。

11.10　補助金の有効な活用

イギリスのRHI（Renewable Heat Incentive）のような制度の検討も、バイオマス熱利用の普及には有効であろう。しかし、現在の設備導入に対する補助金も相当な多額が投入されていて、まずは、イニシャルで補助金を投入した熱利用システムが、ランニングでは損をしないシステムであることが最低限重要と思われる。現在の最大の問題点は、ランニングで損をするプラントがかなりのケース存在する事実であり、この大きな要因には、プロジェクトマネジメントに関連した予算策定と見積もり精度の課題（第９章「プロジェクトマネジメント」参照）や技術の標準や適切なマニュアルがなく、ボイラー周辺設計や熱導管の温度・流量制御設計などの技術課題があることが挙げられる（第３章「ボイラー効率とボイラー構造」、第４章「熱需要分析と設備規模」、第５章「熱供給システムのエンジニアリング」）。

しかし、どのように技術標準を作っても、補助金採択時の技術評価は難しい。オーストリアの補助金制度運用は次のような特徴があり、日本でも補助金を有効に活用するためには、更に視点が必要と思われる。

①　補助金は、技術標準に沿った高効率な技術を適用したものにしか対象にしない。

②　更に、システム全体の熱効率が80％以上のプロジェクトしか対象にしない。

③　技術の審査には、専門家が責任を持って審査する。

④　設備導入後の１年間の実績データを検証する。熱効率80％以下が判明した場合は、補助金は返却する。

日本においては、技術標準や基準が明確でなく、技術を審査できる専門家の確保も簡単ではない実態があり、これらを推進することは簡単ではない。しかし、導入後の実績検証が必要になることは、設計者のレベルを高め、運用データの蓄積やスマート化にもつながり、設備運用者の気づきにもつながる。苦労する価値に見合う効果があるように推測する。

<引用文献>

1）㈱森林総研リアライズ・富士通総研・環境エネルギー普及㈱：木質バイオマスボイラー導入・運用にかかわる実務テキスト（平成24年度林野庁事業「木質バイオマスの効率的利用を図るための技術支援」に基づく）

2）エネルギー白書2019

3）デンマークの第４世代の熱供給、環境エネルギー政策研究所松原氏講演資料（2017.5）

4）State of Green：デンマーク「地域熱供給都市部のエネルギー効率化」（2016）

5）バイオマスアグリゲーション、久木裕氏講演資料、NPO法人バイオマス産業社会ネットワークシンポジウム（2017.5）

6）QM Holzheizwerke

7）QM Fernwarme, Planungshandbuch Fernwarme

8）CIBSE（Chartered Institution of Building Services Engineers), Biomass heating AM15:2014

第12章

SDGsとバイオマスエネルギー

12.1　SDGsについて

国連では世界の「環境問題、取り分け地球温暖化による異常な気候変動による被害・生態系の混乱・不平等・ジェンダーなどの社会課題の劣化・経済の肥大化につれて生じた貧困・格差・金融構造の弊害」などによる「地球・環境・社会システム」の崩壊、危機的状態となりつつあることが全世界で認識されるようになった。

そこで、これらを「世界の共通課題と定め、解決し達成すべき目標」を長い間探ってきた。

2015年９月、国連で開催された「持続可能な開発サミット」で、漸く「持続可能な開発目標、通称SDGs（Sustainable Development Goals)」が誕生した。

SDGsは一言で言うなら、全世界の人間が子から孫、曾孫、玄孫その先の雲孫などと何世代にもわたり「安心して持続して住み続ける」ことのできる世界をどう構築するのか？今取るべき最低の行動目標は何かを掲げたものだ。

その具体的な構成要素は、危機的状況を「環境・社会・経済」という個別三側面を挙げ、そしてそれらを包括的に解決するための方策を示し、社会のレジリエンス（回復力や強靭性）をもたせたものと言える。その具体的解決策として、

① 「全世界共通、かつ最優先で解決すべき課題」を抽出し、

② 「望ましい将来像」を明示し、それに向けての、

③ 世界共通で、最重要項目として「17のゴール（達成目標）と目標を具体化する169のターゲット（下位目標)、さらに、進捗状況をモニタリングするための232のインジケータ（指標)」を設定し、

④ 「2030年度」を目標達成と定めた。

この４点は、「持続可能な開発のための2030年アジェンダ」に記載され、更に人類同士、国家間、各国内での不平等解消が基盤であることも強調記述されている。1987年の国連ブルントラント委員会報告書「われら共有の未来（Our common future)」で提示された「将来世代が、その望むところを損なうことなく、また現世代の欲求をも満たす」、遡ればこれがSDGsの基本理念で、これを基としてあらゆる面での健全で持続可能な開発を目指すと書かれた。故に、17の目標のなかで国と言う言葉の記載は目標＃10だけであり、後は人間そのものの幸せ、社会の改革を願うもので、しかも理念は「誰一人取り残さない－No one will be left behind」という画期的なものである。そしてこれは、世界の約200の国や団体により批准されている。

因みに17の目標とは、「＃1貧困をなくそう、＃2飢餓をゼロに、＃3すべての人に健康と福祉を、＃4質の高い教育をみんなに、＃5ジェンダー平等を実現しよう、＃6安全な水とトイレを世界

中に、＃7エネルギーをみんなにそしてクリーンに、＃8働きがいも経済成長も、＃9産業と技術革新の基礎をつくろう、＃10人や国の不平等をなくそう、＃11住み続けられるまちづくり、＃12つくる責任つかう責任、＃13気候変動に具体的な対策を、＃14海の豊かさを守ろう、＃15陸の豊かさも守ろう、＃16平和と公正を全ての人に、＃17パートナーシップで目標を達成しよう」というものである。

12.2　SDGsとエネルギー

エネルギーの無い家庭や産業は考えられず、それが無ければ社会が成り立たない。そのため薪炭から石炭への転換点以降の300年間、そしてこの現代でもエネルギーを巡る紛争が社会に大きく影を落とし、悲惨で、深刻な状況が続いている。今現在、安く信頼でき安全で持続的なエネルギーが無い為に、電力を手にすることが出来ない人々は世界で約10億人、クリーンとはほど遠いエネルギー源の石炭、木炭、乾糞、薪といった有毒で環境や人体に害を及ぼす燃料を用いざるを得ない人たちが約28億人も居る。そのため、煮炊き暖房用などに粗悪な燃料の室内使用により年間約400万の人々が健康を害して亡くなっている。

目標＃7のエネルギーには、「7.1 安く信頼できる現代的エネルギーサービスへの普遍的アクセスの確保」「7.2 再エネの割合を大幅に拡大」「7.3 エネルギー効率の改善率を倍増」この他の7.a、7.bでは再エネ、エネルギー効率、国際協力、エネルギーインフラとクリーンエネルギー技術への投資促進などのターゲットが付記されている。

ここで、16項目の目標と目標＃7エネルギーとの関係性をみてみよう。

まず、全人類が渇望し、解決せねばならぬ究極ともいえる目標がSDGsに凝縮されている。それを構造的にみると「生存圏」「社会」「経済」となる。人類が生き続けてゆくための最低限必須な目標は図12-1に示す生存圏の６項目と考える。これが十二分で持続的かつ適切に管理維持されることが重要である。その基盤の上で、全生物種の一種にしか過ぎない人類も、生態系のすべてのいきものと共に持続的な共存・生存が

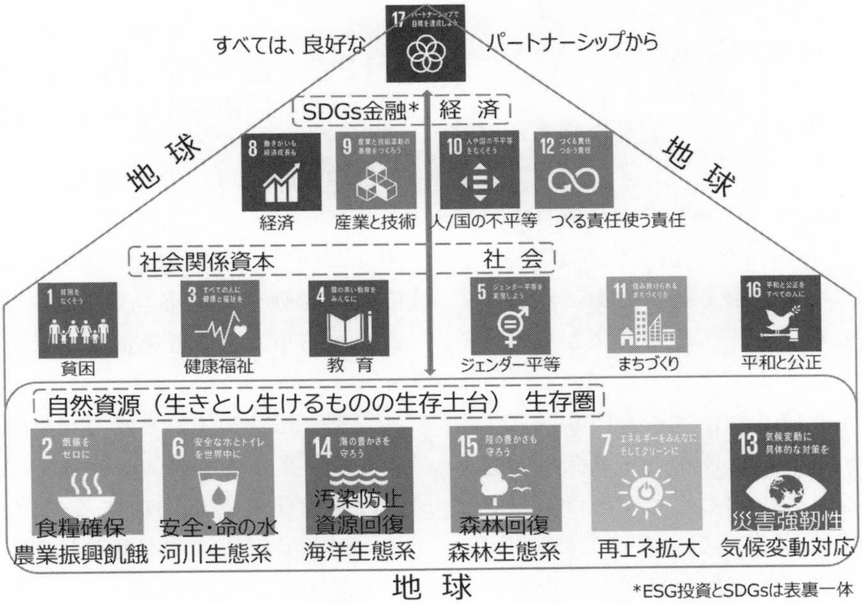

図12-1　SDGs三つの世界

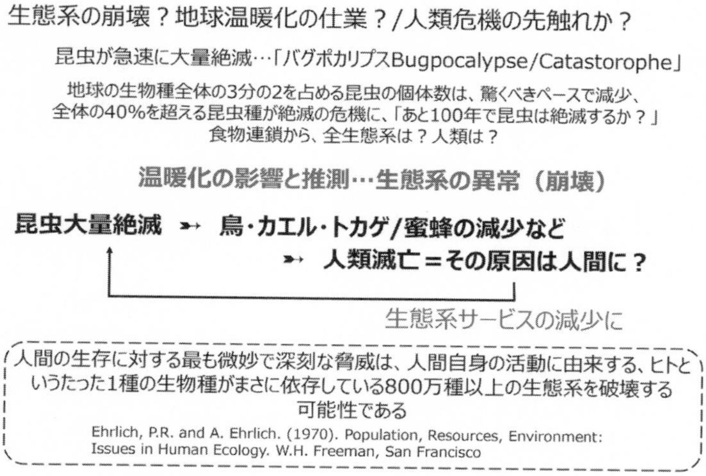

図12-2　気候変動による影響の一端

叶う。そうでなければ、人類は、「全生態系とともに滅亡する」と言っても過言ではない。その例の一端は、図12-2で見られる通り。

生存圏のなかで、「目標＃7のCO_2フリー自然エネルギーの活用拡大」は緊急を要する世界最大課題だ。これが解決されないと、化石燃料由来のCO_2量は増大し、温室効果ガス層はさらに厚くなり、益々の気温上昇の果てに生態系が破壊され、人類滅亡の恐怖に曝される。日本は、2050年CO_2排出量80％削減を掲げている。これは、熱・電気・輸送などに使われている全化石燃料を100％CO_2フリーの自然エネルギーへのエネルギー大転換を意味する容易ならざる困難な道筋である。

このような事から、この六つの達成目標は生きとし生けるものの生存土台…生存圏と言え、これが崩れるなら、社会も経済もあったものではない。国家も家庭もすべては消失とも思える最重要目標である。

悩ましく大きな課題は、今後人口の増大が激しい開発途上の国々の人々が、先進国と同様な便利で、豊かな社会を望むことである。しかしそれを止めることが出来ないのは当然であり、世界が化石燃料よりも安価な自然エネルギーへの転換達成までの期間は一層の化石エネルギー消費増大は避けられない。今現在世界で、この深刻で厳しい現実を解決するためには自然エネルギーの益々の利用拡大が急がれる。そのためにも日本は率先して省エネルギー化と自然エネルギー利用での貢献を目指すべきだ。その中でも本書では最初の一歩として、電力よりも大量に使われている熱に焦点をあて、再生可能で炭素中立的な「木質バイオマス熱・利用の進め方」の書としている。

12.3　目標＃7・目標＃13・目標＃15は三位一体

前項の図12-1の生存圏（土台）のなかで「エネルギー＃7」を考える際に、切っても切り離すことのできない組合せは、「地球温暖化による気候変動への対応＃13」と「CO_2吸収の森林資源＃15」の２項目を併せて考えることであろう。

人類にとり2050年までの30年間は、後の無い非常に重要な年月になると考える。

近年加速度的に増加する異常気象が観測され、2019年７月にはパリの42.6℃、インドチュル市が50.8℃を記録した。世界中でも最高の気温を記録し、その結果巨大台風、大雨、大洪水、大旱魃の襲来となっている。地球上の酸素の20%はアマゾンでつくられている。その熱帯雨林やカリフォルニアやオーストラリアなどでの森林の山火事の頻発、さらに違法大量伐採が拡大している。異常高気温による鉄道運行休止や農業被害により穀物価格上昇も出始めた。世界の氷河は後退し始め、氷河湖決壊による洪水、逆に氷河縮小により水不足という現象も出現している。南極と北極では氷河崩落と漂流が見られ、南極大陸とグリーンランドの氷床融解は2,500億トンの水となり海水面上昇を招き、多くの島嶼を危機に落としいれだした。これらの現象がさらに加速すると、甚大な人命、資産、社会の毀損は免れない。

これらを防ぐには、座礁資産の化石系エネルギー資源の使用を止めてすべて自然エネルギーに切り替えるか、CO_2の封じ込めやCO_2の利用固定化するしかない。

小規模木質系エネルギー利用は、身近で、今すぐ着手可能で、多面的な効用をもたらすことから他自然エネルギーよりはるかに優れている。

このように如何に、CO_2を吸収、固定化する森林資源を有効に、適切に活用するかは大きな命題である。そして、木材サプライチェーンの最後のエネルギー転換において、木材を無駄なく上手に利用し、電気と熱を最大限利用するかは重要なことである。

図12-3は、目標＃7と目標＃13と目標＃15の三つは深く緊密に関係していることを示している。ここでは、目標＃15は木質バイオマスを考え、目標＃7は木質バイオマスを燃料とするボイラーや熱分解ガス化熱電併給システムからの熱と電気のエネルギー利用を念頭に置いている。

目標＃13達成に大きく関係するCO_2は、膨大な量であり、様々な省エネ施策、再エネ代替により削減が図られている。

ここで、CO_2の量に関する数値を抑えておこう。

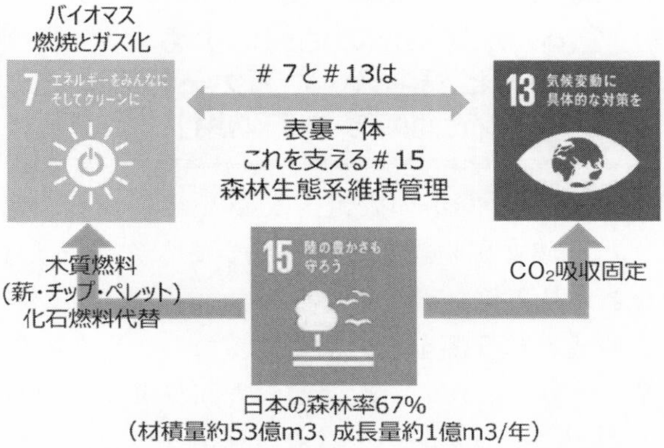

図12-3　SDGs三つの相関図

2015年のパリ協定では、今世紀中に気温上昇を２℃以内に抑制するとされたが、2018年12月IPPCレポートには、2017年で既に１℃上昇しており、現状のままでは2035年から2052年までに1.5℃到達が予測され1.5℃とは、産業革命以来を起点としているのであと0.5℃分しかないのだ。

２℃上昇までとしてもCO_2ガス排出許容量では３兆トンと計算されおり、これまた温度同様２兆トンが排出済みである。それは人工衛星「いぶき」や航空機による検証測定からも確認され、排出済み温暖化ガスは成層圏にロックインされ、あと１兆トンしか猶予（カーボンバジェット）がないことが報告された。

それ故に森林関連産業や木質エネルギー関連が一体となり、森林整備、管理、維持に力を入れ、伐った材は、使い尽くし、最後はエネルギー、特に熱利用の最大化を目指さなければならない。つまり、目標＃7、目標＃13、目標＃15はセットなのだ。

12.4　木質資源の活用による「ビジネス・カスケードチェーンと地域多面的効用」

地域は、「経済の安定・安心安全なまち・誇りと地域文化の継承・生き活きとした暮らし」などの具現化を望んでいる。

地域森林資源を最大活用するなら、現在の事業はどうなるかの、次はどのような事業展開が可能か、その展開が「原木の利用フロー、それにまつわる便益（お金）、環境（生態系など）、SDGs」の面から、どのようなサプライチェーン、どのようなバリュー（価値・効用）をもたらすかを検討し、具体的な事業展開をする必要がある。

何故、森林を起点としたビジネス・カスケードチェーンの検討が必要かと言うと、日本は世界に誇る一大森林資源大国であり、ゆくゆくは化学産業にまで広がる森林関連ビジネスが見えながら、サプライチェーン全体を俯瞰すること無く、森林関連産業の多くがバラバラな活動をしているからである。

国民は日本に資源は無いと思っているが、先進国でも第３位と言われる森林率で、国土の三分の二（67％、約2,500万ha）が森林である。しかも、その内の約1,300万haは天然林であり、1,000万haは長い年月をかけ先人が植林育成を図って来た人工林である。このように、大地上再生可能資源である「森林大国」であることをまず林業関係者も機器サプライヤーも事業者も強く認識すべきである。

ここで、改めて森林、木材の数量などを確認する。

森林の蓄積量は、現在約53億m^3と膨大なもので、年間成長量は7,000万m^3から１億m^3と言われている。残念ながら、2017年の森林伐採量は年間約2,500万m^3と成長量の約３割弱と大変少なく、適正伐採の樹齢50年を迎えた森林が既に50％強と多い。このような状況にも拘らず自給率は36％と低いと言うことが課題であり現状で、関係者全員が真剣に考えていない。

従い、この３、４倍は伐採植林を行い、最上流の林業からのサプライチェーンを再構築し、カスケードの最後のエネルギー利用までを徹底して行うことで「仕事が生まれ、人が集まり、まちは活性化」し、地域全体の経済力や活性化に役立つ。このサプライチェーンのなかで、各パートは如何に付加価値を上げて行くかが大切である。それはCO_2削減や業務・生産システムであったり、デザインであったりする。

図12-4木材ビジネスカスケードチェーンは、

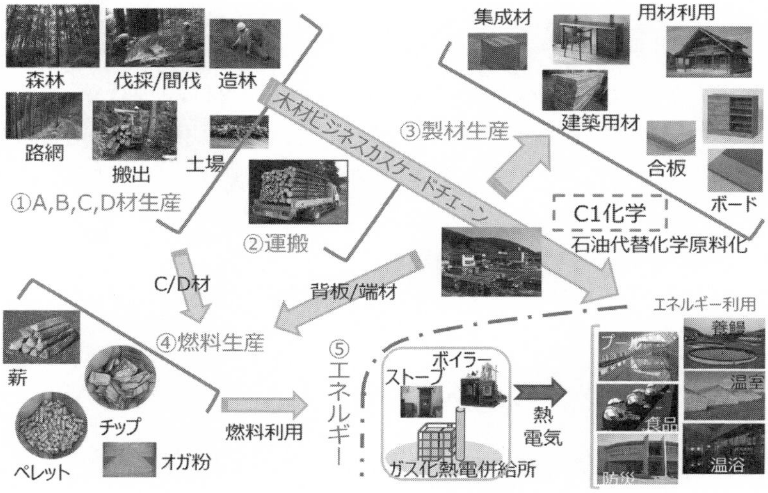

図12-4　木材ビジネスカスケードチェーン

表12-1　木質バイオマス熱・電生産による効果の一例

A.便益（お金）
- 化石燃料の削減：「安全＋安心・経済性・環境性」を押さえつつ、輸入依存度(代金)を低減
- カーボンニュートラルとCO2削減：異常気象の抑制、生態系サービスの持続性確保と悪影響抑制
- その他：「森林サプライ＋バリュー」のチェーン革新による森林ビジネスの振興（雇用）創出
  変動性のない安定的な電源、調整力としての役割あり
  オフグリットによる「電力と温水」利用による災害対応可能

B.生態系サービス
- 供給サービス：食品提供　淡水　紙・建築材などの原材料　エネルギー・医薬・化学素材　産業資源など
- 調整サービス：気候調整　水量の調整など
- 文化的サービス：文化的・知的・精神的な刺激や癒し　自然景観　レクリエーションなど
- 基盤サービス：土壌栄養循環・土壌形成　土壌侵食の抑制　地力維持　作物の送粉と種子の拡散・昆虫による作物花粉媒介　水と空気の浄化　伝染病の防御
- 保全サービス：資源利用確保　災害への備え（土石流土、傾斜地崩壊の予防など）

C.世界共通目標「SDGs17」(Sustainable Development Goals持続可能な発展目標）達成
- SDGs：これは人類の命綱確保で、特に＃7（エネルギー）、＃13（気候温暖化）、＃15（バイオマス資源）相互に関係し、人類生存共存圏のための土台を成す

森林から最後の熱・電気のエネルギー利用までのビジネスにおけるサプライとバリューを併せたチェーンとして示す。

林家は、①伐採と植林を行い、その伐り出された主材は、②土場や製材所などへ運搬され、③製材品は建築や家具の用材として使われ、間伐材の一部は、④薪炭に、間伐材と製材工場からの端材やオガ粉はチップやペレット燃料となり、その燃料を用いて、⑤ボイラーや、木質ガス化熱電併給（CHP）を稼働させてエネルギー生産が行われる。

改めて、将来は木材から、エタノール、タイヤ素材、生分解プラスチック原料、CNF（セルローズ・ナノ・ファイバー）などの石油原料からの機能代替化学原料が生産される時代となることも付記しておく。

図中の各五つの分野は、当然すべて関連し合い、各分野がAI、IoTなどを利用しながら連携して各分野での価値（経営力・技術力、品質など）を上げ、供給面でも適切なタイミングで木材量の過不足なく、またお金の出入りが合うスムーズな総合地域システム構築が必要である。

森林と得られる木材の活用は、地域にとって計り知れない便益（経済）や環境面などでの多様な効用（価値）をもたらす。さらに、生態系サービスの質と量の向上をもたらすことや経済評価しにくい文化的、健康福祉面などの点でも大きな恩恵を与えてくれる。

これらを簡単に、纏めたものが、表12-1である。木質バイオマス活用による様々な数字には表しにくい付加価値、多面的側面などの総合的な地域循環価値の評価手法はまだ開発されていない。これまでは、経済面の産業連関表による経済数値評価だけであったが、非数値価値も併せた「地域循環経済と非数値価値」が数値化算出され「包括的総合価値評価」として示せると、各自治体、企業も積極的に事業へ乗り出しやすくなることが想定される。

蛇足かも知れぬが、表12-2は、ドイツにおける広い裾野を持つ森林関連クラスターと自動車産業クラスターにおける総合数値である。林業

表12-2　森林・木材産業クラスターの雇用と経済

	雇用	総生産
自動車関連＊	70万人	27兆円
林業関連＊＊	110	23

＊農林中総研2008年
＊＊「木のルネッサンス」熊崎実2016年

関連は、自動車産業より雇用が多く、自動車産業に劣らないほどの総生産額を示している。残念ながら、日本にはこのような統計はない。

12.5　木材エネルギー化による地域活性化とSDGs

山林を活かし、自治体、市民、企業の連帯で、木材利用エネルギー化事業を行い、そのことにより人・まち・産業面がどうなるかを示したのが、図12-5である。

森林では、路網整備・伐採植林が行われ、それは里山再生や生態系の循環維持を進め、木材は製材され、廃物であった製材端材、オガ粉などは燃料として活きるなど様々な産業を生み出す。この様なことで、昔から言われる治山治水の点でも大きく貢献する。

エネルギー化事業には、土木建築、電気配線工事が伴い、仕事が増える。

その際、事業は身の丈に合った木材循環カスケードによる幅広い事業展開を進める方が良い。その結果雇用者増、コミュニティーの復活、インフラ再整備などで地域の魅力が生まれ、域内循環経済が起こり、その裾野はさらに広がり人口減少にも歯止めが掛かる。その大きな役割を果たすのが、低質木材利用によるボイラーで有り、熱電併給システムの活用だ。

熱に関しては、いくつものバイオマスボイラー、熱電併給システムを導入することで、市民、病院、福祉施設、企業に熱を供給することで給湯、冷暖房、木材や水産物の乾燥、温室、養殖など利用が行える。地域により、更なる展開は、道路・駐車場のヒーティング、地域熱供給システム化も行うことが可能となる。これら熱分野

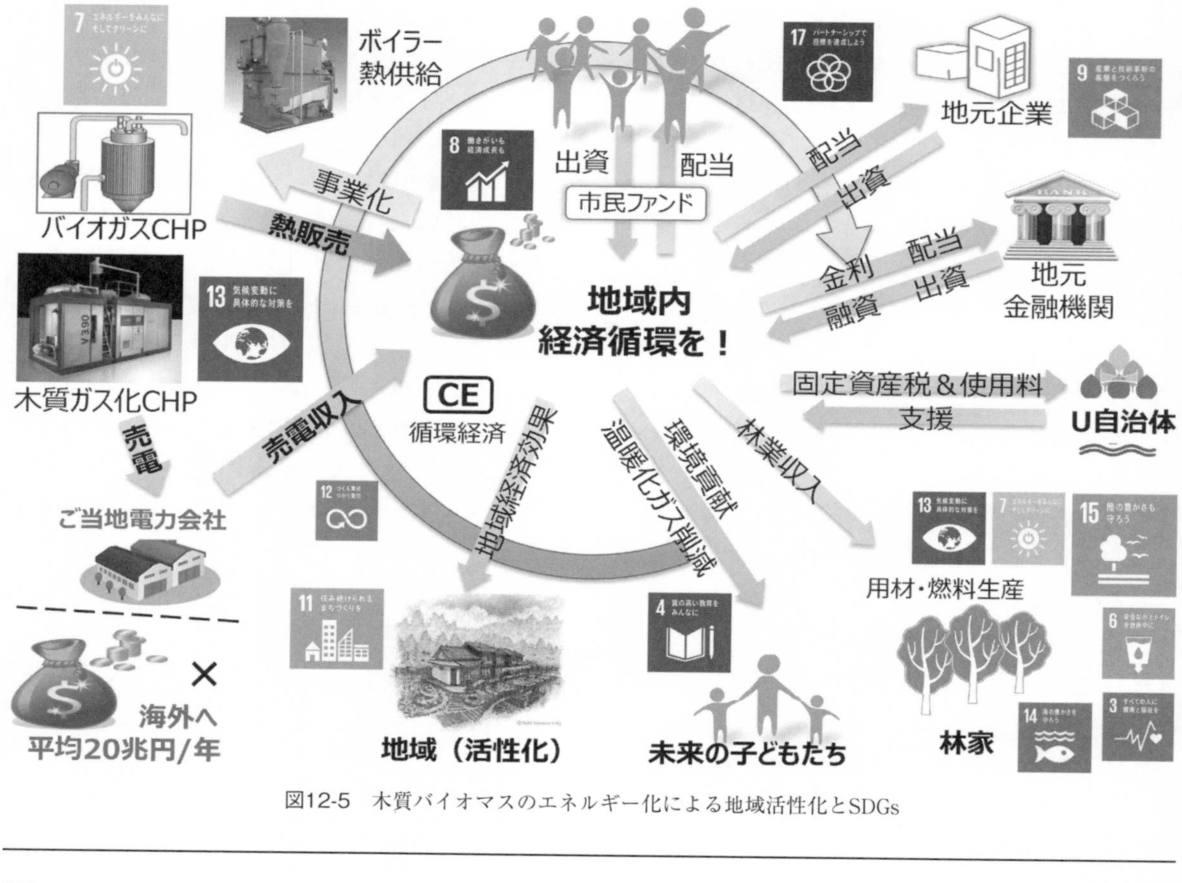

図12-5　木質バイオマスのエネルギー化による地域活性化とSDGs

だけでも、小さいながら新しい産業が出現する。

熱電併給施設であれば、熱に加え電力は、役所や病院、健康福祉施設などで使う他、給湯と併せて、防災減災対応としても役立つ。

その次は、ご当地市民電力会社などを立ち上げる。それにより、街路灯へセンサー、カメラを附設し、街頭防犯カメラなどともネットワーク化することで幼児や高齢者の見守り、防犯、河川増水や道路の管理と交通管制などの事業も視野に入る。電気自動車の普及とともに、その移動蓄電機能や小水力・太陽光発電などの自然エネルギーと組み合わせながら、地域オフグリット化、地域電力マネジメント化が行える。

ゆくゆくは、「電力と熱とまち」の三つのマネジメントを統合した「エリアマネジメント」が市民生活、産業へ大きな利便性と生産性をあげ、地域力が増しまちの「環境・経済・文化の好循環」も生まれる。上記に述べてきたことは、小都市でもでも行える「マイクロスマートシティー」であり、これを順次面的に幾つか連結するならば、スマートシティーへと拡大する。これが、森林活用による地方創生での大きな特徴ではないか。

山林、エネルギー事業の達成に向け「市民、地元企業、地域金融が力を合わせ連携」することが重要で、それらへ自治体が政策支援とすることにより域内自立分散型エネルギー生産の供給体制が整う。これにより地域の様々な関係者へお金が循環し始める。そうなることで、域外へ流出していたガソリン、重軽油、電気代は大幅に節減できる。

これこそが、SDGs金融、地域ESG投資であり、地域持続循環経済が形成されてくる。上記のことがすべて相乗効果をもたらし、市民の一層の理解共感が得られる。

そして主目標の一つである温暖化ガス削減が、「気候変動に対する回復と強靭な対応」となる。またこれらのことが、環境教育の場となり、人材育成、環境ツアーなど広く環境面での効果があがり、併せて、新たな地元特産品創出などへも繋がってゆく。

図12-5には、SDGsのロゴが12個紐づけされている。

森林を活用しエネルギー生産事業を行うと言うことは、これだけの「持続可能な開発目標SDGsと連繋関連」する。

分かりやすく図右下の森林関連分野だけに言及すると、森林整備伐採植林により、目標＃13：CO_2吸収蓄積が促進され温暖化防止に、更に目標＃15：生態系維持管理が進み、目標＃6：水質浄化機能や洪水や土砂災害防止の役割強化、目標＃7：ボイラーや熱電併給設備への燃料原料供給、目標＃3:森林では癒しや心の平穏を得、それ以上に薬草や食物、土壌細菌からの医薬品を得るなどの健康面でも大きな役割を果たし、魚付き林のある海岸地区は目標＃14：海洋生体系の豊かな海が育まれる。

このように、図のなかの事業の「一つひとつに意義付け」してみたが、考えが及ばずまだ多くあるだろう。

冒頭の図12-1で示すような、生きとし生けるものの生存土台…生存圏の六つのSDG目標の解決資源は地方に多くあり、地方は都会をうらやむことなど全くないことが分かる。森林のエネルギー活用は地方創生で大きな役割を果たし、SDGsは地方創生そのものである。

そして、化石文明から森林バイオマス文明への転換をなしとげた地方こそ、これから人間らしく豊な生活が得られるのではないだろうか。

第13章

地方創生に活かす木質バイオマスエネルギー

13.1　地方創生とは

本章では、地方創生と木質バイオマスエネルギーに関する諸点を広範囲に取り上げて、整理を主眼に検討を進めたい。これまでの章で、地方創生と木質バイオマスエネルギーに関係する事柄も多数登場しているので、既出のものについては省略するか、または簡潔に述べたい。

(1)　地方創生の目指すもの

地方創生というと、まず、人口減少、高齢化、地域間格差、限界集落等の言葉が浮かんで来るのではないだろうか。地方創生は2014年に政府が掲げた政策である。東京一極集中の是正、地方の人口減少の緩和等を通じて日本の活力を上げることを目指し、2015年度から2019年度の5年間を第1期として「まち・ひと・しごと創生総合戦略」を策定した。2020年度からは第2期の「まち・ひと・しごと創生総合戦略」が動き出す。

地方創生の目的は、平たく言うと、人々が地域において協力し合ってさまざまな課題に対処しながら幸せに暮らしていくことと理解している。近年は地方のSDGsと地方創生の目標が重なるようになり、地域が自立することでバランスの取れた国家が形作られ、地球全体の温暖化対策や生物多様性を保つことが可能となる。

(2)　地方創生の課題

しかし、東京一極集中はかえって増し、人口減少も止まる気配はなく、第1期戦略は必ずしも計画通りの成果を上げたとは言い難い。山積する地域の社会課題を解決するには、既成概念や現状維持の考えに捉われた状態からの脱却が必要だ。

2019年度に策定する第2期戦略では、従来の取り組みに加え、関係人口拡大、未来技術・ノウハウの地方への還流（人材育成）、少子化対策等が挙げられている。第1期の5年を経て見直しが期待されるのは、その他にインバウンド観光、地域のイノベーションなどである。国（国土交通省）は、高齢化と人口減少を前提に、コンパクトシティ化を進めようとしている。地方創生の課題は、引続き、東京一極集中、地方の人口減少、進まない地方分権となる。

(3)　人口減少の影響

2019年の日本の出生数は90万人を下回り(※1)、推計より2年早く、2016年に100万人以下となってからわずか3年で90万人を割る異常事態となっている（図13-1）。

人口減少は都市部よりも地方に重くのしかかる。2017年版高齢社会白書で65歳以上の高齢者人口の男女比は3対4に近づき、2020年には女

（※1）厚生労働省が2019年6月に発表した2018年の人口動態統計では、出生数は91万8,397人（前年比2万7,668人減）で、1899年の調査開始以来過去最少。合計特殊出生率は、前年比0.01ポイント減の1.42。出生数、出生率ともに3年連続の減少となり、主要国の中でも下位に属している。

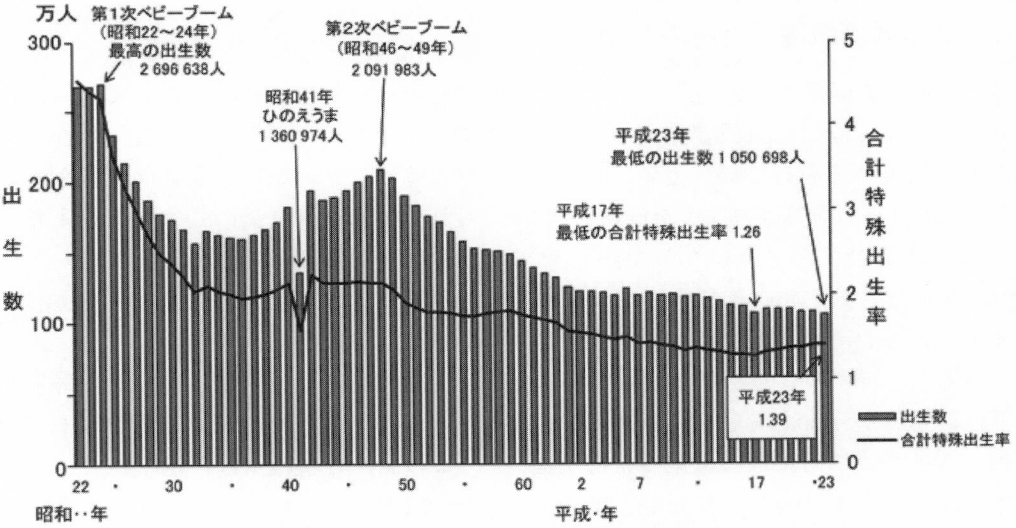

図13-1　厚生労働省　出生数及び合計特殊出生率の年次推移（2017年）

性の半数が50歳超えとなる。人口減少地域では、若者世代の不足が顕著になり、労働力や後継者の不足が企業や雇用の減少となって地域経済へダメージを与える。災害時への対応が懸念され、産業・経済だけでなく地域文化の継承にも打撃を与える。

その対策として地域が自ら行うべきことは、地元の産業（農林水産業、観光業、地場産業等）の強化や新産業の創出であり、交流人口の拡大で地域に賑わいを取り戻し、若者の定着を図ることである。国の役割は、地域間格差をなくすために全国一律の最低賃金にすることを真剣に検討し、少子化対策に有効な政策を実施することである。

(4)　中央集権から地方分権へ

日本は、江戸時代以前は地域分権国家であった。中国の律令制度を導入して中央集権を試みた時代もあったが、日本全体の本格的な中央集権は明治時代以降のことである。日本が分権国家のままであれば、地域格差や一極集中の弊害などはここまで酷くならなかったであろう。

分権以外にも問題がありそうなのが市町村合併である。多様化・高度化する行政ニーズに対応するため、1999年～2010年に「平成の大合併」が進められ、自治体数は半減した。2019年10月末時点の市町村数は1,718となっている（北方領土6村を除外）。日弁連の2018年調査では、合併した小規模の旧町村は合併しなかった近隣の小規模町村と比べて人口減少が加速する傾向にあるという結果になった。役場や小学校の統合により雇用減少、事業所閉鎖、移転、廃業が起きたと分析されている。数字にこそ表れないが、独自の文化や共同体機能を含む地域の多様性も奪われたと思われる。

地方交付金等の使い道など細かい所まで中央が決める現在の行政の在り方は、自ら考えることをしない依存体質を地方に定着させ、地域の人々の工夫を引き出す仕組となっていない。地方分権や地方主権について、もっと議論されてしかるべきだろう。

人も食料も空気も水も地方が作っている。地方が日本を支えている。SDGs（第12章「SDGsと木質バイオマスエネルギー」参照）は地方から実現する可能性が大である。地方では、人々はお金第一ではなく豊かさが重要と考え暮らしているのである。

13.2　地方経済の現状と将来予測

⑴　地球温暖化対策待ったなし

地方創生を考える際には気候変動が地域に及ぼす影響を注視せざるを得ない。近年、地球温暖化で海水温が上がり強度が高まった危険な「スーパー台風」が頻発するようになったが（※2）、極端な気象は今後も増加すると予測されている。2006年に地球シミュレータが予想した「未来の巨大台風」は現実のものとなっている。

日本では、死者が5,000人を超えた1959年の伊勢湾台風をきっかけに防災社会基盤の整備が進み、被害が激減したと言われてきたが、歴史上かつてない速度で環境変化が進んでいる。2020年東京オリンピックの準備の最中、日本は夏季が高温・多湿となり甚大な風水害に見舞われる危険性が高いことを全世界が認識した。

温暖化は地域にとっても他人事ではない。台風被害は毎年巨額の負担を国、自治体、企業、地域、個人へ押し付ける。再生可能エネルギーの利用による温室効果ガス（GHG）排出抑制等の温暖化対策の強化や地域毎のレジリエンスの向上に努める必要がある。2019年の台風災害に対し、政府は、成長力強化と防災対策により経済成長を目指すとしたが、地域においても持続可能な社会・経済に舵を切り、温暖化を食い止めることは待ったなしである。日本は二酸化炭素排出総量で世界第５位であり、行動することが急ぎ過ぎということはない。

⑵　経済情勢と地域産業

地方創生政策が登場したころの日本の経済情勢について振り返りたい。1990年代初頭、日本は“資産バブル”が崩壊し景気が急速に落ち込んだ。1997年には“金融システム不安”が起き不良債権問題が深刻化した。政府は不良債権の処理や構造改革を先送りし、イノベーション投資の代わりに従来型の公共投資を行うことで景気の浮揚を目指した。その結果、日本経済は“失われた30年”などと呼ばれる長期の停滞に陥ってしまった。今だからこそ言えるが、バブル崩壊の時に新しい産業育成に向け財政出動が用いられていれば、経済の効率性は高まり、波及需要の創出効果も期待できた。

停滞が長々と続く中、2014年に日本創成会議が指摘した「消滅可能性都市」は社会にインパクトを与え、あらためて人口減少と地域格差がクローズアップされ、地方創生が重要政策に浮上した。

この間、日本経済は、重厚長大・輸出主導型から内需主導と海外生産・海外投資へ産業構造を転換し、貿易収支よりも貿易外収支の黒字化が定着することになった。地域の産業構造はどうなったかというと、新自由主義経済が世界を席巻し、競争力を持たない中小の地場産業は衰退の途へと追い詰められるが、独創的技術力やブランド力のある地域企業は少なからずあって、世界的イノベーションの荒波に耐えている。

⑶　地域のエネルギー収支

再生可能エネルギーを地域へ導入する際に必ず検討されることが、地域のエネルギー収支である。地域で消費するエネルギー（電気、冷暖房等の熱）のほとんどは域外から運び込まれたものであったが、これからは再生可能エネルギーを地産地消することで、エネルギーの自立と脱炭素化を図ることができる。

まず、確認してみよう。地域のエネルギー代金収支等を把握するには環境省の「地域経済循環分析」が便利と思う（図13-2）。

http://www.env.go.jp/policy/circulation/

地域同士を比べる場合は、千葉大学人文社会科学研究科教授の倉阪秀史氏が提唱し、環境エネルギー政策研究所（ISEP）と共同研究している「永続地帯」（※3）の研究報告書をご覧になる

（※2）2018年の西日本豪雨、2019年に東日本を襲った複数の台風による風水害など。

（※3）永続地帯（Sustainable Zone）とは、ある区域において分散的に得られる資源によって、エネルギー需要と食糧需要をすべて賄うことができる区域のこと。

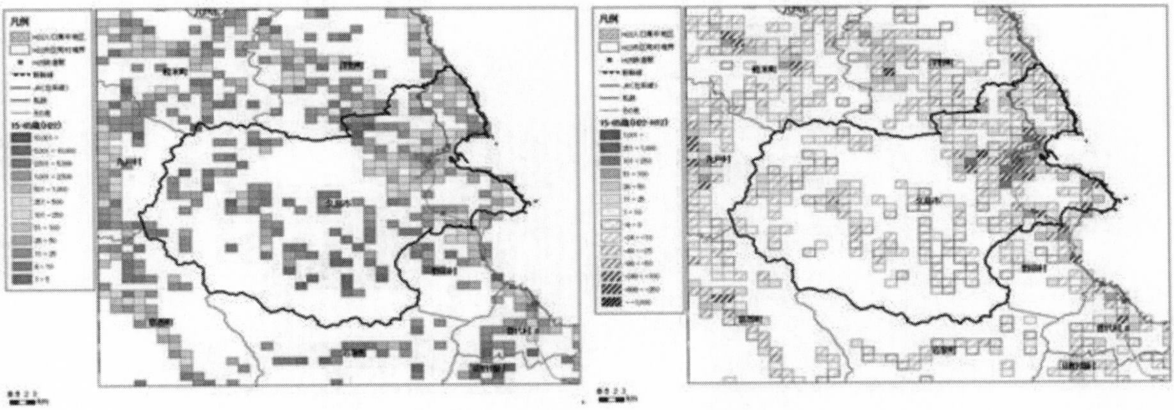

図13-2　環境省　地域経済循環分析自動作成ツール

と良い。

⑷　**地域の将来予測**

今後深化していく第４次産業革命では、国や地域という地理的区別はなくなっていくので、力のある地域企業にとってはますます面白い状況となり得る。労働力不足は深まるが、5G高速通信・AI・ロボット等の技術開発も進むので、工夫次第となろう。SDGsは経営指針として当たり前となり、環境配慮型の経済活動やESG投資が進み、Society 5.0に先行するスマートシティ構想も現実のものとなってきた。

地域の将来を予測するツールとして、次の二つを紹介したい。

- 内閣府のまち・ひと・しごと創生本部事務局が提供する「地域経済分析システム」（RESAS：リーサス）では、産業構造や人口動態、人の流れなどの官民ビッグデータを集約し、可視化することができる。
  https://resas.go.jp/
- 千葉大学と科学技術振興機構が共同開発した「未来カルテ OPoSSuM」は、人口・高齢化・産業・医療・介護・保育など2040年の全国の各市町村の姿が一瞬でわかり、人口減少・高齢社会のインパクトを地域レベルで実感できる。
  http://opossum.jpn.org/

13.3　木質バイオマスの可能性

⑴　**FIT制度の影響**

2012年７月１日の再生可能エネルギー特別措置法（FIT法）の施行により実施されたFIT（再生可能エネルギーの固定価格買取制度）は、日本の再生可能エネルギーの普及・推進に大きく貢献し、国際競争力の強化、地域活性化、経済発展に寄与するものとされてきた。地域においては、木質バイオマス発電・熱供給事業の普及により、バイオマス燃料として地域材を活用することで林業の活性化や雇用創出が期待された。

日本は世界有数の森林資源大国であることは本書でいままでに述べられている通りである。森林の年間成長量は約８千万m^3とされ、国産材供給量は年間約2,200万m^3（平成30年統計）。毎年、木材として利用される以上の量の木質バイオマスが増えていく計算となる。

1980年代から1990年代にかけての林業の衰退も良く知られていることだが、近年、木材自給率と素材生産量は回復傾向となった。FIT制度の影響により、バイオマスエネルギー活用が林業の新たなマーケットを創出したわけで、林野庁は木質バイオマスエネルギー利用動向調査を行い木材需給表に反映させるようになった。カスケード利用が基本とされる林業、木材産業だが、国産材のバイオマスエネルギー利用は、今

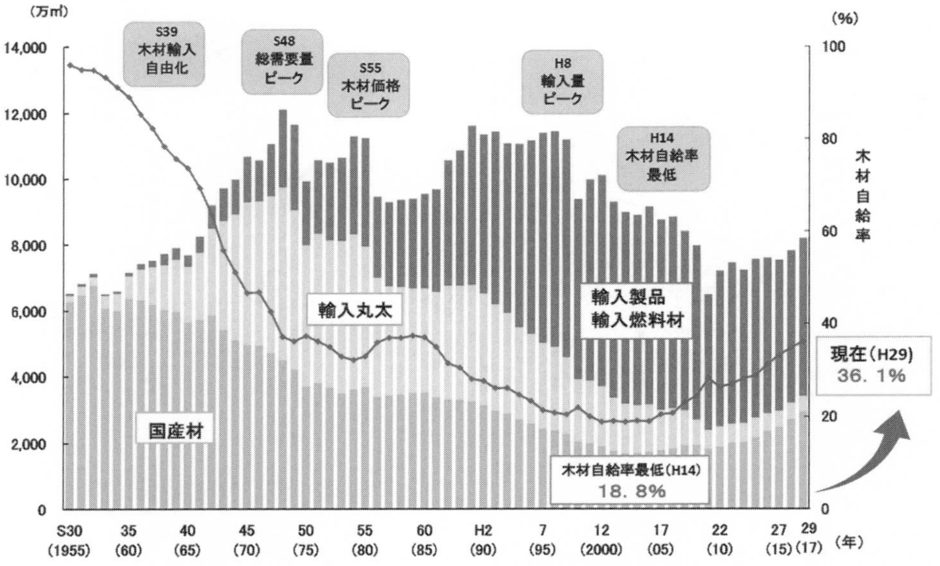

図13-3　林野庁　木材供給量及び木材自給率の推移（2017年）

や林業、木材産業にとっても必要不可欠な存在である（図13-3）。

(2)　分散型・地産地消の地域型バイオマス

生物資源量を表す「バイオマス」は、全国各地域に豊富に賦存し、分散型、地産地消のエネルギーとして地域の期待を背負っている。木質系と廃棄物系に大別できるが、地域経済の強化・活性化と地方創生に資する身近な地域資源だ。バイオマスの木質組成は原油組成とほぼ同質でありながら、バイオマス発電はカーボンニュートラルな電源とカウントされている。また、天候に左右されないベースロード電源としてエネルギーミックス（長期エネルギー需給見通し）にも位置付けられている。

しかし、バイオマスエネルギーの利点を発揮するには、燃焼の際に生じる熱を再利用して効率を高める工夫が必要となる。臨海部の大規模木質バイオマス発電所の熱利用は進んでおらず、国産燃料の割合も少なく、バイオマスの有効利用には課題が残る。また残念ながら、経済が高成長し国際化が進んだ現代の日本では、地方の資源を地方が活用するという当たり前のことが当たり前でなくなってしまっているのが現状である。

バイオマスエネルギーを地域で活用するには、ストーブ、ボイラー、熱電併給等の小規模・分散型の設備を、地域毎のバイオマス燃料の賦存量に従って、各地域へ配置することが望ましい。地域に賦存するバイオマスはその地域で役立てるのが合理的と言える。地域には電気・熱エネルギーの需要が豊富にあり、地域のバイオマスを地域で利活用することをわかりやすく「地域型バイオマス」と表現したい。

13.4　地方創生に活かす木質バイオマスエネルギー

(1)　再生可能エネルギーの多面的価値

再生可能エネルギーが地域にもたらす経済効果については、立命館大学経営学部のラウパッハ・スミヤヨーク教授や京都大学大学院の諸富徹教授等の研究で明らかになっていることがある。「再エネ事業は地域の経済を活性化する大きなポテンシャルを持つ一方で、域外からの資本による開発では地域が享受する経済的なメリットが極端に小さくなりうることもわかった。再エネを地域経済の活性化の手段とするならば、地域の主体によって再エネ事業が主導されるような政策的･制度的支援が必要である。」(小川祐貴、ラウパッハ・スミヤヨーク共著「再生可能エネルギーが地域にもたらす経済効果」より引用)

しかし、再生可能エネルギーには経済効果以外にも、災害等に対するレジリエンス効果や環境価値（環境・循環型社会・生物多様性)、地域共同体・コミュニケーション価値（例えば再エネ熱による共同浴場等)、文化的・歴史的価値等々の多面的価値があり、数字に表しづらい「総合的な地域循環価値の評価手法」(本書第12章「SDGsと木質バイオマスエネルギー」4項を参照）が早期に開発されることを期待する。

⑵　防災・減災、レジリエンス

例年、日本列島を自然災害の猛威が襲うが、2019年の台風15号、19号、21号は東日本各地に甚大な被害を与えた。中でも千葉県は、台風15号によって広域が長期停電となり、21号の豪雨災害が追い打ちをかけた。南洋で発生した台風が日本近海の海面温度の上昇で本土に近づいてから急速に発達したことが、防災情報の伝達や避難行動の時間的余裕を奪い、被害の拡大につながったとされている。

経済活動を麻痺・停滞させる停電リスクは、2018年の北海道胆振東部地震による北海道全域の停電（ブラックアウト）の後にも問題視され、再エネ電力をオフグリッドとして系統から遮断して使用できるようすることが提唱された。しかし、電力システム改革として送配電分離を進める政府の改革スピードは、自然災害の増加と強大化に追い付いてないのが現状であり、一層の速度アップが必要である（図13-4)。

図13-4　林野庁 台風15号の風倒木被害調査
(2019年千葉県)

電柱の倒壊には電線地中化などの対策も提案されているが、災害後のインフラ復旧に時間がかかる理由として、日本が設備投資にお金をかけなくなっていてインフラ設備の劣化が進行しているからと言われている。日本企業全体の2018年度の減価償却費は約38兆円となっており、リーマンショック前の2008年と比較すると13％以上も減少した。日本の経済力が低下し、災害の頻度が高まっている現状は日本社会にとって由々しいことだが、地震や台風などの大災害から公共インフラを守るには膨大な資金が必要となる。

地域においては、地域コミュニティを基盤とした地域の強靭化（近隣の助け合い）がお金のかからない方法としてまず取れる手段だ。住民みずからによる回復力（レジリエンス）を持つよう日頃からの覚悟と準備が必要だ。待っていても直ぐには救援や復旧は進まない。集落毎に分散型システムを配置する費用は、大型発電所建設に比べると僅かと言える。

水、食料と並ぶ基本的社会インフラとなった電気を確保するために、蓄電池を含めた分散型システムとマイクログリッドの組み合わせは、地産地消の再生可能エネルギーを活かす最善の道となり得る。

⑶　再生可能エネルギーとイノベーション

気候変動による自然災害の甚大化や国際競争の高速化、人口減少など、日本を取り巻く環境は厳しさを増している。「Japan as NO.1」と言われた1980年代～1990年代前半の繁栄から、バブル経済が弾けて「失われた10年」を経るが、その後も失われた30年の停滞期が続いている。手本のあるキャッチアップの時代のイノベーションは容易だった。

かつての“ものづくり大国”日本の国際競争力は大幅に落ち込み、主要先進国の賃金が軒並み上がっている中で日本だけがマイナスとなっている（1997年からの21年間で-8.2％）。日本はゆっくりと先進国から滑り落ちて来ている。2018年の日本のGDPは世界でまだ３位だが１人当たりでは26位となり、将来の競争力を占う特許出願数は近隣国に抜かれた。特許出願件数はイノベーションの測定基盤と言え、2018年は世界全体で前年比5.2％増の330万件以上あり、９年連続で増え続けている。その内、中国が約150万件と半数近くを占め、日本とアメリカだけが減少している。

世界経済フォーラム（WEF）による2019年の国際競争力ランキングは、141の国と地域を対象に、「労働市場」「インフラ建設」「健康」など12項目を各100点満点で評価し、１位はシンガポール、２位以下に米国、香港、オランダ、スイス、日本（６位）が続いた。IMD（スイスの国際経営開発研究所）による「世界デジタル競争力ランキング」では、日本は1989年の１位が2019年は30位と下がっている。

経済成長・賃金上昇と技術革新・生産性向上の関係は切っても切れず、イノベーションによる新たな価値創造こそが資本主義経済を牽引する中心的な要因と言われている。地域格差、世代間格差、所得格差の是正には、イノベーションによる生産性向上とそれに伴う所得向上が欠かせない。ただし人口減少と経済成長は比例しないと言われている。イノベーションのみが成長の成果を産んでいる。

日本でイノベーションが起きづらい理由は、企業も個人も横並び社会で独創的アイデアを潰し新規参入の足を引っ張る堅硬で保守的な状態だからと言われる。失敗を恐れずどんどん試す中からイノベーションは生まれる、規制を緩和あるいは制度変更をすればイノベーションは起きるというが、コストを下げるための新技術で日本はすでに後進国となっている。では、どうしたら良いだろうか？ イノベーションを起こすには、迂遠なようでも教育の充実が必須である。近年の大学研究費の削減は、目先の利を追うばかりで長期的損失を招くのは明らかである（表

表13-1　国土交通省　イノベーションランキングの経年推移

順位	WEF"The Global Competitiveness Report"の年版						
	2010-11	2011-12	2012-13	2013-14	2014-15	2015-16	2016-17
1	米国 (5.85)	スイス (5.77)	スイス (5.78)	フィンランド (5.79)	フィンランド (5.78)	スイス (5.76)	スイス (5.80)
2	スイス (5.60)	スウェーデン (5.76)	フィンランド (5.75)	スイス (5.70)	スイス (5.70)	フィンランド (5.73)	イスラエル (5.73)
3	フィンランド (5.56)	フィンランド (5.72)	イスラエル (5.57)	イスラエル (5.58)	イスラエル (5.56)	イスラエル (5.65)	フィンランド (5.68)
4	日本 (5.52)	日本 (5.59)	スウェーデン (5.56)	ドイツ (5.50)	日本 (5.54)	米国 (5.58)	米国 (5.64)
5	スウェーデン (5.45)	米国 (5.57)	日本 (5.54)	日本 (5.49)	米国 (5.49)	日本 (5.54)	ドイツ (5.58)
6	イスラエル (5.30)	イスラエル (5.53)	米国 (5.50)	スウェーデン (5.43)	ドイツ (5.47)	ドイツ (5.51)	スウェーデン (5.49)
7	台湾 (5.29)	ドイツ (5.39)	ドイツ (5.42)	米国 (5.37)	スウェーデン (5.37)	スウェーデン (5.46)	オランダ (5.44)
8	ドイツ (5.19)	シンガポール (5.33)	シンガポール (5.39)	台湾 (5.25)	オランダ (5.25)	オランダ (5.37)	日本 (5.43)
9	シンガポール (5.04)	台湾 (5.27)	オランダ (5.31)	シンガポール (5.19)	シンガポール (5.18)	シンガポール (5.24)	シンガポール (5.33)
10	デンマーク (4.89)	デンマーク (5.10)	英国 (5.17)	オランダ (5.16)	台湾 (5.10)	デンマーク (5.11)	デンマーク (5.13)

注）各年版のWEF“The Glabal Competitiveness Report”のイノベーションランキング。カッコ内の数値はスコア。
資料）内閣府「世界経済フォーラム（WEF）国際競争力レポートにおけるイノベーションランキングの現状の分析について」より国土交通省作成

13-1に世界のイノベーションランキングの経年推移を示す)。

明治の文明開化とともに洋式の学制が敷かれ、それまでの藩校や寺子屋など地域の教育機関が中央の制度に統一されていった。明治から昭和の高度経済成長の時代まで、教育への投資が実を結んで日本の繁栄が実現し、全国各地域へ普及していったのである。

再生可能エネルギー、特にバイオマスの分野でもそれは当てはまる。維新後に蒸気機関を導入し、その後、内燃機関から電動へと動力のイノベーションは進められてきた。太陽光パネルなど日本が先鞭をつけた技術は枚挙にいとまがない。しかし、ある程度完成した技術は、中国など後発組の追い上げが激しい。温暖な地域が多いという理由で、熱エネルギーのイノベーションは、薪炭から化石燃料への転換の後は滞ってしまった。高機能品や低価格品は輸入に頼るボイラー市場で国産品の競争力は弱く輸出もおぼつかない。こんな状態で、日本は技術力があると言えるだろうか。

13.5　これからの政策課題

(1)　新たな地域事業創出の仕組作り

ここまで地方創生と木質バイオマスエネルギーに関する諸点を述べてきたが、最後に、これからの地域の課題と思われることについて、拙論・拙文ながら記しておきたい。

①　発想転換や飛び抜けた発想が地域の持続可能性につながる

人口減少と高齢化が進む日本の長期の生き残り戦略を考えると、疲弊した地方を立て直すことが急務であり、現在の延長ではなく発想を変えた構造的改革が求められる。地方創生に必要なものは、自らの地域に対する自信を元に、改革をやり遂げるという決意であり、ともにゴールを目指す協働組織である。イノベーションは中央の発想とは異なる辺境、つまり地域から起きる。例えば、給料を上げ休日を増やすなどの発想転換で働く環境の整備や、男女・年齢・人種を問わないダイバーシティ人材が、生産性向上と地域力を高めることにつながる可能性もある。今までと同じことをやり続けるだけでは持続可能とはならない。

②　地域バイオマスを多様に活用する

鉱物資源に乏しい日本にとって林業と木材産業は地域の花形産業だった。林業が衰退した今も、森林は変わらず日本の宝の山と言える。それを生かすべく、多くの地域が森林総合産業を目指しているが、どう活用するかが地域の知恵の出し所となる。

③　新たな地域事業創出の仕組を作る

地域バイオマスを活用して新たな地域事業を創出するには、地域の企業、金融機関、行政、住民等のステークホルダーの合意と、全国的企業の技術支援など、広範な協働が必要となる。実効を上げるためには、自治体・地域と企業をつないで新たな地域事業を創出するコーディネーター組織の育成も必要となる。

④　新たな地域事業を産み出す人材を育てる

新たな地域事業作りには新たな発想と新たな技術を持った人材が欠かせない。地方の教育機関、自治体、地域企業及びコーディネーター組織等が協働して、新たな人材育成システムを考案・実施する。例えば、地域型バイオマスの人材教育として、林業大学校、農業高校等へバイオマス活用を学べる講座を普く設置する。

⑤　政策効果を検証する

日本に不足しているのは政策効果の検証だ。産業連関の現状等を比較できるデータベース作りと検証の指標づくりを行う必要がある。

⑥　技術革新で小型バイオマス熱電併給を進める

木質バイオマスと熱利用の関係は当たり前に不可分と言える。地域のバイオマス熱電併給(コジェネ)が進まない理由は、各地域のバイオマス燃料(地域材)に適したプラント(ボイラー・

発電設備）が無い現状がある。地域に豊富にあるバイオマス資源を活用するためにも、地域毎のバイオマス燃料の違いを克服する等の技術開発を進め、技術革新（イノベーション）を引き起こす大胆な施策が必要である。

⑦　熱利用環境を整える

バイオマス熱利用は温水利用（給湯、入浴）が中心であるが最近では災害時用途が検討され、高温領域となる蒸気熱は産業用途にも対応可能である。古くからの生活洋式の影響や規制（第11章「欧州と日本との比較分析」参照）等の障壁に阻まれて日本の熱利用インフラの普及は全く進んでいないが、規制緩和によりスマートシティや都市再開発等において地域熱供給などのインフラ整備が進めばバイオマス熱利活用の場面がもっと増えると期待する。

⑵　地域エネルギー・インフラサービス会社

自治体が出資し、地域の再生可能エネルギーなどを電源として電気販売を行う「自治体新電力」の設立が全国で相次いでいる。ドイツの官民連携型インフラサービス事業者の呼称「シュタットベルケ」の特徴を取り入れ、電力小売り事業を活用して地域の課題解決に貢献しようという動きだ。環境省の総合政策「地域循環共生圏」と親和性があることから、自治体新電力の拡大ペースが速まっている。

民間主体のシュタットベルケに比べ日本の地域新電力は自治体の関与が強く、「日本版シュタットベルケ」の実現には時間がかかることが予想される。そこで、日本の実情に即した地域のエネルギー供給組織のあり方を考えて見たい。日本には古くからソーシャルキャピタルの原型の講、結（ゆい）やインフラ設置とメンテナンスシステムである村普請があった。協働意識の風土を現代に生かせないだろうか。

地域の民意を結集して、エネルギーの地産地消、分散型を推進する仕組となる「地域エネルギー・インフラサービス会社（又は協同組合）」制度の創設は考えられないだろうか。地域のレジリエンス向上に資する協働組織として、防災・交流拠点となり、FIT後に対応し、地域にとって最適なエネルギーの自給自足を実現する、そんな会社（又は協同組合）が地域に必要なのではないだろうか。

地域型バイオマスには、生活と産業を豊かにし、希望に満ちた地域、「新しい日本型コミュニティ」創造を期待できる確かな夢が詰まっている。自治体と地域住民が協働して、安心して暮らせ、次の世代も更にその次の世代も住み続けたいと思えるような地域社会づくりを進めるためには、お金儲けだけを目的としない新たな地域事業の創出が不可欠であり、地域エネルギー・インフラサービス会社は、地域の基盤を支える仕組となる。

ご参考までに、2019年に農都会議が取りまとめた政策提言集へのリンクを記す。

- NPO法人農都会議2019年政策提言【全体】
  https://blog.canpan.info/bioenergy/img/2019teigen.pdf
- NPO法人農都会議2019年政策提言【要約】
  https://blog.canpan.info/bioenergy/img/2019teigen-summery.pdf

⑶　地域型バイオマス7団体の共同提言

2019年７月19日にバイオマス関係全国７団体が共同で「地域型バイオマスフォーラム－バイオマス分散型エネルギー創出による地域サービスを考える－」を開催した際に発表した７団体共同提言「地域型バイオマス推進に向けた基本的考え方」を次頁に記載する（図13-5）。

図13-5　農都会議７団体共催「地域型バイオマスフォーラム」

＜はじめに：バイオマスの特徴＞

バイオマスは下記の特質を有しており、地球温暖化防止のほか、持続可能な地域社会づくりのために、資源循環やエネルギー利用の一層の推進を図ることが必要である。

- 持続的に再生可能な資源であること
- 里地里山固有の生態系保全や国土保全に貢献すること
- 燃焼で排出される二酸化炭素は、光合成によりバイオマスに吸収されたものであること（カーボンニュートラル）
- 廃棄物系バイオマスからのエネルギー回収と共に環境対策や資源循環ができること
- エネルギー利用に係る燃料購入費用が地域に還元されること
- 分散型で地産地消のエネルギーとして、エネルギー供給の強靭化（レジリエンス）を図り、また災害時の緊急対応等に活用できること
- 調整力のある電源として系統の効率的利用に寄与すること
- 低温から高温まで広範囲の熱需要に対応できること
- 一方、バイオマスは広く薄く存在し、その収集にコストを要する、化石資源と比較して一定の品質の原料を安定的に供給することが困難である等の課題もあること

＜提言：基本的考え方＞

１．持続可能な社会構築に向けた地域型バイオマスの利用促進

(1)　多面的価値に関する評価手法の確立
(2)　多面的価値を尊重した資金が流れる仕組の創設
(3)　持続可能なエネルギー・ライフラインサービスモデルの創出
(4)　ハード・ソフト両面におけるイノベーションの促進

２．バイオマス発電事業の定着

(1)　自立化が図られるまでの間のFIT制度の継続
(2)　熱電併給による高効率な分散型エネルギーシステムの推進
(3)　農林漁業の健全な発展と調和のとれたエネルギーとしての支援の拡充
(4)　廃棄物系バイオマスからのエネルギー回収ならびに残渣の資源循環の推進
(5)　系統連系の強化

３．熱利用の推進

(1)　効率的な熱利用システムの導入促進
(2)　バイオマスボイラー等熱利用機器の標準化
(3)　顧客ニーズに応じたシステム構築やメンテナンス技術を有する人材の育成

＜提案：７団体＞

- (一社)日本有機資源協会
- バイオガス事業推進協議会
- (一社)日本木質バイオマスエネルギー協会
- NPO法人バイオマス産業社会ネットワーク
- NPO法人農都会議
- (一社)日本シュタットベルケネットワーク
- (一社)日本サステイナブルコミュニティ協会

＜引用文献＞

1)　まち・ひと・しごと創生基本方針 2019 について
https://www.kantei.go.jp/jp/singi/sousei/info/pdf/r01-06-21-kihonhousin2019hontai.pdf

2)　総務省：平成31年版地方財政白書 地方創生の推進
http://www.soumu.go.jp/menu_seisaku/hakusyo/chihou/31data/2019data/31czb03-03.html

3)　環境省：令和元年版環境白書・循環型社会白書・生物多様性白書
http://www.env.go.jp/policy/hakusyo/r01/index.html

4)　環境省：平成30年版 環境白書・循環型社会白書・生物多様性白書
http://www.env.go.jp/policy/hakusyo/h30/index.html

5)　資源エネルギー庁：平成30年度エネルギーに関する年次報告（エネルギー白書2019）
https://www.enecho.meti.go.jp/about/whitepaper/2019html/

6)　林野庁：平成30年度 森林・林業白書
http://www.rinya.maff.go.jp/j/kikaku/hakusyo/30hakusyo_h/all/index.html

7)　低炭素投資促進機構：地域の特性を活かした地産地消の分散型エネルギーシステム構築ガイドブック
http://www.teitanso.or.jp/sc_top

第14章

バイオマス熱利用・岩手県事例解析

14.1　バイオマス熱利用の一層の拡大に向けて

木質バイオマスエネルギー・熱利用の事例集は、数多く存在するが、単なる事例の紹介となってしまっている。工夫が必要である。

バイオマスアカデミーは、今後、本章の事例も参考に、バイオマス効率、稼働率、化石燃料代替率、最終的には採算にまで言及した事例調査を行い、バイオマスの熱利用を、稼働という観点のみでなく、「安定稼働は当たり前で、儲かるビジネス」という切り口でまとめ、それでも生き残る事例を中心とし、紹介していくことで、バイオマス熱利用促進の一助となる事例集をまとめていく予定である。

日本では、木質バイオマスの熱利用は、北海道と岩手県がそれを先導しているが、まだまだ少ない（表14-1）。バイオマスボイラーの普及台数は欧州に比較すると、日本全体で約2000基であるのに対して、英国では18万基、オーストリアで、27万基と２桁ほど異なる。

森林大国といわれる日本にとって、この差には愕然とする。本章では、この差が一体どこに原因があり、バイオマス熱利用の一層の拡大のためにはどうすべきかという観点に立ち、岩手県事例を解析していくことにする。

14.2　岩手県のバイオマス熱利用の状況

熱利用と発電用利用の燃料用チップ利用実績の推移（2007～2018年）を図14-3に示すが、発電用に比べ熱利用の割合は僅かである（熱利用8%、発電用92%、2018年）。

岩手県内では、大型のFIT対象バイオマス発電所は４ヶ所あり[1)]、いずれも5MW以上の大規模発電所である。平成29年12月末時点のバイオマス発電の導入量は43MWである。

表14-1　岩手県の木質燃料利用、バイオマス燃焼機器導入の実績と目標

	2018年見込	2022年目標	増加
ペレット利用量(トン/年)	5,500	6,300	200トン/年
チップ利用量（BDトン/年）熱利用	10,100	12,700	
チップ利用量（BDトン/年）発電用	221,100	221,100	
ペレットストーブ	2,050	2,250	50台/年
ペレットボイラー	64	72	2台/年
チップボイラー	57	69	3台/年

（出典：岩手県HP情報より、筆者が作成した（20203.3））

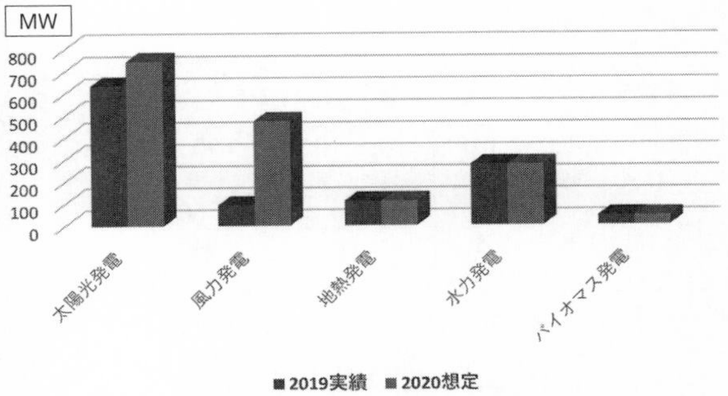

図14-1　岩手県再エネ発電の状況

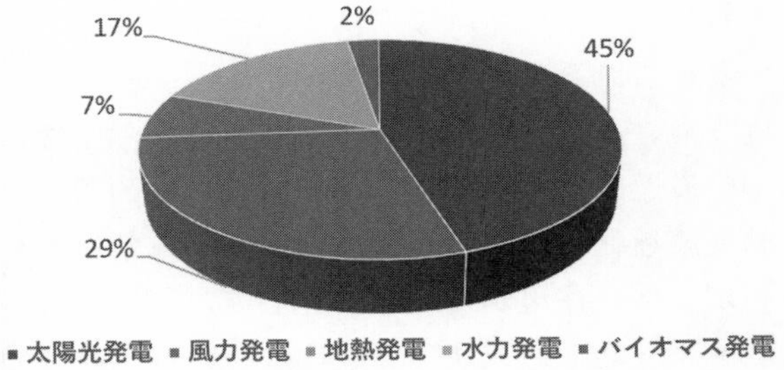

図14-2　岩手県再エネ発電量・2020想定

岩手県の再生可能エネルギー（発電）の状況を図14-1、図14-2に示すが、バイオマス発電の比率は2.1％と非常に少ない。

岩手県の電力の再生可能エネルギー目標比率は、2019年：29.5％、2020年：35.0％と想定されている。

岩手県は、全国に先駆けて木質バイオマスエネルギー利用に取り組んできており、豊富な森林資源の循環利用を通じて、林業・木材産業の振興や低炭素社会の形成につながる木質バイオマスエネルギーの利用促進に向けて取り組みを推進してきた。2018年実績と2022年目標は表14-1に示すとおりであり、バイオマス利用はまだまだ少ないといえる。

岩手県でのバイオマス発電は、FIT制度により飛躍的拡大した。しかし、バイオマス熱利用に比し発電利用は効率が悪い。今後のバイオマス活用は、熱利用または発電の場合も「熱電併給」が必須である。

バイオマス熱利用の割合は、バイオマス発電に比較しまだまだ低く、今後の飛躍的な促進が望まれる。岩手県には、バイオマス熱利用の参考事例が多数かつ身近にある。熱利用者／燃料供給者に対し政策的裏付けのあるSDGs活動支援や、インセンティブ制度が出来れば、その下地のある岩手県では、普及は一気に進むと考える。既存事業者／既存インフラ（製紙用チップ、FIT用燃料チップ、木材産業端材関連の燃料供給側）が存在し、その社会的経済的インセンティブを図る仕組みは工夫で可能であり、一部で、その試行が進められている。

14.3　岩手県のバイオマスボイラーの状況

林野庁の「2017年度（平成29年度）木質バイオマスエネルギー利用動向調査」による全国の木質バイオマス熱利用機器の導入は表14-2[2)]の通りである。また、岩手県林業振興課調べによる機器導入の推移は表14-3となっている。岩手県ではペレットストーブ、ペレットボイラーの導入は近年頭打ちであるが、チップボイラーは堅調に増加している。筆者調べの県内チップボ

表14-2　木質バイオマス利用機器導入数（単位：基数）（木屑炊きボイラー全国上位５）

	北海道	岩手県	岐阜県	熊本県	秋田県	宮崎県
木屑炊きボイラー	100	72	36	35	34	30
木材加工用ボイラー	44～49	19	22	38	19	27
民生用チップボイラー[2)]	51～56	53	14	−3	15	3
ペレットボイラー	67	48	13	145	26	85
薪ボイラー	3	6	3	4	0	15

（出典：林野庁「平成29年度木質バイオマスエネルギー利用動向調査」[2)]より筆者作成）

表14-3　岩手県の木質バイオマス燃焼機器導入台数推移（単位：基数）

	年度	～2002	2003～2010	2011	2012	2013	2014	2015	2016	2017	2018
種類	年度	～H14 導入済	H15～22 実績	H23 実績	H24 実績	H25 実績	H26 実績	H27 実績	H28 実績	H29 実績	**H30 実績**
ペレットストーブ		27	1,367	218	70	85	60	57	58	53	**50**
	累　計	27	1,394	1,612	1,682	1,767	1,827	1,884	1,942	1,995	**2,045**
ペレットボイラー		9	42	0	2	3	4	0	3	1	**0**
	累　計	9	51	51	53	56	60	60	63	64	**64**
チップボイラー		3	20	5	2	2	12	5	2	4	**2**
	累　計	3	23	28	30	32	44	49	51	55	**57**

（出典：岩手県林業振興課調べ（2019.6））

イラー導入一覧を表14-4[3]に示した。

全国初のチップボイラーは西和賀町雪国研究所に2002年３月に設置されたシュミット社製UTSS-20型20kWボイラーである。

一方、岩手県とオヤマダエンジニアリング㈱は、県内流通の製紙用チップを燃焼できる国産ウエットチップボイラー（ECOMOS）を2005年に共同開発した。県のこの支援が、初期のバイオマスエネルギー熱利用を進めた。稼働中のチップボイラー51台の内、オヤマダエンジニアリング社のボイラーが26台と圧倒的である。該社の技術・ノウハウ蓄積／総合コンサル力／営業力の向上と地元のメーカーである点などがこの実績となったと考える。ただし、このボイラーは、ウエットチップを燃焼できるという特徴があるが、ボイラー効率が低い、自動煙管清掃装置などが付属しておらず、定期的な煙管掃除が必要のために長期連続運転は困難で設備稼働率低下の原因となっている。今後の当該ボイラー設備改造に期待したい。このボイラーを導入する場合はこの点の勘案・評価が必要である。

その他のメーカーは、表14-4に示すように、Shmit（シュミット社・スイス）、Jarnforsen（ヤンフォルセン社・スウェーデン）、㈱新芝設備、Polytechnik（ポリテクニック社・オーストリア）、㈱エンバイロテック、ヒルデブランド㈱、KWB（KWB社、オーストリア）、Kohlbach（コールバッハ社・オーストリア）、D'alessandro（ダレスサンドロ社・イタリア）などが有り、岩手県内では実に、合計10社ものバイオマスボイラーが設置されている。これらボイラーの稼働状況を調査するだけでも、ボイラー選択の一助となるものと考える。最近では、KWB社ボイラーなど欧州製の自動連続運転、遠隔監視機能、ボイラー効率の高いボイラー採用が増加してきている。これらのボイラー効率および採算性比較などは、今後の検討課題である。

14.4　岩手県のバイオマス燃料の状況

(1)　バイオマス燃料利用量の推移

岩手県の燃料用チップ利用量推移は表14-5、ペレット利用量推移は表14-6の通りである。2017年には現在の全ての大型FIT木質バイオマス発電所（４ヶ所）[1]が稼働の状況となった。図14-3に燃料用チップ利用量推移を示す。

2018年度の燃料用チップの対前年比は、熱利用は194％で堅調に増加、一方、発電利用は96.3％となった。発電用は2013年から急増したが2017年以降は増加していない。

①　2018年度の燃料用チップの内訳は熱利用が8％、発電用が92％とFIT発電用が圧倒的である（前述）。FIT発電では大部分の熱は有効利用されておらず、この有効利用が課題となっている。この発電用の燃料チップ需要の急増による熱利用の燃料チップ価格・供給への影響が出てきている。

表14-4　岩手県内チップボイラー導入一覧表[3)]

時期累計 導入数	区分 番号	導入年度	施設名・場所	事業主体者	台数 稼働中	出力	ﾎﾞｲﾗｰﾒｰｶｰ (国)	使用目的	燃料チップ		備考
									供給者(生産者)	規格	
3	1	H13 2001	雪国文化研究所 西和賀町	西和賀町 (沢内村)	1	20kw	ｼｭﾐｯﾄ社 (スイス)	暖房	西和賀町森林組合	M45~M35	日本初のﾁｯﾌﾟﾎﾞｲﾗ
	2	H14 2002	岩手県林業技術センター 矢巾町	岩手県	2	240kw+450kw	ｼｭﾐｯﾄ社 (スイス)	暖房	紫波農林公社 福岡チップ工業(有)	M45~M35 M55	
14	3	H15 2003	県民の森フォレストアイ 八幡平　松尾村	岩手県	1	200kw	ヤンフォルセン (スウーデン)	床暖房	盛岡広域森林組合 (西和賀町森組→川合林業)	M45~M35	
	4	H15 2003	岩畑の湯 八幡平市　安代町	八幡平市 (安代町)	0	100kw	ｼｭﾐｯﾄ社 (スイス)	給湯・暖房	中川原商店 (民間チップ生産者)	M55	休止中
	5	H15 2003	陸前高田市給食センター 陸前高田市	陸前高田市	1	180kw	ｼｭﾐｯﾄ社 (スイス)	熱源(給湯)	気仙木材加工連合会 (乾燥チップ)	M25	
	6	H16 2004	衣川村温水プール 奥州市	(民間) 衣川ﾌｫﾚｽﾄ	0	30万kcal/h	ﾌｫﾚｽﾄｴﾝｼﾞ (国産)	設備廃棄	無		民間事業
	7	H16 2004	国民宿舎　衣川荘 奥州市	(民間) 衣川ﾌｫﾚｽﾄ	0	30万kcal/h	ﾌｫﾚｽﾄｴﾝｼﾞ (国産)	設備廃棄	無		民間事業
	8	H16 2004	兼平製麺所1号機2004 盛岡市　2号機2007	(株) 兼平製麺所	1 1	2.5t/h 4000kw 3(1.5)t/h4000kw	㈱新芝設備 ﾜｰﾙﾄﾞ熱学	工場熱源 工場熱源	県内建設廃材 加工材端材	M25 M45~M35	
	9	H16 2004	花巻市大迫総合支所 花巻市	(大迫町) 花巻市	1	200kw	ﾔﾝﾌｫﾙｾﾝ (スウーデン)	暖房.冷房	花巻市(大迫)森林組合 →　紫波農林公社	M45~M35	
	10	H17 2005	大迫保育所 花巻市	(大迫町) 花巻市	1	100kw	ｵﾔﾏﾀﾞｴﾝｼﾞ (岩手型)	暖房	花巻市(大迫)森林組合 →　紫波農林公社	M45~M35	
	11	H17 2005	衣川村黒滝温泉 奥州市	(衣川村) 奥州市	0	10万kcal/h	ﾌｫﾚｽﾄｴﾝｼﾞ (国産)	設備廃棄	無		
	12	H17 2005	衣川村黒滝温泉 奥州市	(衣川村) 奥州市	0	ガス化実証	日立造船	設備廃棄	無		
	13	H18 2006	雫石県営プール 雫石町	岩手県	3	200kw+200Kw ＋100kw	ｵﾔﾏﾀﾞｴﾝｼﾞ (岩手型)	プール加温 給湯、暖房	盛岡広域森林組合 (西和賀町森組→川　林業)	M45~M35	
7	14	H19 2007	しらかばの湯 久慈市平庭	岩手県	2	200kw+200Kw 常時1台運転	ｵﾔﾏﾀﾞｴﾝｼﾞ (岩手型)	暖房・給湯 浴槽加温	久慈地方森林組合 やまがた加工センター	M45~M35	
	15	H21 2009 H22 2010	衣川村黒滝温泉 奥州市	(衣川村) 奥州市	1	ガス化炉 70kw	ヤンマー	DSS熱電併給　出力 熱39kw、電気25kw	㈱オノダ(大手製材所) 自家製造M25オフサイト供給	M25	BDFでｽﾀｰﾄ後ﾁｯﾌﾟｶﾞｽ化開始。 2019年8月からBDF運転のみ。
	16	H22 2010	焼走りの湯 八幡平市	八幡平市	0	400kw	POLYTECHNIK (ｵｰｽﾄﾘｱ)	給湯及び暖房 浴槽加温	市内4製紙ﾁｯﾌﾟ業者(中川原商店、安代林業等) →2017年度から松田製材所	M55	2019年8月排気ﾌｧﾝ不具合発生。で一時停止中
	17	H22 2010	雫石町健康センター 雫石町	雫石町	1	100kw	ｵﾔﾏﾀﾞｴﾝｼﾞ (岩手型)	給湯及び暖房	盛岡広域森林組合 (西和賀町森組→川　林業)	M45~M35	
	18	H22 2010	遠野市森林総合センター 遠野市	遠野市	1	200kw	ｵﾔﾏﾀﾞｴﾝｼﾞ (岩手型)	暖房	協同組合ﾘｯﾁﾋﾙ遠野 →　遠野ﾊﾞｲｵｴﾅｼﾞｰ㈱	M45~M35	
	19	H22 2010	遠野市立綾織小学校 遠野市	遠野市	1	100kw	ｵﾔﾏﾀﾞｴﾝｼﾞ (岩手型)	暖房	(有)鈴木製材所 →　遠野ﾊﾞｲｵｴﾅｼﾞｰ㈱	M45~M35	
20	20	H23 2011	ユーランド姫神 盛岡市	盛岡市	1	200kw	ｵﾔﾏﾀﾞｴﾝｼﾞ (岩手型)	暖房・給湯 浴槽加温	(有)二和木材	M45~M35	
	21	H23 2011	ゆうゆうゆーらく 二戸市金田一温泉	二戸市	0	200kw	ｵﾔﾏﾀﾞｴﾝｼﾞ (岩手型)	暖房・給湯 浴槽加温	福岡チップ工業(有)→無	M55	2019年5月に事業中止 施設解体撤去
	22	H23 2011	朝朱(あさあけ)の湯 一戸町奥中山高原	一戸町	1	200kw	ｵﾔﾏﾀﾞｴﾝｼﾞ (岩手型)	暖房・給湯 浴槽加温	㈱柴田産業	M55	
	23	H23 2011	ラ・フランス温泉館 紫波町	紫波町	1	240kw	ｼｭﾐｯﾄ社 (スイス)	宿泊棟暖房 冬季のみ	紫波農林公社	M45~M35	
	24	H24 2012	(株)オヤマ本社工場 一関市	(株)オヤマ	3	510kw×2 470kw×1	ｴﾝﾊﾞｲﾛﾃｯｸ 宮本製作所	工場熱源 蒸気供給	葛巻林業/震災がれき→ 興和林業㈱→ﾏﾙｾｲ総業/(有)ｸﾞﾘｰﾝ総業	M55 M45~M35	ﾊﾞｲｵﾏｽﾎﾞｲﾗ2缶 +廃熱ﾎﾞｲﾗ1缶
	25	H25 2013	遠野中学校 遠野市	遠野市	1	200kw	ｵﾔﾏﾀﾞｴﾝｼﾞ (岩手型)	暖房	(有)鈴木製材所 →　遠野ﾊﾞｲｵｴﾅｼﾞｰ㈱	M45~M35	
	26	H25 2013	ふじの園 一関市	社福法人 ふじの園	1	5.6万kcal/h 65kwth	ｼｭﾐｯﾄ社 (スイス)	暖房	鈴木製板工場	M45~M35	自力(寄付導入)
	27	H26 2014	国保沢内病院 西和賀町	西和賀町	2	200kw+200kw	ｵﾔﾏﾀﾞｴﾝｼﾞ (岩手型)	暖房・給湯	西和賀町森林組合	M45~M35	
	28	H26 2014	煌星(きらぼし)の湯 一戸町奥中山高原	一戸町	1	200kw	ｵﾔﾏﾀﾞｴﾝｼﾞ (岩手型)	暖房・給湯 浴槽加温	㈱柴田産業	M55	
	29	H26 2014	大船渡自然保護官事務所 大船渡市	環境省	1	65kwth	ｼｭﾐｯﾄ社 (スイス)	夏　給湯 冬　暖房給湯	(有)森谷材木店	M45~M35	
	30	H26 2014	宮古自然保護官事務所 宮古市	環境省	1	50kwth	ｼｭﾐｯﾄ社 (スイス)	給湯・暖房	(株)昭林山田町工場	M35	
	31	H26 2014	一戸町総合福祉センター 一戸町	一戸町	1	200kw	ｵﾔﾏﾀﾞｴﾝｼﾞ (岩手型)	暖房・給湯	㈱柴田産業	M55	
	32	H26 2014	国民休暇村　黒崎荘 普代村	普代村	1	200kw	ｵﾔﾏﾀﾞｴﾝｼﾞ (岩手型)	暖房・給湯 浴槽加温	久慈地方森林組合 やまがた加工センター	M45~M35	
	33	H26 2014	オガール　エネステ 紫波町	(株) 紫波GE	1	500kw	ｵﾔﾏﾀﾞｴﾝｼﾞ (岩手型)	暖房・給湯 冷房	紫波農林公社	M45~M35	PFI方式で導入 県内初地域熱供給
	34	H26 2014	特養ホーム　すみた荘 住田町	社福法人 鳴瀬会	3	200kw×3	ｵﾔﾏﾀﾞｴﾝｼﾞ (岩手型)	暖房・給湯	(有)森谷材木店	M45~M35	県内初特養事例
15	35	H27 2015	大規模園芸団地 久慈市	久慈ﾊﾞｲｵﾏｽ ｴﾈﾙｷﾞ(株)	2	0.7t/h＋ 1160kwth	HILDE (国産)	暖房・冷房 乾燥ﾁｯﾌﾟ製造	久慈ﾊﾞｲｵﾏｽｴﾈﾙｷﾞｰ㈱	M45~M35 M25	県内初農業用事例 蒸気ﾎﾞｲﾗ＋熱風発生炉
	36	H27 2015	水光園 遠野市	遠野市	2	120kw×2	KWB (ｵｰｽﾄﾘｱ)	暖房・給湯 浴槽加温	遠野ﾊﾞｲｵｴﾅｼﾞｰ㈱	M45~M35	
	37	H27 2015	遠野木工団地 遠野市	遠野市	0	1500kw	Kohlbach (ﾄﾞｲﾂ)	木材乾燥	遠野ﾊﾞｲｵｴﾅｼﾞｰ㈱ ﾊﾞｰｸ専焼＆ﾊﾞｰｸ・ﾁｯﾌﾟ混焼	M45~M35	実証運転後休止中
	38	H27 2015	福祉の村温水プール 久慈市	久慈市	1	130kw	ﾀﾞﾚｽｻﾝﾄﾞﾛ (ｲﾀﾘｱ)	給湯 浴槽加温	久慈ﾊﾞｲｵﾏｽｴﾈﾙｷﾞｰ㈱ ((有)マルヒ製材)	M45~M35 M25	ﾁｯﾌﾟｵﾌｻｲﾄ供給 ﾄﾗｲ中
	39	H28 2016	風音 遠野市	㈱テラ	1	50kw	KWB (ｵｰｽﾄﾘｱ)	暖房・給湯	㈱テラ 廃材利用等自給	M35 破砕チップ	民間自力導入
	40	H28 2016	千厩小学校 一関市	一関市	1	200kw	ｵﾔﾏﾀﾞｴﾝｼﾞ (岩手型)	暖房	近隣チップ工場 ((有)前名チップ等)	M45~M35	
	41	H29 2017	遠野市役所 遠野市	遠野市	2	300kw×2	KWB (ｵｰｽﾄﾘｱ)	暖冷房熱源 給湯	遠野ﾊﾞｲｵｴﾅｼﾞｰ㈱	M45~M35	
	42	H29 2017	市総合交流センター 陸前高田市	陸前高田市	1	550kw	ｼｭﾐｯﾄ社 (スイス)	温水プール棟専用 暖房給湯ﾌﾟｰﾙ加温	気仙木材加工連合会	M35~M25	
	43	R1 2019	べっぴんの湯 久慈市	久慈市	2	200kw×2	ｵﾔﾏﾀﾞｴﾝｼﾞ (岩手型)	暖房・給湯 浴槽加温	久慈ﾊﾞｲｵﾏｽｴﾈﾙｷﾞｰ㈱ ((有)マルヒ製材)	M45~M35	ﾁｯﾌﾟｵﾌｻｲﾄ供給 ﾄﾗｲ中
	44	R1 2019	久慈地方森組林産加工ｾﾝﾀｰ 久慈市	久慈地方 森林組合	1	200kw (240kg/h)	ｵﾔﾏﾀﾞｴﾝｼﾞ (岩手型)	木材蒸気乾燥用	久慈地方森林組合 やまがた加工センター	M45~M35	蒸気ﾎﾞｲﾗｰ
	45	R1 2019	東山小学校 一関市	一関市	1	200kw	ｵﾔﾏﾀﾞｴﾝｼﾞ (岩手型)	暖房	近隣チップ工場 ((有)前名チップ等)	M45~M35	
	46	R1 2019	福祉の里 遠野市	遠野市	1	300kw	KWB (ｵｰｽﾄﾘｱ)	ﾛｰﾄﾞﾋｰﾃｨﾝｸﾞ、暖房 給湯、浴槽加温	遠野ﾊﾞｲｵｴﾅｼﾞｰ㈱	M45~M35	
59					51						

(注) 本文の事例紹介にはこの区分番号を用いている。

表14-5　岩手県の燃料用チップ利用量（実績値）

（単位：BDトン）

年度	2005	2006	2007	2008	2009	2010	2011	2012	2013	2014	2015	2016	2017	2018	
	H17	H18	H19	H20	H21	H22	H23	H24	H25	H26	H27	H28	H29	H30	前年比
計	987	101	937	1245	1277	2274	3544	4256	8796	45172	68260	178498	230809	231623	100.4%
熱利用	－	－	－	－	－	1592	1742	2733	3701	7327	8526	10265	9661	18765	194.2%
発電用	－	－	－	－	－	682	1802	1523	5095	37845	59734	168233	221148	212858	96.3%

（出典：岩手県林業振興課調べ（2019.6））

表14-6　岩手県のペレット利用量（実績値）

（単位：トン）

年度	2005	2006	2007	2008	2009	2010	2011	2012	2013	2014	2015	2016	2017	2018	
	H17	H18	H19	H20	H21	H22	H23	H24	H25	H26	H27	H28	H29	H30	前年比
計	2225	2319	2783	3272	3937	3496	4027	4498	5403	不明	6312	5551	5504	5963	108.3%

（出典：岩手県林業振興課調べ（2019.6））

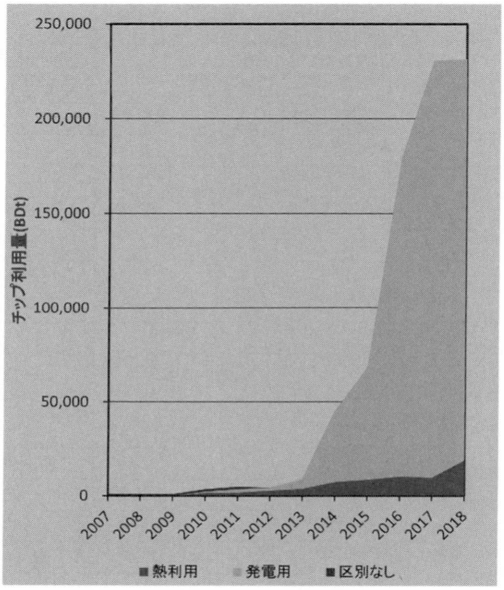

図14-3　岩手県内バイオマス燃料利用実績

② 木質バイオマスエネルギー利用効率は、発電用で約20（～30）％で、熱利用では約70～80％となる。圧倒的に熱利用の方が効率が高い。熱利用比率を拡大していくことが岩手県の今後の課題である。新しい試みとして既存FIT木質バイオマス発電所のインフラを地域の熱利用に活用する検討等が始まっている[4)]。

(2) バイオマス燃料の品質確認

熱利用向け木質チップの品質チェックは水分測定が主であるが、確認方法は、事業者毎にバラバラである。毎出荷時毎に熱量計で測定しているのは、熱量で精算をしている紫波農林公社／紫波グリーンエネルギー㈱の取引のみである。

一般的な測定方法は重量測定換算表方式で、18リットル缶満杯の重量で換算している。この簡易重量測定では、バイオマス燃料の管理や取引においては簡便ではあるが不十分と考える。

木質チップの品質区分、含水率％、水分率％、高位発熱量の相関は、第２章・図2-8に示すので参照されたい。

M25～M45生産者は乾燥を行っており、必要に応じて随時の熱量計による品質確認を行っている。実際にM25という呼称で取引されているケースはまだまだ少ない。

本来は、燃料用チップは熱量で精算されるべきであり、品質確認、燃料チップの市場成立のためにも高精度簡易水分計の導入普及が望まれ、それに伴うバイオマス燃料市場形成は岩手県においてもこれからである。

(3) バイオマス燃料の価格

M55チップ供給者は、いずれも地元の大手の製紙用チップ業者である。M55チップの価格決定権は、供給者側にある。製紙用チップを生産販売しているのでその製紙用チップ価格との相対比較でM55価格を設定していると推察される。製紙用チップ業者にとっては、燃料用チップ生産は副業であり、本業に比べれば販売量・

販売額は些少である。現在の設定価格で損はしていないという感覚ではあるが、適正なマージンをとれているか等の厳密な把握はなされていない。

14.5　燃料用木質チップの生産・流通に関する提言

岩手・木質バイオマス研究会は2017年９月に「燃料用木質チップの生産・流通に関する提言」[5]をまとめている。その骨子を以下に示す。

提言１：燃料チップの品質（＝水分率＝発熱量）を価格に反映させた取り引きを促すよう、需給双方への情報提供と合意形成を支援する。

提言２：発熱量をベースとした取り引きのためには、精度の高い簡易な水分計が不可欠であるため、そのような水分計の導入を促進する（この提言により燃料チップ用水分計が開発・販売された）[6]。

提言３：チップボイラーを導入する際は、その構想・設計段階から、燃料チップ供給を担う候補者と十分な意見交換をおこなう機会を持つよう促す。

提言４：チップボイラーの運用、燃料供給事業者の横断的情報交換の場を設ける。

14.6　事例-1　国際交流村「焼走りの湯」、区分番号16、八幡平市

(1)　事例紹介の手法

バイオマスアカデミーとしては、従来の手法ではなく、バイオマス固有の技術体系に基づいて設計・施工管理されたバイオマスボイラーについて、具体的なデータに基づき、その事業性や利便性の実際について紹介すべきであるが、岩手県の事例を見てもこのような解析は現実にはなされていない。

ここでは、岩手県事例について、できるだけ、その事業性、利便性について紹介するようにし、安定的な熱（温水、蒸気）需要のある業務部門を中心に事例を紹介する。

(2)　温浴施設でのバイオマス熱利用

導入は、当初は公共の温浴施設が中心であったが、近年になり社会福祉法人施設や病院、農

図14-4　八幡平市焼き走りの湯

業用、地域熱供給等への導入が実現している（表14-4参照）。県北での利用例の典型として、八幡平市の国際交流村「焼走りの湯」の事例を紹介する。

ボイラー設置は2010年で事業主体者は八幡平市、運用管理（指定管理者）は八幡平市産業振興㈱から㈱宿かり屋ドットコムとなり、岩手山焼走り国際交流村が行っている。熱の用途は施設の暖房、給湯、浴槽加温用である。

⑶ バイオマスボイラーの選定

ボイラーはオーストリアPOLYTECHNIK社製のPR400で、定格出力は400kW。運転管理メンテナンスは㈱協和エクシオの環境エンジニアリング部門が行っている。

現場設置状況等写真を図14-4に示す。

八幡平市では、2003年に「岩畑の湯」（区分番号４）にシュミット社製100kWチップボイラーを導入したが、同地域の製紙用チップ（M55）では、出力不足、安定運転は出来なかった。八幡平市はその知見からウエットチップおよびバーク（混燃）を確実に利用出来るバイオマスボイラーとしてPR400を選定した。

⑷ ボイラー運転状況
M55チップ＋バークチップ混焼

① 年間を通し24時間の連続運転、春と秋のメンテナンス時に２回停止する。重油ボイラー（タクマＡ重油ボイラー465kW）が２台有り、この重油ボイラーの１台とチップボイラーの直列連携システムとしている。

② 貯湯槽からの還り湯がまずチップボイラーに入り、その後重油ボイラ－を通って貯湯槽に循環する。熱利用の変化に対し、まずチップボイラーで出力を追従させ、重油ボイラーでバックアップするようにしている。

③ 重油ボイラーも連続運転を保持している（夏場でも稼働）。上記の様にチップボイラーがベースロードであるがフル出力（400kW）制御はしていない。真冬にはチップボイラー＋重油ボイラー２台運転をするが、基本は年間を通しチップボイラー＋重油ボイラー１台が連続運転する運用である。

④ 運転状況は協和エクシオでも遠隔監視装置により、遠隔操作も可能という。

⑤ バーク混焼利用は４～11月頃のバーク水分減少期に、通常のチップに混ぜ込む。バーク混焼率（容積比）は通年では10～20%、夏場（７～10月）では30～50%弱。プッシャー方式の燃料供給方式を採用しており、通常チップと粉砕バークチップをサイロで受入れ、混合作業等は不要、搬送と燃焼には問題はない。冬場のチップ凍結は多少なら問題ない、ただし凍結したバークチップは絶対に不可である。

⑸ タール大量発生による失火トラブル

① 2015～2016年の冬場に発生したトラブル。夜間の「種火モード」中に炉内温度が低下しタールが大量に発生、運転調整が効かなくなり失火、設備を完全に停止して専門業者による全面的開放清掃を実施した。

② 原因は夜間低負荷運転時に湿ったチップ（凍っている状態）が投入され、出力が低下（炉内温度が下がる）。ボイラーは燃料投入する制御となった。自動運転の上記の制御機構でどんどん燃料が投入され不完全燃焼を助長し、大量のタールが発生。

アイドリング運転が長時間の場合や、低負荷運転時に燃料の水分の急な変化（高い水分の方に）はタール発生につながり注意が必要である。

③ 担当者によれば、手動でのきちんとした対応をすれば回避できた可能性はあったとのことであるが夜間で不在だった。このトラブルは制御ロジックの根本的な問題であり、他所でも同様のトラブルが発生している[7]。M55を利用する場合は留意が必要である。

14.7　事例-2　㈱オヤマ食品工場、区分番号24、一関市

⑴　工場熱源としてのバイオマス熱利用

木質ボイラーの産業用利用（木材乾燥用は除く）は岩手県では㈱兼平製麺所、㈱オヤマ、久慈バイオマスエネルギー㈱の３事例がある。一般的に産業用には蒸気供給が必要で、かつ大出力で工場操業に合わせた負荷追従性やDSS（Daily Start and Stop）運転が求められるため、木質ボイラーの得手とするところではないが、本事例が示す様に石油系ボイラーのバックアップ能力が充分にある事業所へは導入は可能である。ここでは運転開始以来、燃料の確保や運転に苦労と工夫をしている㈱オヤマの事例を紹介する。

一関市の㈱オヤマの食品工場での蒸気発生用のバイオマスボイラーは、2012年12月から運転開始。安価な間伐材チップと震災がれきチップ燃料の利用を見込んでの導入であった。現地写真および概要を図14-5に示す。

⑵　木質バイオマスボイラー導入の理由

採算性向上が導入の直接の理由。同工場は第二種エネルギー管理指定工場でエネルギー使用量節減要求と、化石燃料の節減対応（CO2発生量削減）も大きな理由である。

⑶　ボイラー設備概要

① 総事業費２億910万円。林野庁予算補助率50％の事業である。ボイラー建屋の面積は178m^2、チップヤードは50m^2。ボイラー蒸気用途は本社食品工場の操業用・熱源である。

② ボイラー設備は小型貫流式バイオマスボイラー炎Ｌ型VSB-50型２台と付帯設備一式（㈱エンバイロテック設計／㈱宮本製作所製）と廃熱ボイラTSW-50型１台（㈱高尾鉄工所製）の直列対応で、定格出力（総供給能力）は12,128万kcal/h＝1,500kW、バイオマスボイラー510kW×２、廃熱ボイラー470kWの出力である。

③ 燃料は震災がれきチップ、間伐材チップ、製紙用チップ、製材端材チップ、建設廃材チップを想定してスタート、年間チップ使用量は1,800～1,900トン（実績値）である。

図14-5　㈱オヤマ現地写真と概要

(4) 燃料チップの変遷（確実な確保が課題）

① ㈱オヤマのバイオマス燃料確保の当初見込みは、県内へのチップボイラー導入が進む→燃料チップの供給体制が整う→燃料チップ供給先および量も増える→燃料チップの確保は楽になる、という想定の連鎖であったが、現状はそうはなっていない。

② ㈱オヤマでは燃料チップの価格が採算の決め手であり、下記の様に変遷している。安価なバイオマス燃料の安定確保は常に課題となっている。

2012～2014年：

- 震災がれきチップ；グリーン総業
- 間伐材チップ；葛巻林業、5⇒10円/kg

2015～2017年：

- 製紙用チップ同等品；興和林業、9円/kg
- 製材端材チップ；マルセイ総業、5円/kg
- 建築廃材チップ；グリーン総業、1円/kg

2018～2020年（現在）：

- 製材端材チップ；マルセイ総業、5円/kg
- 建築廃材チップ；グリーン総業、1円/kg

③ この事例が示すことは燃料確保が最重要ということである（産業用の場合は特に）。チップ供給先を確保せず見切り発車し事業開始後に燃料確保に苦労したり、燃料選択と機器のマッチングが悪く、運転開始後に燃料の品質変更に追い込まれた事例もある。検討の初期段階から適切な燃料の安定確保の見通しをつけることは最重要である。㈱オヤマの設備が大出力の木屑炊きボイラーなので製紙用チップ同等品でもなんとか対応が出来たケースであるが、ボイラーによっては岩畑の湯、区分番号4のように休止となったものもある。

(5) ボイラー運用状況

① 参考として、興和林業㈱M55チップが主であった時期の状況について説明する。

工場操業に合わせたDSS運転実施、夜間21:00（22:00）～3:00（4:00）は運転停止。送気蒸気圧力は6～7ataである。工場操業開始時間のAM7:00までに定常な蒸気送気をするため早朝AM3:30頃（冬場）、AM5:00頃（夏場）から立上げ（着火）ている。

当初の日勤シフト運転想定から、立上げ時間確保のため、運転資格者を4名体制の二交替シフト（AM3:00～PM1:00、PM1:00～PM8:00）で運転している。

② バイオマス蒸気ボイラーの出口燃焼ガス温度は800℃。高水分率燃料の場合は発生蒸気量をダウンさせて温度保持する運転を行っている。その蒸気が廃熱ボイラーに導入され、廃熱ボイラーの出口燃焼ガス温度は誘引ファン状況に応じ400～500℃程度でヘッダーへ送気。発生蒸気量がダウンする場合は、バックアップ重油ボイラー（常時運転）のヘッダーへの送気でそれを補完している。

③ 工場がフル稼働時は出力（負荷）比はバイオマスボイラー：重油ボイラーは70～80：30～20％位であり、バイオマスボイラーがメインである。

④ 燃料チップの品質（水分）確認は入荷毎にオヤマ側で行っている。測定方法は、18リットル缶によるチップの重量測定換算方式である。

(6) 課題と今後の対応

① バイオマスFIT発電所（花巻）の稼働に伴い利用していた製紙用チップ同等品の供給をオヤマ㈱は受けられなくなった。バイオマスFIT発電所の影響が出始めており、地域によっては燃料確保が容易ではなくなってきている。

② 一関市のバイオマス利用計画は、公的施設での利用により程度の燃料チップ需要を確保し、燃料用チップ事業化をめざす製紙用チップ業者を支援し連携を図ろうとするものである。県北では製紙用チップ業者がM55を供給しており、この一関市の事例は、県南での新しい動きであるが、既存バイオ

マス燃料需要と、莫大な需要のFIT発電所との折り合いをどうつけていくのかが課題である。木質バイオマス熱利用の普及のためには、この課題は全国でも同様であろう。

14.8　事例-3　久慈バイオマスエネルギー㈱、区分番号35、久慈市

久慈市で地域の関連事業者が一体となり、様々な地域木質バイオマスを利用し、大規模園芸団地向け（農業用／シイタケ菌床栽培）のオンサイト熱供給（蒸気と温水の供給）と同時に乾燥チップを製造し外部への乾燥チップ販売、いわばオフサイト熱供給が開始されている（区分番号35、38、43）。実証的要素を含む木質バイオマス熱の面的利用事業の先進先導事例として紹介する。

⑴　久慈市の取り組みの特徴

①　本事業は、産業振興の観点からの地域経済循環システムの創出にある。

②　具体的な調査事業には、岩手県、久慈市、岩手大学、地元業者、コンサル、東芝、熱利用者、製材業者、森林組合などの地域関係者一体となって、本書籍でいうプロジェクトプランニングが実施された。

③　この施策方針に従い、林業関係事業者と特用林産物生産者が一体となって設立されたのが久慈バイオマスエネルギー㈱（以下、KEBC）である。

⑵　KEBC事業の概要

①　地域で未利用であったバークを燃料とする熱供給を2016年９月に開始、菌床しいたけを栽培する隣接の大規模園芸団地に60棟のハウス暖房用の温水と菌床殺菌用の蒸気を、それぞれ配管で供給（熱のオンサイト供給）している。敷地面積は約50,000m^2、熱導管敷設距離は2.3km

②　更にバーク燃焼後の排熱を利用し乾燥させた木質チップを市内２施設（福祉の村温水プールとべっぴんの湯）へトラック配送で供

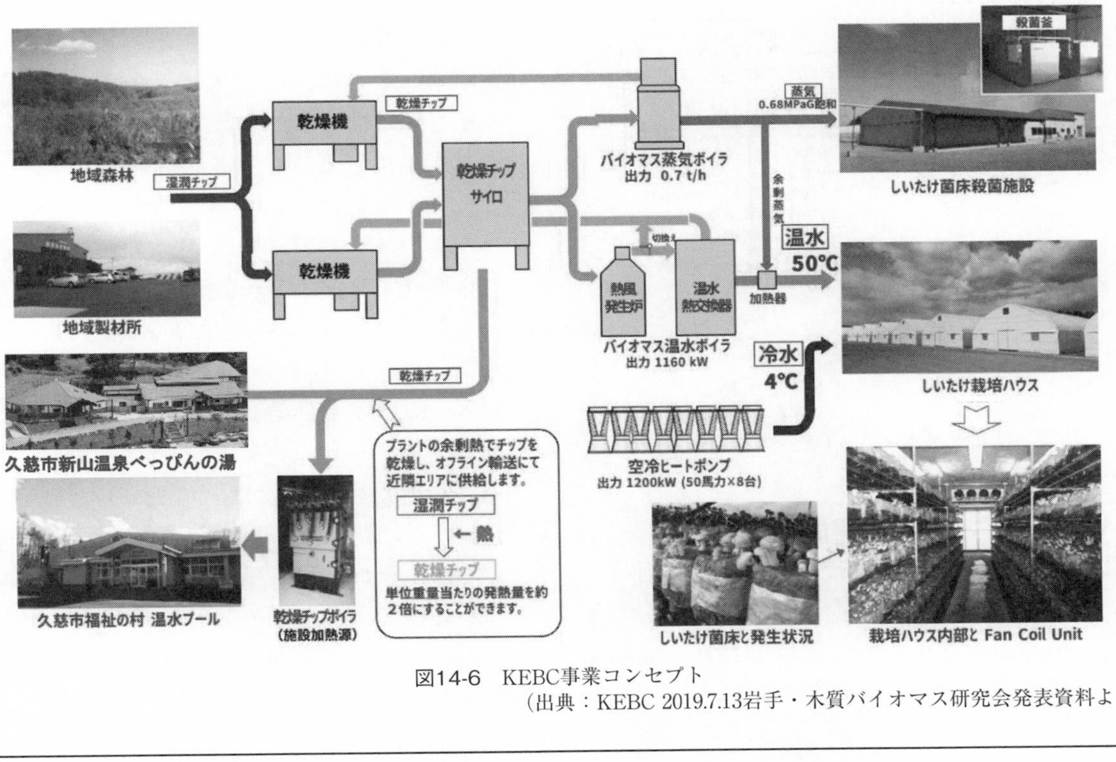

図14-6　KEBC事業コンセプト
（出典：KEBC 2019.7.13岩手・木質バイオマス研究会発表資料より）

給する事業を行っている（熱のオフサイト供給）。これは、湿潤チップを乾燥させることにより、発熱量増大・燃料価値を向上させることにより、蓄熱するもので、地域の木質バイオマスの面的利用の拡大といえる。

③　KEBC事業のコンセプトを図14-6に、プラント全景を図14-7、プラントレイアウトを図14-8に示す。

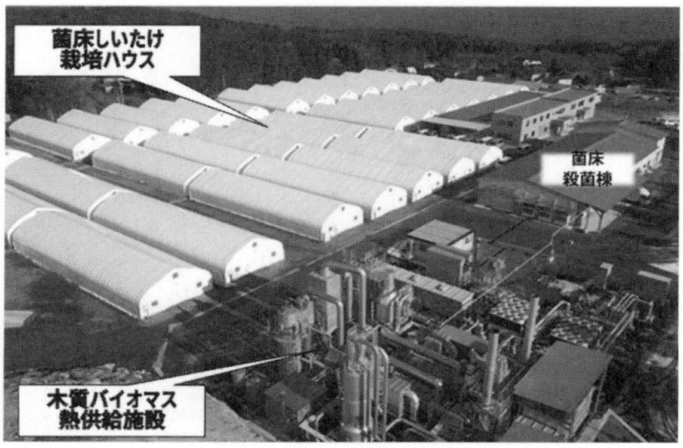

図14-7　プラント全景
（出典：KEBC 2019.7.13
岩手・木質バイオマス研究会発表資料より）

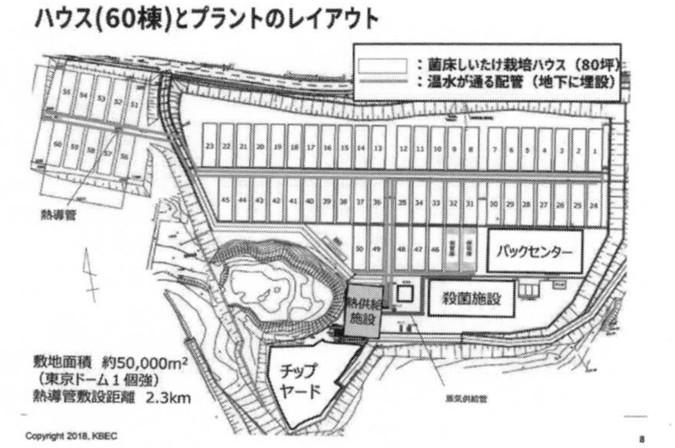

図14-8　プラントレイアウト
（出典：KEBC 2019.7.13
岩手・木質バイオマス研究会発表資料より）

⑶　バイオマス燃料の確保

①　バイオマス燃料としては、処理に困っていたバーク収集の目途がついたことが大きい。バークといっても燃焼カロリーは木部と大差なく有効利用可能である。

②　バーク粉砕用に、コマツ製リフォレ（ハンマー式粉砕機）を採用、試行錯誤を繰り返し破砕ピンチップ製造の最適条件を見つけバーク燃料の生産に目途をつけた。バークのボイラーへの配送は空気輸送方式を採用、微粉バークによる目詰り防止のためサイクロン（集塵機）を改造した。

③　KEBCで扱うバークは地域発生量の３割程度。バーク原料は主にアカマツ樹皮である。

⑷　ボイラー設備等の概要

①　ボイラー設備の選定は、主に東芝が担当し、熱需要、熱効率、バイオマス燃料などを総合的に検討し採用したとしている。

蒸気ボイラー：ヒルデブランド㈱製「HILDE Biomass-Dry Boiler：高含水率バイオマス排熱乾燥・ボイラーHD09/BDBタイプ。出力：0.7t/h（0.68MPa飽和）/500kW

温水ボイラー：ヒルデブランド㈱製「HILDE Biomass-Dry Boiler：熱風発生炉⇔温水熱交換器の切替えが可能である。出力1,160kW：温水供給温度50℃

②　この施設では、蓄熱タンクを採用していない。その理由は蓄熱タンクはコスト高であり実用性はまだ不十分であるとしている。

③　燃焼排気ガスの熱で原料バイオマス（バーク）を乾燥するパドルドライヤーを組込み、システム内で乾燥チップを生産しそれを燃焼するシステムを採用している。

乾燥チップの搬送は空気輸送方式とした。現在では、バーク原料によるオンサイトにおける熱供給は安定運転の状況となっている。

④　しいたけ栽培には、培養（17～25℃）、しいたけ発生（５回収穫）段階（12～20℃）では、それぞれの温度帯できめ細かい制御が必要で、冷水ヒートポンプを組み合わせたハウス空調制御・監視システムにより、空調管理を実施している。

(5)　熱需要変動への対応について

KEBCが想定した熱需要の変動例を図14-9に示す。日ごと、季節ごとに、本農業用熱需要は大きく変動する。この対応への解決策が本事業の特長である。オンサイトで熱需要が少ない時に発生する余剰熱を利用し乾燥チップを製造してオフサイトで供給することで事業性を改善し、かつ熱利用の普及を図る（域内で比較的低価格で高品質燃料が利用でき熱利用が進む）コンセプトである。

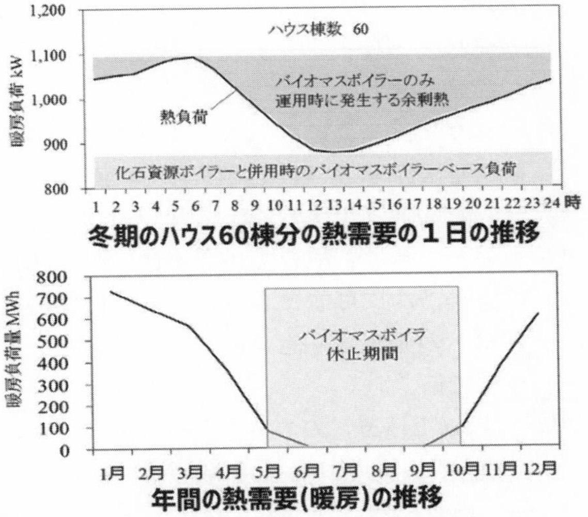

図14-9　熱需要の変動（しいたけハウス栽培の暖房）
（出典：KEBC 2019.7.13
岩手・木質バイオマス研究会発表資料より）

この乾燥チップは現在のバーク破砕ピンチップにこだわる必要はなく、製材端材チップ等、地域木材産業からの燃料原料を活用することで最適なシステムが組める。オンサイトにおいて最も安価なバークの燃料化を確立したことが大きく寄与している。

(6)　運転状況（2019年８月現在）

①　チップ使用量（フル運転時実績―バイオマス燃料生トン）

夏（蒸気10時間：温水０時間）約12トン/日

冬（蒸気10時間：温水24時間）約36トン/日

②　乾燥チップ水分率（オンサイト製造バーク破砕ピンチップ）15～35％

乾燥チップの水分率は投入燃料水分率と排熱エネルギー（温度と風量）によって変動するので、燃料効率が高くなるようなバランス運転を行っている。

③　2019年、現乾燥機の排熱利用した第３の乾燥機を設置し、その乾燥機でオフサイト供給用の乾燥チップ（水分率17％）の生産供給を調整運転中である。

供給先は、温水プール・べっぴんの湯の２ヶ所。量的にはべっぴんの湯がほとんどである。べっぴんの湯ボイラーは切削チップ仕様である。

(7)　成果と課題・問題点、今後の展開

①　地域での木質バイオマスの「面的利用の実現」には地域政策の位置づけが重要で、久慈市との連携が出来たことが実現に大きく寄与した。

②　復興省→林野庁→経産省予算を上手く活用。補助事業の乗換えの離れ業を成就させた。

③　実証プラント的課題（バーク破砕／乾燥、空気配送等々）を粘り強く解決。“プラントはユーザーが育てる”を実践。開発要素を含む事業にはコンティンジェンシーが必要（チューニング期間、資金的体力と体制）。

④　今後の課題：オンサイト熱供給の経済性最大化（プラント稼働率アップ、メンテナンスコスト低減、廃菌床の利用等々）の確立でのKEBCの収支改善。

⑤　収支・採算については、安価なバークを主燃料とする安定操業の確立および城戸キノコ園の施設完成で、計画当初の生産が出来る様になり、オンサイトのみで基礎的収益は確保出来ているとのこと。

⑥　余剰熱の利用による乾燥チップオフサイト供給最適システムの確立：バーク原料だけにこだわらず地域産業インフラ（林業／木材産業）との連携対応ができる（乾燥チップ原料

には多様なバイオマスの利用が見込める）ことが久慈プロジェクトの強みである。

なお、KEBCは上記の様な取り組みに対し以下の表彰を受けている。

- 平成29年度東北経済産業局東北再生可能エネルギー利活用大賞[8]
- 2018年度第１回エコプロアワード農林水産大臣賞[9]
- 平成30年度新エネ大賞（KEBC、東芝インフラシステムズ㈱、久慈市）新エネルギー財団会長賞[10]

14.9　事例-4　紫波グリーンエネルギー㈱、区分番号33、紫波町

県内で地域熱供給はこの１事例のみ。起源は紫波町が2000年に制定した「新世紀未来宣言」、「循環型のまちづくり条例」に遡る。取り組みの経緯や実現方法は独特、システムや燃料確保方法にも独自工夫がなされているのでそれらを紹介する。

⑴　取り組みの経緯

① 紫波町は現紫波中央駅を民間請願方式で実現した。過去に下水道事業と火葬場運営で有効に機能したPFI方式[11]をオガール地区でのエネルギー供給に適用した。

② 当初は林野庁事業を考えたが、環境省事業で、民間事業者（環境エネルギー普及㈱[12]（以下、環エネ社）が行う熱電併給事業の提案に変更した。

③ 紫波町は環エネ社と、計画策定等に協力し、売熱価格が妥当であれば買熱する（町は設備を持たず運営しない）という基本協定を結び計画提出を認めた。環エネ社は2012年度に応募し採択された。

④ 当初計画した発電機器の輸入・検査完了が納期的に不可能なことが判明し、現在の事業（熱電併給→地域熱供給）に変更された。その結果、ボイラーは残り１年での調達ができかつ県産の設備ということでオヤマダエンジニアリング㈱のエコモスWB500となった。総建設費の削減が必要となり厳しいコストカットが行われ、この影響で燃料チップ保管サイロ容量は20m^{3}と全体観点からすると過小設備[13]となった。

⑤ 本プロジェクトを推進したのは「環エネ社」である。この会社は、省エネルギーと自然エネルギーの導入、普及に向けて総合的なサービスを提供するもので、盛岡信金（盛岡）、小泉不動産鑑定所（盛岡）、アトム環境工学（盛岡）、サステナジー（東京）が発起人となっている。

⑵　設備概要

① エリア内公共施設への木質バイオマス冷暖房導入が本来の目的であった。そのインフラを共通利用することで、設備効率をアップし、熱導管配管で民間・住宅への熱供給を経済的に可能にする。将来的には熱電併給への発展も可能な積上げ・総合インフラ型設備である。

② 紫波GE社運営のエネルギーステーションで暖房、給湯用の温水と冷房用の冷水を作り、熱供給配管を通じて供給し、需給側では熱交換器を介して熱を受け取る。町庁舎には暖房熱、冷房熱を、オガールベースには暖房熱、冷房熱、給湯熱。紫波型エコハウスのオガールタウンには暖房熱、給湯熱を送っている。地域熱供給範囲を図14-10に、エネルギーステーションの写真を図14-11に示す。

③ チップボイラーはエコモスWB-500（500kW）×１基。バックアップとしてはLPGボイラー×２基（合計460kW、LPガス）、冷熱発生用吸収式冷凍機×１基（荏原製、RCH026、115US冷凍トン）、蓄熱タンクは10トン×２基、その他にORC発電機3kW、蓄電池5kW、太陽光パネル10kWを備えている。導入費用は約５億円（建屋、ボイラー

図14-10　地域熱供給範囲
（出典：http://www.rinys.maff.go.jp/j/press/riyou/attach/pdf/171109-05/pdf）

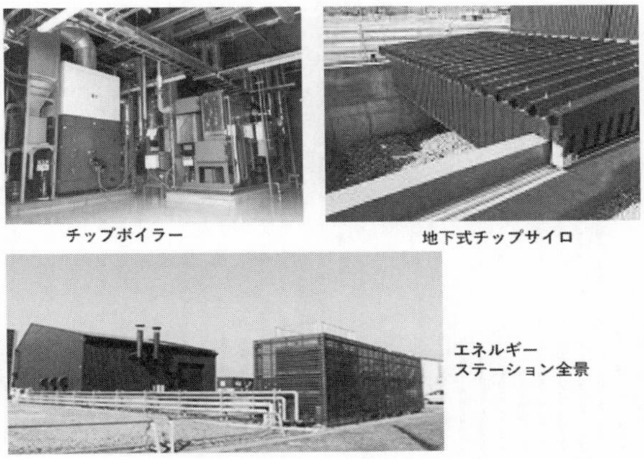

図14-11　エネルギーステーション
（出典：2019.7.13、岩手・木質バイオマス研究会発表資料より）

等諸設備、熱供給配管3.6km込み）。

チップボイラーは、前述の理由によりエコモスWB500となった。必要とされる煙管・熱交換面の自動清掃、残存酸素濃度センサーでの発煙防止／燃焼制御は当該機には付属されていない。

④　エネルギーステーションでは、木質チップボイラーと吸収式冷凍機がメインであり、温水、冷水の蓄熱タンク（10トン）で需給の平準化を図っている。多数のポンプと配管で各方面、ユーザーごとに制御して熱を供給している。

⑤　吸収式冷凍機は、エバラ製であり、臭化リチウムを冷媒としている。冷凍能力比率の温度依存性が高く、85℃以上の高温水の方が効率が高い、定格投入温度を外れると冷凍能力が著しく低下してしまうが、メーカーからはあまり高温にすると局部沸騰の恐れありとのことで80℃の低温側運転としているが、現実には70～80℃で運転している。熱交換システム、蓄熱タンクの温度成層などの改善が必要である。

⑥　また、燃料チップ保管サイロ容量は$20m^3$と設備能力からすると過小設備である[13]。地下式で２トントラックから直接投入、ボイラーへのチップ供給は急角度コンベアによる自動供給である。週末をのぞき毎日複数回配送する必要がある。

⑦　地中の熱供給配管（ポリエチレン樹脂製）を経由して、エリア内の公共施設（町庁舎、図書館、保育園等）や宿泊・スポーツ・商業施設（オガールベース）、住宅（オガールタウン）などに熱供給を行っている。地中埋設深度は、他インフラとの取り合いで1～2mとなった。総延長は約3km、最長では往復900mとなり、放熱ロスに影響する長さである。また、耐用年数は約50年を見込み更新計画はない。熱供給配管の設置費用が欧州に比較して約３倍となっており、これらも含め、日本での熱供給配管のあるべき姿を実績として作っていく必要があるとしている。

⑶　季節間負荷変動への対応工夫

負荷の季節間変動に対応するシステムとして10トンの蓄熱タンク２基の運用を、夏は給湯用（85℃温水）と冷房用（７℃冷水）に、冬は二つとも給湯・暖房用（85℃温水）に運用することで対応している。その熱供給システムフローを図14-12に示した。

⑷　稼働状況

通年24時間連続、無人遠隔監視運転が基本。２週間に１回、灰清掃のためチップボイラーを停止する。その間はLPガスボイラーで補完している。

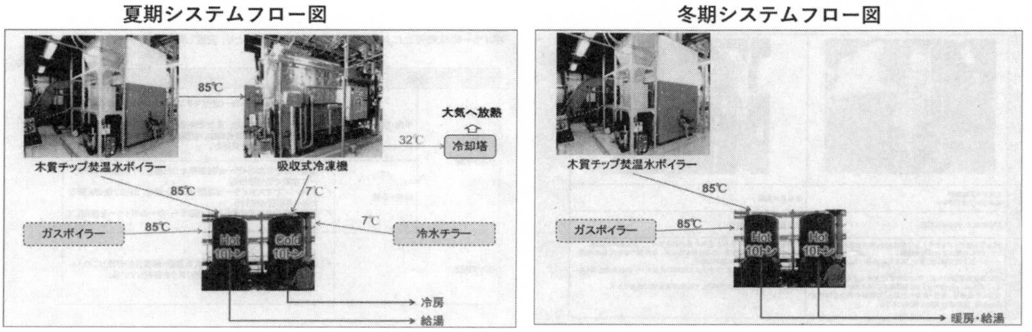

図14-12　熱供給システムフロー

（出典：紫波GE社発表資料）

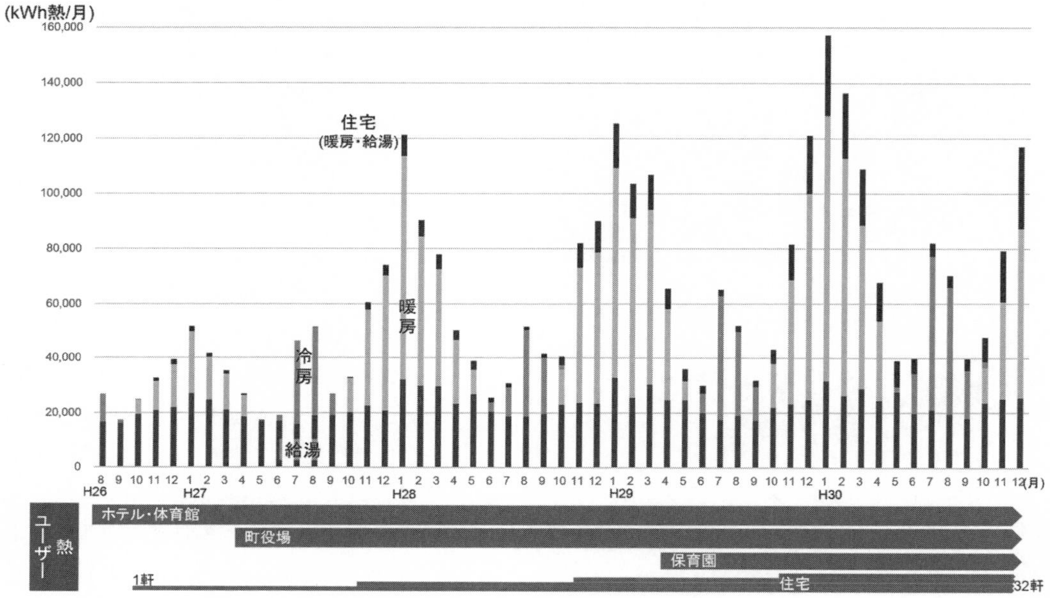

図14-13　熱供給量月別販売実績推移

（出典：紫波GE社発表資料）

ボイラーシステム全体の熱効率は60％程度と低い（ボイラー単体は約80％）。また、煙管・熱交換面の灰清掃所要時間は、冷却に10時間→開放清掃２時間→運転再開から定常まで２時間、と約14時間（約半日）、これを隔週に実施する必要があり、バイオマスボイラーの稼働率を下げている。このことは運転員への負荷、採算低下にもなっている。ボイラー選定のミスともいえる。可能であれば、設備の早期改善が望まれる。

燃料消費量（チップ）の年間実績は、540トン（2015年度）、670トン（2016年度）である。

供給熱量の月別販売実績（kWh熱/月）推移は図14-13の通りであり、熱供給先の増加に伴い増加している。風呂・給湯は通年需要があり、暖房は冬場には大きなピークとなっている。冷房は暖房に比較しまだ少ないが、地球温暖化の影響による増加傾向が見込まれる。オガールタウンへの戸建て住宅は32軒への供給と徐々に増加している（2018年12月、最終計画は57軒の予定）。同年１月実績でチップボイラー稼働率は７割強とのことである。

(5)　燃料チップ生産・供給の体制について

紫波町の森林率は58％であり林業活動は低調、補助金による切捨て間伐や松くい虫被害林の整備が主となっている。町内森林資源から燃料用チップ生産できる事業者が町内には不在であったことから、紫波町は自前で年間1000トン規模の燃料チップ生産組織を整備、それが「紫波町農林公社」である。紫波町農林公社が町所有の移動式切削チッパーと運搬車を使用し、チップの製造、運搬を実施している。燃料チップの価格は8,000円/トン（水分30％換算）。出荷毎に水分を確認しエネルギー量（水分とかさ密度から算出）に基づき精算している。長期間にわたる燃料チップの低価格による安定供給を紫波町が関与し約束している。

紫波町での実施体制図は図14-14の通りである。事業収支等の実績は「林野庁木材利用課木質バイオマス熱利用・熱電併給事例集」[14]を参照されたい。

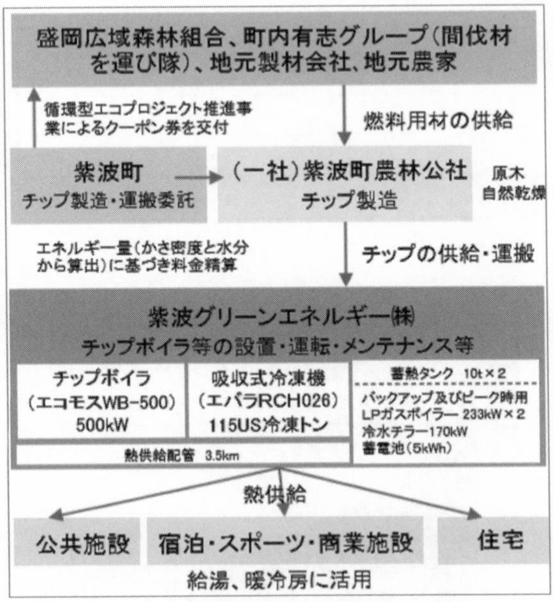

図14-14　実施体制図
（出典：http://www.rinya.maff.go.jp/j/press/riyou/attach/pdf/171109-5.pdf）

(6)　成果、課題・問題点と今後の展開

①　紫波町が、バイオマス燃料の供給側、熱の利用側ともに大きく関与した。熱供給は民間事業主体とした。プロジェクトマネジメントは、難産ではあったが、密な協議・調整の結果、官民の合作ともいえる事業組上げに成功したといえる。

②　具体的な事業実現の要諦は、

- 首長のリーダーシップ（町内資源循環利用へのこだわり）
- 町のPFI方式活用
- チップ生産の自前体制の整備（紫波町農林公社、原料確保への町民の参加／間伐運び隊の活動等）
- 小規模自治体ゆえの行政判断の迅速さ、住民請願型での駅実現と同様の民意形成が成し得た

等々にある。

③　チップボイラーは、計画・選定が遅れ、エコモスWB500となったが、本来検討されるべき熱効率、運転の利便性などは無視され、納期のみが重視される結果となった。苦渋の決断と思われるが、この結果、ボイラー運転者には定期的煙管掃除が必要となり、運転効率が低下し、採算低下にも影響した。この点は、プロジェクトマネジメントが密に行われたにしては問題であり、コンティンジェンシープランも検討すべきであったといえる。

④　また、総建設費の削減が必要となり厳しいコストカットが行われ、この影響で燃料チップ保管サイロ容量は$20m^3$と設備能力からすると過小設備である。このため、フル稼働時には休日を含めほぼ毎日燃料チップを２トン車で配送する必要がある[13]。これも最終的にはコストアップとなっている。

14.10　事例-5　水光園 区分番号36、遠野市

(1)　バイオマスボイラー導入の経緯と目的

遠野市は「新エネルギービジョン」平成27年(2015年)～平成37年（2025年）を策定し、その目標を、「市内のエネルギー消費量（推計値：2,002×10^6MJ）に占める新エネルギーの割合を30%とする（平成37年度末）。」と掲げ、その一環で、木質バイオマス利用も進めている。区分番号41の「遠野市役所」、区分番号46の「福祉の里」のいずれもKWB社製バイオマスボイラーを導入している。

遠野市の水光園は、もともと再生可能エネルギー導入をコンセプトの一つとして設立された市の温浴施設である。その名の通り、水光園には小水力発電と太陽熱施設とがあり、稼働している。環境省・林野庁の「木質バイオマスエネルギーを活用したモデル地域づくり推進事業」を利用して、チップボイラーを2016年度に導入したことにより、同施設の再生可能エネルギー利用率をより高めることを目指した。

本事業では、それまで日本では導入がなかった断続運転可能な高効率な欧州製の小型ボイラーを導入し、イニシャルコスト、ランニングコストや使い勝手などについてデータを収集・分析するとともに、小型ボイラーを日本において普及拡大させるための方策を検討した。

なお、本事例がモデルケースとなり、遠野市では、民間の老人ホームや市庁舎へ新たにバイオマスボイラー導入がなされるようになってきており、普及拡大が進んでいる。

(2)　小型ボイラーの規模の決定とメーカー選定理由

バイオマスボイラーは石油ボイラーに比べ設備費が割高になるので、可能な限り熱負荷変動の実際に合わせた出力を決定し、設備が過大にならないようにすることが望ましい。バイオマス導入前の重油消費量は、11.1万L/年であり、水光園のボイラー容量は、熱負荷分析にもとづき、240kWとした（図14-15）。

計算上のチップ消費量は1,480m^3/年、重油6,000L/年であり、バイオマス依存率は95%である。設備および工事費を表14-7に示すが、総合計で5,700万円だった。

ボイラーは、オーストリアのKWB社製KWB Multifire120とした。同社は、年間数千台を生産する出力300kWまでの比較的小型のボイラ

表14-7　ボイラー工事費内訳

万円

ボイラー設備一式	2,800
ボイラー設置・建屋工事	2,200
配管工事	500
電気工事	200
計	5,700

ボイラー室内(一次側)のみ。二次側は別途工事。

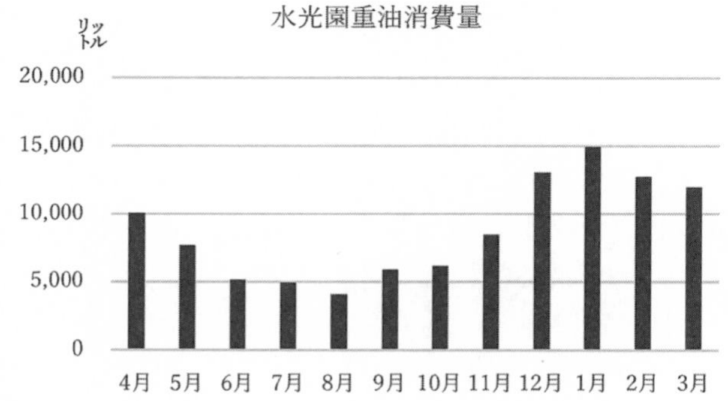

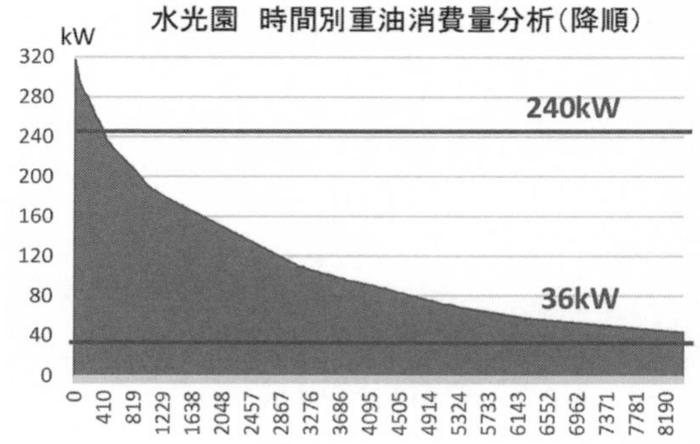

図14-15　水光園の熱負荷分析

ーに特化した量産メーカーである。量産型ボイラーメーカーは、オーストリアを中心に複数社あり、家庭用からホテル、オフィス、工場、地域熱供給などで幅広く使われている。

バイオマスボイラーは、オーストリアがもっとも歴史があるうえ、世界で最先端のメーカーがひしめいている。このため、導入に際しては、必然的にオーストリアのメーカーから選定することとした。

日本ではバイオマスに関する技術知見がなく、様々な問題を抱えており、適切に稼働している事例が極めて少ないこと、このため、真のモデル事例を構築することが喫緊の課題であること、このため単にバイオマスボイラーを販売するだけではだめで、設計から施工、メンテナンスに至るまで、メーカー本社の十分なサポートが極めて重要であることを説明して交渉した。KWBはこうした日本の状況をもっともよく理解し、協力を約束したメーカーだった。KWB社を選んだのは、こうした理由からである。

(3)　設計に際して留意したこと

設計に際しては、サイロへの燃料投入の方法とサイロからボイラーへの燃料供方法に工夫をした。サイロの容量は燃料供給のタイミングや非常時の対応などの観点から、可能な限り大きいものが望ましい。冬季のピーク負荷時の１週間が一つの指針であり、水光園でも、チップ消費量１日最大7m^{3}と予想されたことから、49m^{3}以上のサイロ容量を確保した。

これは実質容量であり、実際の充填率はサイロの容積の６割程度なので、サイロの大きさは90m^3（5.5m×5.5m×3m）とした。また、容積を可能な限り有効利用できるよう、チップ投入がサイロの真ん中となるような構造とした。

なお、設計の初期段階では、チップのサイロへの投入口は片側からとしていたが、KWBに設計図面を送ったところ、片側からの投入ではチップが偏ってしまうため、サイロの容量を十分に使いこなすことができなくなってしまうので、投入口は可能な限りサイロの中央からにした方がいいとのアドバイスを受けて、図14-17のように設計変更した。

燃料を供給するスクリューとボイラーとの接続も、設計に際しての重要なポイントである。スクリューは最大でも２段階までにしないと、場所をいたずらにとるのみならず、モーターが増え、設置工事費が高くなる、電気代も増加するなど、エンジニアリングの失敗作になりかねない。

水光園では、スクリューとボイラーを一直線でつなぐもっとも単純な方法を選んだ。サイロへのトラックのアクセスも、４トントラック投入が可能となるように設計した。図14-16にバイオマスボイラー設置平面図を示す。

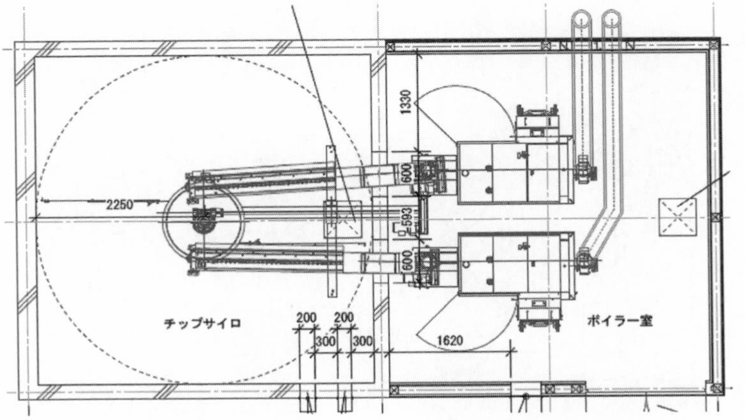

図14-16　水光園バイオマスボイラー設置平面図

図14-17　水光園のバイオマスチップ･サイロ

⑷　ボイラーの稼働実績分析結果

①　燃焼関係のデータの収集

平成27年９月より平成28年８月までの１年間にわたり、燃焼関係のデータを収集・分析を行った。既存の重油ボイラー２台はそのまま残して、併用運転とした。

バイオマスボイラーの運転は、バッファータンクの温度を一定に保つようにボイラーが熱を供給するようにプログラムし、バッファータンクの設定温度は当初、70～80℃とした。これは、バッファータンクの上部温度が70℃に下がるとボイラーが起動、タンクの下部温度が80℃に達するとボイラーが停止するというものである（図14-18）。ボイラーの起動・停止は全自動で行われる。着火も電気によるイグニッションヒーターを用いる。補助燃料に化石燃料を使用することはない。

②　チップと重油の消費量とバイオマス依存率

この間の１年間のチップ消費量は、1,330m^{3}であった。チップ供給業者である遠野バイオエナジーのチップ生産が初めてということもあって、この間の供給チップの水分にはかなりの変動があった。仮に平均水分30％台後半、発熱量725kWh/m^{3}とすると、消費したチップの熱量は96万2,000kWhになる。チップ水分が30％台後半と高いため、ボイラー出力も低下するので、供給熱量としては80万kWh程度と思われる。

なお、この間の定格出力換算での総稼働時間は3,334時間であり、ボイラー出力240kWをかけるとエネルギー供給量は約80万kWh（＝

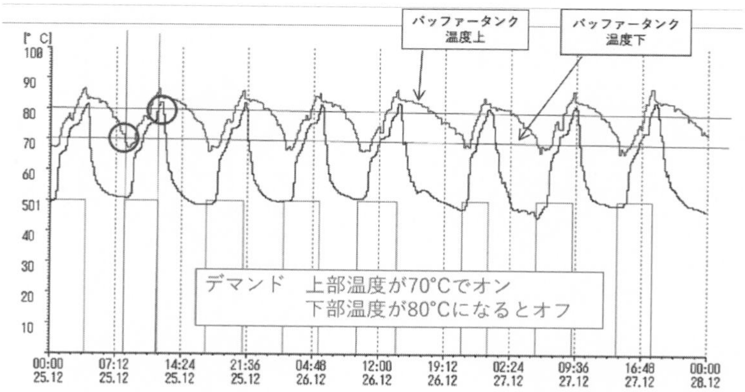

図14-18　バッファータンクの温度管理によるボイラーのオンオフ運転の例

240kW×3334h）となり、チップ熱量ともほぼ一致した。

他方で、バックアップ用の重油ボイラーもこの間、23,600Lの重油を消費した。重油のエネルギー含有量10.3kWh/L、重油ボイラーは老朽化していることから、その効率70％とすると、供給熱量は17万kWhとなる。つまり、バイオマスボイラーと重油ボイラーの稼働比率は82：18となり、バイオマス依存率は82％となった。

③　バイオマス依存率の問題

バイオマス燃料と重油燃料の月別のエネルギー供給量については、図14-19のとおりである。バイオマス依存率は月によって変動はあるが、冬季のみならず、熱需要の少ない夏季においても常に一定以上の重油を消費している。

本来なら、冬季のピーク時はともかく、それ以外についてはバイオマスボイラーのみで熱需要をすべてカバーできるはずである。それにもかかわらず、重油ボイラーが常に一定以上の熱を供給し続ける最大の原因は、重油ボイラーが真空式であり、真空状態を保つためボイラー温度を常に温める必要があり、熱需要に関係なく稼働するためである。

④　ボイラー効率にかかわる実証試験と結果

本事業では、ボイラー効率についての試験も行った。

KWB Multifire120ボイラーのボイラー効率は、94％である。なお、欧州のボイラー効率は常時安定的にだせる能力値であり、認証機関により実際に測定された値である。

ボイラー効率にかかわる燃焼試験結果を表14-8、図14-20にまとめたが、試験に用いた

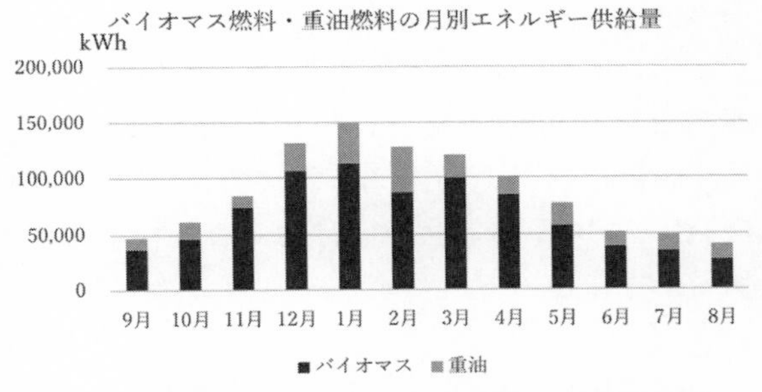

図14-19　チップ･重油各ボイラーの月別エネルギー供給量

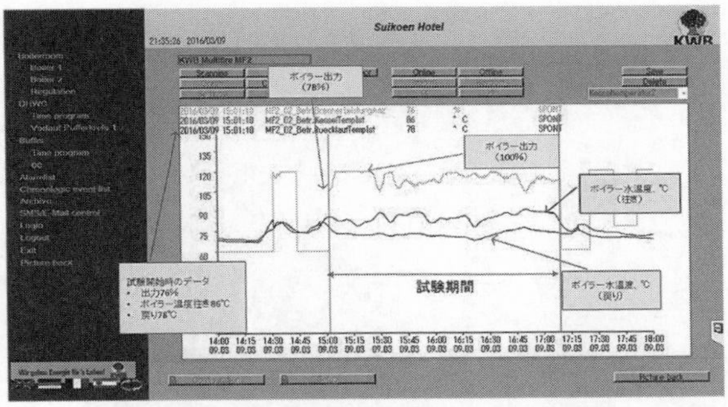

図14-20　KWB Multifire120の制御画面による燃焼テストデータ記録

表14-8　ボイラー効率にかかわる燃焼試験結果

	データ	備考
ボイラーデータ		
ボイラー定格出力	120kW	
ボイラー効率	94%	
チップエネルギー含有量	3.4kWh/kg	水分30%
定格出力時燃料消費量	128kW	ボイラー効率94%として、120kW/0.94=128kW
ボイラー試験		
ボイラー運転時間	2時間10分	
ボイラー平均稼働率	88%	
チップ消費量	72kg	
エネルギー供給量　①	229kWh	120kWhx2h10x0.88
エネルギー消費量　②	245kWh	72x3.4
ボイラー効率試験結果		
ボイラー効率　①/②	93.5%	229kWh/245kWh
灰分	0.5%	250g

燃料は72kg、平均水分30％である。水分30％のチップのエネルギー含有量は3.4kWh/kgなので、総エネルギー含有量は72kg×3.4kWh＝245kWhとなる。

この燃料を使用しての試験時間は２時間10分、平均出力は88％だった。したがって、この間のエネルギー供給量は120kW×2h10×0.88＝229kWhである。

つまり、229kWhの熱を出すのに投入したエネルギー量は245kWhだったので、ボイラー効率は229÷245＝93.5％となり、メーカー公表のボイラー効率94％とほぼ一致する結果となった。また、燃焼試験における灰分は250gであり、絶乾重量比では0.5％だった。灰分は絶乾重量比0.5～2％がメーカー公表値であり、今回はその下限値だった。これは、使用した燃料の形状が安定し、良好な品質だったためと思われる。

図14-21　水光園で使用するチップ

⑤　バイオマス燃料への対応度

チップ生産の現場では、バークや微細部分など、燃料としては低質な部分も当然出てくる。これらをわざわざ除去してホワイトチップだけを使うのでは、コストが高くなりすぎる。また、除去された低質部分の活用も問題となってくる。

今回の事業では、これらをチップと混ぜて均一にした状態で、水光園に供給した。混入比率はおおむね20％以下である。ボイラーの燃焼に関しては、特に支障は生じていない。本ボイラーは、基本的に水分が一定以下であれば、バイオマス燃料への対応度は広く、燃料供給者にとっても扱いやすいボイラーといえる。チップ水分45％以下という条件はあるものの、それをみたせばバークの混入や微細燃料の混入などの許容度も高く、地域のチップ供給業者にとってもメリットが多い。

⑥　バイオマスボイラー・付属設備

• 遠隔監視管理機能

KWBボイラーは、ボイラー制御盤についたモニター画面での操作と、およびボイラーをPCに接続し、Comfort Visioというソフトを用いた操作の両操作で監視・管理する。PC画面は遠隔での操作が可能であり、ボイラーやバッファータンクの状況など、ほとんどすべてのパラメーターを遠隔で監視管理することが可能である。

また、アラームが発生した時にはメールにて連絡を受信可能であり、早い対応が可能である。また、ソフトのアップデータなどは、この機能によりKWB本社から自動でなされるなど、ユーザーにとってメリットの多いシステムである。

• 灰の処理

バイオマスボイラーの使い勝手を左右する大きな要因が、灰の処理方法である。今回導入したボイラーでは、燃焼灰、飛灰含め、すべてボイラー付属の一つの灰箱に自動で集められる。容量も70Lある。灰箱の容量いっぱいに灰をためると、重くなり、作業が大変なので、灰箱に半分くらい灰がたまった状態で、灰捨て作業を行っている。その頻度は、冬期のピーク時で２週間ごと、夏期では月に１回程度である。

14.11　バイオマスボイラー導入の課題・要点

以上、岩手県内でのバイオマス熱利用の事例から得られたバイオマスボイラー導入の課題・要点を以下にまとめる。

(1)　熱需要の発掘や創出／熱需要先との連携が重要

- チップボイラーの導入は確実な熱需要先の確保が最大の要点である。
- 変動費（燃料費）の安さ（石油との相対で）がチップボイラーメリットであるが、石油ボイラーに比べ高価である。初期導入コスト高さを変動費の安さでカバーして経済性を得ることになるが、それにはなるべく高稼働率と熱需要とのマッチングをはかることが重要である。
- チップボイラー導入には、熱需要の発掘、創出、熱需要先との連携が重要である。久慈市や一関市では核になる需要を自治体が公共施設でまずは確保して徐々に規模のメリットを生かせる様な段階的な取り組みが試行されている。

(2)　地域的に無理のない燃料チップ供給が成立すること

- 合理的な木質バイオマスの利用には、量的および地理的な制限がある。それを特に留意しなければならないのはM45～M35の場合である。その主な制限因子は、(1)原木の天然乾燥に要する土場の回転数制限、(2)地域ネットワーク活用で集材できる製材背板量（製材所背板チップ利用の場合）、(3)燃料チップは近距離での小口配送（5～10m^3/台）の搬送コスト、の三つである。
- 事例からは、小～中規模出力（50～600kW位まで）が地産地消適合規模であることが明らかであり、導入検討段階での燃料調達に十分な確認が必要である。

(3)　補助金獲得のスキルが重要

- チップボイラーの初期費用（本体＋付帯設備＋設置工事）は高額であり、補助金に頼らなければならないのが現状である。事業内容に即した補助金メニューを活用するスキルを申請者（自治体や利用者）が身に着ける必要がある。
- または、その能力を有するコンサルや企業と連携する能力もポイントである。岩手県でチップボイラーの導入が進んだのは、導入実績を積むことで県や自治体のスキルアップが進み、かつオヤマダエンジニアリングとの連携、そしてオヤマダエンジニアリングの技術力、提案力、サービス力がついてきたからと推察される。
- コンサルや企業連携では、久慈バイマスエネルギー㈱の場合は久慈市と東芝との連携、紫波町のオガールプロジェクトではPFI方式による紫波町と㈱紫波グリーンエネルギーとの連携があげられる。

(4)　バイオマスボイラー導入・運営・運転のノウハウの継承等が必須

- 岩手県では多くの自治体が第一号機の導入を経験し、導入や運営のノウハウが蓄積されつつある。そのスキルの継承は行政の大事な役割である。西和賀町や住田町は組織としてそれが行われている。
- 自治体のこのようなスキルはともすると属人的になってしまい、個人の配置転換により組織としての蓄積がなされない場合が多い。意識して留意・継承する必要がある。岩手県の自治体ではその学習効果の発揮を期待できる状況になってきている。
- 設備の運転運用は事業申請者自身が行うのではなく、別途設備管理者（指定管理者等）に委託されている場合も多い。設備管理者に運転ノウハウが蓄積（含むトラブル対応／メンテナンス対応）されることになるが、指定管理者制度の下では、会社や人が入れ替わることによりそのノウハウの継承がなされにくいという問題がある。設備所有者（事業申請者）／設備管理者（運転者）が連携して運営・運転のノウハウのマニュアル化（文書化、財産化）を図る等の工夫が必要である。

- メンテナンス契約等は設備所有者／メーカー間でなされており設備管理者（運転者）がその内容を十分に理解できていない、現地設備トラブル（設備管理者／メーカーのやりとり）を設備所有者が把握できていない等により、スムーズな運用に支障をきたしている事例も散見される。特に設備に関する重要な問題に関しては、設備所有者／設備管理者（運転者）／メーカーの３者が一体で検討できる体制や仕組みを予め整えておくことも重要なポイントである。

(5)　導入実現事例にみられる共通事項

実態から以下の事項が多く揃った時に導入が実現している。

- 首長のイニシアティブやサポート
- 担当部署の体制としての粘り強い継続的な取り組み
- 行政担当者の情熱
- 県と自治体との好連携
- 企業やコンサルトと自治体が好連携
- 単年度予算への臨機応変な対応
- 適切な補助金メニュー情報の入手とその活用
- 予算目的と事業目的のマッチング能力
- ボイラー運用者／利用者とチップ供給者、メーカーとの十分な事前連携
- 全体エンジニアリング（プロジェクトマネジメント）が機能している

＜引用文献＞

1）岩手県のFIT木質バイオマス発電所：事業者/発電規模（kw)/運転開始年は下記の通り。日本製鉄釜石製鉄所（石炭混焼)/15万kW/2011年から混焼。㈱ウディかわい（木質専燃)/5.8千kW/2014年。㈱一戸フォレストパワー/6.25千kW/2016年。㈱野田バイオパワー（PKS混焼）/1.4万kw/2016年。㈱花巻バイオマスエナジー（木質専焼）/6.25千kW/2017年。

2）http://www.maff.go.jp/j/tokei/kouhyou/mokusitu_biomass/index.html
林野庁統計には各県別に木屑焚きボイラー（含むチップボイラー）総基数およびその内の木材加工用の基数値がある。総基数から木材加工用を引いたものを民生用（熱）チップボイラーとした。表14-2および 筆者調べ表14-4と数値はほぼ合致している。

3）区分番号15はBDFとチップガス混焼の熱電併給。㈱オノダ製材所ではチップキャンター型製材機のずぶ濡れチップを場内乾燥しM25とし自家消費している。そのM25のオフサイト利用（チップ量約250m^3/年）である。区分番号37は木工団地への産業用熱供給を想定して導入されたが需要先と調整がつかず休止中。区分番号16は排気ファン不具合で部品交換が必要。海外製品のため修理費が高く一時停止中。

4）「花巻市および周辺地域内エコシステム構築検討地域協議会」
http://www.fuji-u.ac.jp/news/32151
http://www.fuji-u.ac.jp/news/34576
http://www.fuji-u.ac.jp/news/35504

5）https://wbiwate.jimdo.com/資料/政策提言-提言/「170912WBI燃料チップ提言.pdf」

6）https://www.kett.co.jp/products/mt-200/
当該計測器メーカーは以前より岩手・木質バイオマス研究会セミナーに参加。近年、燃料チップ水分を即時的かつ正確に把握したいとの問い合わせも増えてきたことから、土壌水分計などで培った技術を応用し、本製品の開発に至ったものである。

7）区分番号２や３のボイラーでも同様事象は発生。運転立ち上げ時（まだ低負荷運転時に）手動から自動モードに切替えた時に湿ったチップが自動投入され同様のトラブルが発生している。

8）https://www.tohoku.meti.go.jp/s_shigen_ene/syo_energy/topics/180228.html

9）http://www.jemai.or.jp/ris/1st_eco-pro_award_results.html

10）https://www.nef.or.jp/award/kako/h30/index.html

11）Private Finance Initiative：公共が直接施設を整備せずに民間資金等を利用して民間に施設整備と公共サービス事業の提供をゆだねる手法

12）環エネ社は紫波GE社の株主である。

13）搬送状況は月～金は毎日４回（9:00、10:00、12:00、15:30)、場合により金は５回目もあり。
運搬車（紫波町より借用）は2tダンプ。5m^3コンテナ２台を運用して近場搬送で対応。

14）www.rinya.maff.go.jp/j/riyou/biomass/con_4.html

第15章

参考資料

15.1　エネルギー単位と換算

(1)　エネルギー単位の換算表

表15-1　エネルギー単位換算表

メガジュール (MJ)	キロワット時 (kWh)	キロカロリー (kcal)	石油換算トン (TOE)
1	0.278	239	0.0239×10^{-3}
3.6	1	860	0.0860×10^{-3}
4.19×10^{-3}	1.16×10^{-3}	1	10^{-7}
4.19×10^{4}	1.16×10^{4}	10^{7}	1

TOE=10^7kcal

（出所：通商産業研究社、p.436（1996年３月25日）を基に筆者作成）

(2)　バイオマス燃料と石油燃料の燃料特性

表15-2　バイオマス燃料と石油燃料の燃料特性

項目	単位	ペレット	薪	湿潤チップ	灯油	A重油
含水率 (質量基準)	wt%	10	25	50	0	0
高位発熱量 ※1	MJ/kg MJ/L	17.0 10.2~12.8	14.2 2.8~5.0	9.5 2.4~3.3	46.5 36.7	45.2 39.1
低位発熱量 ※1	MJ/kg MJ/L	15.5 9.3~11.6	12.5 2.5~4.3	7.5 1.9~2.6	43.5 34.9	42.7 37.1
かさ密度	kg/m^3	600~750	200~350 ※2	250~350	780~800	830~960
固体比重	-	1.1~1.3	0.3~0.5	0.5~0.8	―	―
灰分	wt%	幹部；1.1~1.3 樹皮；3~5			―	―

計算条件：木質燃料の絶乾ベースでの高位発熱量を18.9MJ/kgとする。
（※１）含水率での発熱量
（※２）薪の空隙率を30％として計算：エネルギー密度（MJ/m^3）は、
低位発熱量（MJ/kg）×かさ密度(kg/m^3) として計算できる。

（出所：日本ペレット協会HP）

(3) バイオマス燃料含水率と発熱量

表15-3　バイオマス燃料含水率と発熱量（針葉樹・広葉樹）

含水率	水分	針葉樹木部						広葉樹木部					
		高位発熱量　HHV			低位発熱量　HHV			高位発熱量　HHV			低位発熱量　HHV		
dry%	wet%	kcal/kg	MJ/kg	kWh/kg	kcal/kg	MJ/kg	kWh/kg	kcal/kg	MJ/kg	kWh/kg	kcal/kg	MJ/kg	kWh/kg
0	0	4,930	20.7	5.73	4,610	19.4	5.36	4,710	19.8	5.48	4,390	18.4	5.10
5	5	4,680	19.7	5.44	4,350	18.3	5.06	4,470	18.8	5.20	4,140	17.4	4.81
11	10	4,440	18.7	5.16	4,090	17.2	4.76	4,240	17.8	4.93	3,890	16.3	4.52
18	15	4,190	17.6	4.87	3,830	16.1	4.45	4,000	16.8	4.65	3,640	15.3	4.23
25	20	3,940	16.6	4.58	3,560	15.0	4.14	3,770	15.8	4.38	3,390	14.2	3.94
33	25	3,700	15.5	4.30	3,300	13.9	3.84	3,530	14.8	4.10	3,140	13.2	3.65
43	30	3,450	14.5	4.02	3,040	12.8	3.53	3,300	13.9	3.84	2,890	12.1	3.36
54	35	3,200	13.4	3.72	2,780	11.7	3.23	3,060	12.9	3.56	2,640	11.1	3.07
67	40	2,960	12.4	3.44	2,520	10.6	2.93	2,830	11.9	3.29	2,390	10.0	2.78
82	45	2,710	11.4	3.25	2,260	9.5	2.63	2,590	10.9	3.01	2,140	9.0	2.49
100	50	2,470	10.4	2.87	2,000	8.4	2.33	2,360	9.9	2.74	1,890	7.9	2.20
122	55	2,220	9.3	2.58	1,740	7.3	2.02	2,120	8.9	2.47	1,640	6.9	2.92
150	60	1,970	8.3	2.29	1,480	6.2	1.72	1,880	7.9	2.19	1,390	5.8	1.62
186	65	1,730	7.3	2.01	1,220	5.1	1.42	1,650	6.9	1.92	1,150	4.8	1.34

注）絶乾状態での高位発熱量の信頼度95%下限値を基に、水素含有率を6%として求めた。

（出所：燃料用木質チップの品質規格、木質バイオマスエネルギー利用推進協議会）

表15-4　バイオマス燃料（樹種別）含水率、発熱量、灰分、塩素

樹種	含水率	低位発熱量		灰分	塩素
	(DB,%)	(MJ/kg)	(kcal/kg)	(絶乾,wt%)	(絶乾,wt%)
杉チップ(幹)	0	18.3	4380	0.8	0.01
	30	14.1	3370		
	50	12.3	2930		
	70	10.8	2580		
	100	9.2	2190		
檜チップ	0	18.6	4450	0.4	0.01
	30	14.3	3430		
	50	12.5	2980		
	70	11.0	2630		
	100	9.3	2230		
竹チップ	0	18.5	4420	1.2	0.27
	30	14.2	3400		
	50	12.4	2960		
	70	10.9	2600		
	100	9.2	2210		
杉チップ(枝葉)	0	20.0	4780	3.6	0.08
	30	15.4	3680		
	50	13.4	3200		
	70	11.8	2820		
	100	10.0	2390		
杉ペレット(全木)	8.1	17.6	4204	2.7	0.02
檜ペレット(全木)	6.6	17.7	4219	1.5	0.01
竹ペレット	7.5	16.9	4029	1.7	0.08

（出所：各種資料から筆者が作成）

(4)　木材と比重

表15-5　木材と比重

針葉樹	比重範囲	平均	広葉樹	比重範囲	平均
スギ	0.36~0.40	0.38	コナラ	0.72~0.80	0.76
アカマツ	0.51~0.56	0.53	ミズナラ	0.64~0.71	0.67
カラマツ	0.46~0.50	0.48	クリ	0.57~0.63	0.60
ヒノキ	0.41~0.45	0.43	シラカシ	0.81~0.90	0.85

（出所：世界の有用木材7,800種）

(5)　バイオマス燃料の発熱量とエネルギー密度

表15-6　バイオマス燃料の発熱量とエネルギー密度

燃料		低位発熱量	かさ密度	エネルギー密度	石油1m^3と等価な熱量を貯蔵可能な容積
種類	水分(%)	(GJ/トン)	(トン/m^3)	(GJ/m^3)	(m^3)
プレナー屑	10	19	0.10	1.9	19.5
製材オガ粉	50	10	0.23	2.3	16.1
針葉樹チップ(生)	50	10	0.25	2.5	14.9
針葉樹チップ	30	15	0.18	2.7	13.8
建築廃材チップ	25	16	0.20	3.2	11.6
薪	15	18	0.35	6.3	5.9
木質ペレット	8	19	0.65	12.4	3.0
石炭	0	27	1.00	27.0	1.4
石油	0	47	0.79	37.1	1.0

（出所：熊崎実・沢辺攻編著：木質資源とことん活用読本（2013年）より作成）

(6)　化石燃料とバイオマス燃料のCO_2排出量

表15-7　バイオマス燃料の発熱量とエネルギー密度

	原子の比			重量比(%)			発熱量	CO_2排出量
	C	H	O	C	H	O	GJ/トン	kg/GJ
石炭	1	1	<0.1	85	6	9	28	120
石油	1	2	0	85	15	0	42	75
メタン	1	4	0	75	25	0	55	50
木材	1	1.5	0.7	49	6	45	20	77

注）石油と石炭の発熱量は1990年代後半の英国での平均値、メタンの発熱量は加圧された天然ガスの発熱量とした木材は、絶乾での発熱量何れも高位発熱量である。

（出所：J.Ramage and J.Scrlock（1996）Biomass, in；G. Boyle ed. Renewable energy,Oxford University Press.）

⑺　燃焼灰量と成分分析

表15-8　バイオマス燃料の部位による灰分量

樹種	幹部	樹皮
アカマツ	0.1~0.4	2.2
スギ	0.3~0.8	1.2
カラマツ	0.2~0.5	2.3
ブナ	0.2~1.0	7.3
ナラ	0.1~0.6	5.7

（出所：㈱トモエテクノHP）

15.2　バイオマス燃料の品質規格

⑴　木質チップの品質規格

表15-9　木質チップの品質基準

品質項目	単位	Class 1	Class 2	Class 3	Class 4
原料 （表2参照）		幹、全木 未処理工場残材	幹、全木 未処理工場残材 灌木・枝条・末木等	幹、全木 未処理工場残材 灌木・枝条・末木等 剪定枝等 樹皮 未処理リサイクル材	幹、全木 未処理工場残材 灌木・枝条・末木等 剪定枝等 樹皮 未処理リサイクル材 化学処理工場残材 化学処理リサイクル材
チップの種類		切削チップ	切削チップまたは破砕チップ		
チップの寸法 P （表3参照）		P16、P26、P32およびP45から選択			
水分 M （表4参照）	% （湿量基準）	M25、M35 から選択	M25、M35、M45およびM55から選択		
灰分 A （表5参照）	w- % dry[1]	A1.0≦1.0%	A1.5≦1.5%	A3.0≦3.0%	A5.0≦5.0%
窒素 N	w- % dry[1]	—	—	≦1.0	★ただし、リサイクル材を取り扱わない工場を除く ★リサイクル材を取り扱う工場では、脚注の重金属等[2]について随時測定すること
塩素 Cl	w- % dry[1]	—	—	≦0.1	
砒素 As	mg/kg dry	—	—	≦4.0	
クロム Cr	mg/kg dry	—	—	≦40	
銅 Cu	mg/kg dry	—	—	≦30	

注）金属、プラスティック類、擬木（合成木材、複合木材）、土砂、石などの異物を含まないこと

⑴　w-%dry：質量パーセント（乾量基準）

⑵　硫黄S：≦0.1w-% dry、カドミウム Cd：≦0.2mg/kg dry、鉛Pb：≦50mg/kg dry、水銀Hg：≦0.1mg/kg dry、亜鉛Zn：≦200mg/kg dry

（出所：燃料用木質チップの品質規格、木質バイオマスエネルギー利用推進協議会）

表15-10　木質チップの原料区分

発生起源	原料の名称	内　　容
森林 立木	01　幹 (1)	高木の幹
	02　全木 (1)	高木の根部を除く樹体全体
	03　灌木 (1)・末木・枝条等	灌木、末木・枝条（葉を含む）、根張り材（ドンコロ）
	04　剪定枝等	公園樹、街路樹、果樹等の幹部および剪定枝葉
副産物 工場残材	11　未処理工場残材	背板、端材、剥き芯などの無垢材
	12　樹皮	剥皮
	13　化学処理工場残材 (2)	合板、集成材、ﾊﾟｰﾃｨｸﾙﾎﾞｰﾄﾞなどの接着製品および保存処理材など
ﾘｻｲｸﾙ材	21　未処理ﾘｻｲｸﾙ材	化学的処理されていない建築用材・梱包材・パレットなど
	22　化学処理ﾘｻｲｸﾙ材 (2)	合板、集成材、ﾊﾟｰﾃｨｸﾙﾎﾞｰﾄﾞなどの接着製品および保存処理材など

(1)伐根を除く、(2)CCA処理材を除く
（出所：燃料用木質チップの品質規格、木質バイオマスエネルギー利用推進協議会）

表15-11　木質チップの寸法区分

区　分	微細部 チップ重量の10%未満	主要部 チップ重量の80%以上	粗大部 チップ重量の10%未満	最大長
P16	＜4mm	**4-16mm**	16-32mm	＜85mm
P26	＜4mm	**4-26mm**	26-45mm	＜100mm
P32	＜8mm	**8-32mm**	32-63mm	＜120mm
P45	＜16mm	**16-45mm**	45-90mm	＜150mm

注）寸法：ふるいの目開き寸法
（出所：燃料用木質チップの品質規格、木質バイオマスエネルギー利用推進協議会）

表15-12　木質チップの水分区分(到着ベース)

区　分	水分　M （湿量基準含水率）	参　考 （乾量基準含水率）
M25（乾燥チップ）	≦25%	≦33%
M35（準乾燥チップ）	26-35%	34-54%
M45（湿潤チップ）	36-45%	55-82%
M55（生チップ）	46-55%	83-122%

注）M＞55%のチップは対象外
（出所：燃料用木質チップの品質規格、木質バイオマスエネルギー利用推進協議会）

表15-13　木質チップの灰分区分

区　分	灰分　%
A1.0	A≦1.0
A1.5	A≦1.5
A3.0	A≦3.0
A5.0	A≦5.0

（出所：燃料用木質チップの品質規格、木質バイオマスエネルギー利用推進協議会）

⑵　木質ペレットの品質規格

表15-14　木質ペレットの品質規格（ISO 17225-2（抜粋））

規格の区分		A1	A2	B
規格名称	ISO 17225-1:2014、ISO 17225-2 : 2014			
適用範囲	—	樹幹材、 非化学処理製材端材	根を除く全木、樹幹材、 林地残材、 非化学処理製材端材	森林由来木質全般 木材産業副産物と残材、 非化学処理使用済木材
規格事項	単位	A1	A2	B
直径	mm	6±1 or 8 ±1		
長さ	mm	3.15～40（Max45）※2		
かさ密度	kg/m³	600～750		
低位発熱量	MJ/kg	16.5≦		
水分	wt%	≦10		
微粉率	wt%	≦1		
機械的耐久性	wt%	97.5≦		96.5≦
灰分	wt%	≦0.7	≦1.2	≦2.0
灰溶融挙動	℃	測定結果表示		
塩素	wt%	≦0.02		≦0.03
硫黄	wt%	≦0.04	≦0.05	
窒素	wt%	≦0.3	≦0.5	≦1.0
銅	mg/kg	≦10		
クロム	mg/kg	≦10		
ヒ素	mg/kg	≦1		
カドミウム	mg/kg	≦0.5		
水銀	mg/kg	≦0.1		
鉛	mg/kg	≦10		
ニッケル	mg/kg	≦10		
亜鉛	mg/kg	≦100		
添加物	wt%	≦2（種類と量を表示）		

※元素分析は、絶乾ペレット換算で計算した。
※2;40mm以上のペレットは最大1%以下とする。

（出所：㈳日本木質バイオマスエネルギー協会HP）

表15-15　木質ペレットの品質規格（北米ペレット協会品質基準（抜粋・PFI））

規格の区分	単位	Premium	Standard	Utility
規格名称	PFI Fuel Grade Requirement Nov. 9, 2018			
適用範囲	住宅／業務用高密度化燃料			
かさ密度	kg/m^3	640～769	609～769	609～769
直径	mm	5.84～7.75	5.84～7.75	5.84～7.75
機械的耐久性	wt%	96.5≦	95.0≦	95.0≦
微粉率	wt%	≦0.5	≦1.0	≦1.0
灰分	wt%	≦1.0	≦2.0	≦6.0
長さ(38.1mm≦)	%	≦1.0	≦1.0	≦1.0
水分	wt%	≦8.0	≦10.0	≦10.0
塩素化合物	ppm	≦300	≦300	≦300
発熱量	wt%	N/A	N/A	N/A
ヒ素	mg/kg	≦1		
カドミウム	mg/kg	≦0.5		
クロム	mg/kg	≦10		
銅	mg/kg	≦10		
鉛	mg/kg	≦10		
水銀	mg/kg	≦0.1		
ニッケル	mg/kg	≦10		
亜鉛	mg/kg	≦100		
灰溶融挙動	wt%	N/A	N/A	N/A

※元素分析は、絶乾ペレット換算で計算した。
※N/A；Not Applicable, No Value has been established

（出所：(一社)日本木質バイオマスエネルギー協会HP）

表15-16　木質ペレットの品質規格（ENPlus基準（抜粋））

規格の区分		Enplus A1	En*plus* A2	En*plus* B
規格名称		En*plus* Handbook Part 3		
直径	mm	6±1 or 8±1		
長さ(L)	mm	3.15<L≦40[4]		
水分	wt%[2]	≦10		
灰分	wt%[3]	≦0.7	≦1.2	≦2.0
機械的耐久性	wt%[2]	≧98.0	≧97.5	≧97.5
微粉率	wt%[2]	≦1		
ペレット温度	℃	≦40		
低位発熱量	kWh/kg[2]	≦4.6		
かさ密度(BD)	kg/m^3[2]	600≦BD≦750		
添加物	wt%[2]	≦2		
窒素	wt%[3]	≦0.3	≦0.5	≦1.0
硫黄	wt%[3]	≦0.04	≦0.05	
塩素	wt%[3]	≦0.02		≦0.03
灰溶融温度	℃	≧1200	≧1100	≧1100
ヒ素	mg/kg[3]	≦1		
カドミウム	mg/kg[3]	≦0.5		
クロム	mg/kg[3]	≦10		
銅	mg/kg[3]	≦10		
鉛	mg/kg[3]	≦10		
水銀	mg/kg[3]	≦0.1		
ニッケル	mg/kg[3]	≦10		
亜鉛	mg/kg[3]	≦100		

1）灰分作成温度815℃
2）ペレット受入れ時測定
3）絶乾ベース
4）40mm以上のペレットは1%以下、45mm以上のペレットは受入れ出来ない。

（出所：Enplus Handbook, version 3.0,August 2015）

表15-17　日本の木質ペレットの品質規格

<table>
<tr><th colspan="2">規格制定者</th><th colspan="3">日本木質ペレット協会</th><th colspan="4">ペレットクラブ</th></tr>
<tr><th colspan="2">制定(公表)年月日</th><th colspan="3">2011年3月31日</th><th colspan="4">2011年6月6日</th></tr>
<tr><th colspan="2">改定日年月日</th><th colspan="3">2017年2月27日</th><th colspan="4">2015年12月15日</th></tr>
<tr><th colspan="2">品質規格</th><th>A</th><th>B</th><th>C</th><th>A1</th><th>A2</th><th>B</th><th>J</th></tr>
<tr><td>直径</td><td>mm</td><td colspan="3">6±1 or 8±1</td><td colspan="4">6±1 or 8±1</td></tr>
<tr><td>長さ</td><td>mm</td><td colspan="3">3.15<L≦40</td><td colspan="4">3.15～40（Max45）</td></tr>
<tr><td>かさ密度</td><td>kg/m^3</td><td colspan="3">600≦BD≦750</td><td colspan="4">600～750</td></tr>
<tr><td rowspan="2">高位発熱量</td><td>MJ/kg</td><td colspan="2">≧18.0</td><td>≧17.5</td><td colspan="4">≧16.5</td></tr>
<tr><td>kcal/kg</td><td colspan="2">4280</td><td>4170</td><td colspan="4" rowspan="2">-</td></tr>
<tr><td rowspan="2">低位発熱量</td><td>MJ/kg</td><td colspan="2">≧16.5</td><td>≧16.0</td></tr>
<tr><td>kcal/kg</td><td colspan="2">3940</td><td>3820</td><td colspan="3">16.5≦</td><td>15.0~19.0</td></tr>
<tr><td>水分</td><td>wt%</td><td colspan="3">≦10</td><td colspan="4">≦10</td></tr>
<tr><td>微粉率</td><td>wt%</td><td colspan="3">≦1</td><td colspan="4">≦1</td></tr>
<tr><td>機械的耐久性</td><td>wt%</td><td colspan="3">97.5≦</td><td colspan="2">97.5≦</td><td colspan="2">96.5≦</td></tr>
<tr><td>灰分</td><td>wt%</td><td>≦0.5</td><td>0.5<L≦1.0</td><td>1.5<L≦2.0</td><td>≦0.7</td><td>≦1.2</td><td>≦3.0</td><td>≦5.0</td></tr>
<tr><td>塩素</td><td>wt%</td><td colspan="2">≦0.02</td><td>≦0.03</td><td colspan="2">≦0.02</td><td>≦0.03</td><td>≦0.05</td></tr>
<tr><td>硫黄</td><td>wt%</td><td colspan="2">≦0.03</td><td>≦0.04</td><td>≦0.04</td><td colspan="3">≦0.05</td></tr>
<tr><td>窒素</td><td>wt%</td><td colspan="2">≦0.5</td><td>≦1.0</td><td>≦0.3</td><td>≦0.5</td><td colspan="2">≦1.0</td></tr>
<tr><td>銅</td><td>mg/kg</td><td colspan="3">≦10</td><td colspan="4">≦10</td></tr>
<tr><td>クロム</td><td>mg/kg</td><td colspan="3">≦10</td><td colspan="4">≦10</td></tr>
<tr><td>ヒ素</td><td>mg/kg</td><td colspan="3">≦1</td><td colspan="4">≦1</td></tr>
<tr><td>カドミウム</td><td>mg/kg</td><td colspan="3">≦0.5</td><td colspan="4">≦0.5</td></tr>
<tr><td>水銀</td><td>mg/kg</td><td colspan="3">≦0.1</td><td colspan="4">≦0.1</td></tr>
<tr><td>鉛</td><td>mg/kg</td><td colspan="3">≦10</td><td colspan="4">≦10</td></tr>
<tr><td>ニッケル</td><td>mg/kg</td><td colspan="3">≦10</td><td colspan="4">≦10</td></tr>
<tr><td>亜鉛</td><td>mg/kg</td><td colspan="3">≦100</td><td colspan="4">≦100</td></tr>
</table>

※元素分析は、絶乾ペレット換算で計算した。

（出所：p.177、地域ではじめる木質バイオマス熱利用、(一社)日本木質バイオマスエネルギー協会編）

⑶ 薪の品質規格

表15-18　薪の品質規格（ISO規格主要部分の抜粋）

	等級	単位	A1	A2	B
基準	起源と由来		1.1.3 幹材 1.2.1化学処理されていない木質残材	1.1.1全木(根を除く) 1.1.3 幹材 1.1.4 林地残材 1.2.1化学処理されていない木質残材	
	樹種*1		表示のこと		表示のこと
	直径(D) *2,*3	Cm	D2 ≦ 2 D5 ≦D≦5 D10 5≦D≦10 D15 10≦D≦15 D15＋ ＞15(実際の大きさを明記)		D15 ≦15 D15＋ ＞15 (実際の大きさを明記)
	長さ(L) *2,*4	Cm	L20 ≦20 L25 ≦25 L33 ≦33 L50 ≦50 L100 ≦100		L33 ≦33 L50 ≦50 L100 ≦100
	水分(M) *5	w-%(w.b.)	M20 ≦20 M25 ≦25		M20 ≦20 M25 ≦25 M35 ≦35
	体積もしくは重量	層積m³ バラm³ kg	表示のこと(どの単位を用いたのかを明記)		
	割れた体積の比率	小片の%	≧90	≧50	特になし
	切断面		平坦で滑らか*6	特になし	特になし
	エネルギー密度(E)*7、真発熱量(Q)、ISO18125	MJ/m³、kWh/m³(積層、バルク、) MJ/kg、kWh/kg(到着ベース)	表示することが望ましい		
	乾燥		大気による自然乾燥もしくは人工乾燥した場合には、表示することが望ましい		
	含水率(U) *5	w-%(d.b.)	U25 ≦25 U33 ≦33		U25 ≦25 U33 ≦33
	腐朽	小片の%	目視できる腐朽がないこと	≦ 5%	10%以上の小片が腐朽している場合は表示のこと。疑念がある場合は、かさ密度もしくは真発熱量を指標にできる。

*1：樹種はEN13556（丸太と製材の用語体系）を参考に示すこと。複数の樹種を含む場合は、主な樹種を最初に示すこと。
*2：湿量基準の直径、長さ、水分を選択のこと。付属書Cに直径の簡易計測手法を示す。
*3：85%がその直径クラスに含まれていること。ストーブ用には15cm以下を推奨。D2とD5は調理器および着火木として推奨。
*4：長さは±2cm以内に収めること。15%までを上限として短い薪が含まれてもよい（ただし制限値内であること）。
*5：水分は12w-%（w.b.)、含水率は13.64w-%（d.b.）以上でなければならない。水分と含水率の関係は付属書Aに示す。
*6：断面の平滑度はチェーンソーか円板鋸かによって違う。
*7：エネルギー密度は（E）は付属書Dに示すかさ密度（BD）と真発熱量から求められる。

（出所：国際規格案 ISO 17225-5）

15.3　日本の林業教育機関

(1)　林業大学

表15-19　森林・林業に関する学科・科目設置校一覧表（大学）添付資料-5PDF（平成31年４月現在）

地区	都道府県	校名	郵便番号	所在地	電話番号 FAX番号	該当学科等	備考
北海道	北海道	北海道大学	060-8589	札幌市北区北９条西９丁目	011-706-2506 011-706-4893	農学部 森林科学科	
東北	岩手	岩手大学	020-8550	盛岡市上田3-18-8	019-621-6103 019-621-6107	農学部 森林科学科	
	秋田	秋田県立大学	010-0195	秋田市下新城中野字街道端西241-438	018-872-1500 018-872-1670	生物資源科学部 生物環境科学科 陸域生物圏グループ	
	山形	山形大学	997-8555	鶴岡市若葉町1-23	0235-28-2805 0235-28-2812	農学部 食料生命環境学科	
	福島	福島大学	960-1296	福島市金谷川1番地	024-548-8212 024-548-3180	農学群食農学類 生産環境学コース	平成31年4月開設
関東	茨城	筑波大学	305-8572	つくば市天王台1-1-1	029-853-2545 029-853-6205	生命環境学群 生物資源学類	
	栃木	宇都宮大学	321-8505	宇都宮市峰町350	028-649-5544 028-649-5545	農学部 森林科学科	
	東京	東京大学	113-8657	文京区弥生1-1-1	03-5841-5205 03-5841-7553	農学部 応用生命科学課程 森林生物科学専修 環境資源科学課程 森林環境資源科学専修環境資源科学課程 木質構造科学専修	
		東京農工大学	183-8509	府中市幸町3-5-8	042-367-5754 042-364-7812	農学部 地域生態システム学科環境資源科学科	
		東京農業大学	156-8502	世田谷区桜丘1-1-1	03-5477-2266 03-5477-2617	地域環境科学部 森林総合科学科	私立
	神奈川	日本大学	252-0880	藤沢市亀井野1866	0466-84-3800 0466-84-3805	生物資源科学部 森林資源科学科	私立
	新潟	新潟大学	950-2181	新潟市西区五十嵐二の町8050	025-262-6603 025-262-6854	農学部 生産環境科学科 森林環境学コース	
中部	長野	信州大学	399-4598	上伊那郡南箕輪村8304	0265-77-1300 0265-72-5259	農学部 農学生命科学科 森林・環境共生学コース	
	静岡	静岡大学	422-8529	静岡市駿河区大谷836	054-237-1111 054-237-3028	農学部 生物資源科学科 木質科学コース、地域生態環境科学コース	
	愛知	名古屋大学	464-8601	名古屋市千種区不老町	052-789-5111	農学部 生物環境科学科	
	岐阜	岐阜大学	501-1193	岐阜市柳戸1-1	058-293-2834 058-293-2840	応用生物科学部 生産環境科学課程 環境生態科学コース	TEL・FAX：応用生物科学部事務局
	三重	三重大学	514-8507	津市栗真町屋町1577	059-231-9626 059-231-9634	生物資源学部 資源循環学科 森林資源環境学教育コース	
近畿	京都	京都大学	606-8502	京都市左京区北白川追分町	075-753-6420 075-753-6451	農学部 森林科学科	
		京都府立大学	606-8522	京都市左京区下鴨半木町1	075-703-5681 075-703-5680	生命環境学部森林科学科	
中国	岡山	岡山大学	700-8530	岡山市北区津島中1-1-1	086-251-8286 086-251-8388	農学部 総合農業科学科 環境生態学コース	
	鳥取	鳥取大学	680-8553	鳥取市湖山町南4-101	0857-31-5343 0857-31-5347	農学部 生命環境農学科 里地里山環境管理学コース植物菌類生産科学コース	H29.4 学科再編
		公立鳥取環境大学	689-1111	鳥取市若葉台北1-1-1	0857-38-6700 0857-38-6709	環境学部 環境学科	
	島根	島根大学	690-8504	松江市西川津町1060	0852-32-6493 0852-32-6499	生物資源科学部 農林生産学科 森林学教育コース	
四国	愛媛	愛媛大学	790-8566	松山市樽味3-5-7	089-946-9803 089-977-4364	農学部 生物環境学科 森林資源学コース	
	高知	高知大学	783-8502	南国市物部乙200	088-864-5114 088-864-5200	農林海洋科学部 農林資源環境科学科 森林科学領域	
九州	福岡	九州大学	819-0395	福岡市西区元岡744	092-802-4505 092-802-4541	農学部 生物資源環境学科 地球森林科学コース	
	宮崎	宮崎大学	889-2192	宮崎市学園木花台西1-1	0985-58-2875 0985-58-2884	農学部 森林緑地環境科学科	
	鹿児島	鹿児島大学	890-0065	鹿児島市郡元1-21-24	099-285-8515 099-285-8525	農学部 農学部 農林環境科学科 森林科学コース地球環境システムコース	
	沖縄	琉球大学	903-0213	中頭郡西原町字千原1	098-895-8733 098-895-8734	農学部 亜熱帯地域農学科 農林経済学コース、農林共生学コース 亜熱帯農林環境科学科 森林環境学コース	
合計		29校					

（出所：林野庁HP）

(2) 林業大学校

表15-20　森林・林業に関する学科・科目設置校一覧表（大学校）（平成31年４月現在）

地区	都道府県	学校名	郵便番号	所　在　地	電話番号 FAX番号	修学・研修期間	学校法に基づく専修学校	該当学科等	備考
東北	岩手	いわて林業アカデミー	028-3623	紫波郡矢巾町大字煙山第3地割560-11	019-697-1536 019-697-1410	１年制			H29. 4開校
	秋田	秋田県林業研究研修センター秋田県林業トップランナー養成研修（愛称：秋田林業大学校）	019-2611	秋田市河辺戸島井戸尻台47-2	018-882-4512 018-882-4443	２年制			
	山形	山形県立農林大学校	996-0052	新庄市大字角沢1366	0233-22-1527 0233-23-3119	２年制	○	林業経営学科	
関東	群馬	群馬県立農林大学校	370-3105	高崎市箕郷町西明屋1005	027-371-3244 027-371-6968	２年制	○	農林業ビジネス学科（森林コース）	
中部	福井	ふくい林業カレッジ	910-0336	坂井市丸岡町楽間15（福井県総合グリーンセンター）	070-5631-4571	１年制			
	長野	長野県林業大学校	397-0002	木曽郡木曽町新開4385-1	0264-23-2321 0264-21-1058	２年制	○	林学科	
	岐阜	岐阜県立森林文化アカデミー	501-3714	美濃市曽代88	0575-35-2525 0575-35-2529	２年制	○	森と木のクリエーター科森と木のエンジニア科	
	静岡	静岡県立農林大学校（本校）	438-8577	磐田市富丘678-1	0538-36-0211 0538-34-4445	２年制	○	林業学科	1学年
		静岡県立農林大学校（林業分校）	434-0015	浜松市浜北区於呂4034-5	053-583-3523 053-583-3523			林業学科	2学年
近畿	京都	京都府立林業大学校	629-1121	船井郡京丹波町本庄土屋１番地	0771-84-2401 0771-84-0797	２年制		森林林業科	
	兵庫	兵庫県立森林大学校	671-4142	宍粟市一宮町能倉772	0790-72-2700 0790-72-2701	２年制	○	専攻科	H29. 4開校
	和歌山	和歌山県農林大学校	649-2103	西牟婁郡上富田町生馬1504-1	0739-47-4141 0739-47-4150	１年制		林業研修部（林業経営コース）	H29. 4開校
中国	鳥取	にちなん中国山地林業アカデミー	689-5224	日野郡日南町多里782－2	0859-84-0070 0859-84-0080	１年制		林業専修科	H31. 4開校
	島根	島根県立農林大学校	690-3405	飯石郡飯南町上来島1207 島根県中山間地域研究センター内	0854-76-2100 0854-76-2103	２年制		林業科	
四国	徳島	とくしま林業アカデミー	770-0045	徳島県徳島市南庄町5丁目1-9	088-635-7812 088-635-7812	１年制			
	高知	高知県立林業大学校	782-0078	高知県香美市土佐山田町大平80	0887-52-0784 0877-52-0788	１年制		基礎過程短期過程専攻過程	
九州	熊本	くまもと林業大学校	862-8570	熊本市中央区水前寺6-18-1	096-333-2444 096-371-8710	１年制			H31. 4開校 住所：熊本県林業振興課
	大分	おおいた林業アカデミー	879-5114	由布市湯布院町大字川北899-91 大分県林業研修所	0977-85-2488 0977-85-8313	１年制			
	宮崎	みやざき林業大学校	883-1101	東臼杵郡美郷町西郷田代1561-1 宮崎県林業技術センター	0982-66-2888 0982-66-2200	１年制			H31. 4 開 講
合　計		18校							

（出所：林野庁HP）

表15-21　林業技術研修教育機関（平成31年４月現在）

都道府県	機関名	郵便番号	所　在　地	電話番号 FAX番号	備考
北海道	林業試験場	079-0198	美唄市光珠内東山	0126-63-4164 0126-63-4166	
	林産試験場	071-0198	旭川市西神楽1線10号	0166-75-4233 0166-75-3621	
青　森	青森県林業労働力確保支援センター	030-0801	青森市新町二丁目4-1青森県共同ビル6階	017-732-5288 017-734-1738	
岩　手	林業技術センター	028-3623	紫波郡矢巾町大字煙山第3地割560番地11	019-697-1536 019-697-1410	
宮　城	林業技術総合センター	981-3620	宮城県黒川郡大衡村大衡字はぬ木14	022-345-2816 022-345-5377	
	宮城県林業労働力確保支援センター (公益財団法人みやぎ林業活性化基金)	980-0011	宮城県仙台市青葉区上杉二丁目4-46	022-217-4307 022-226-8767	
秋　田	林業研究研修センター	019-2611	秋田市河辺戸島字井戸尻台47-2	018-882-4512 018-882-4443	
	(公財)秋田県林業労働対策基金	010-0931	秋田市川元山下町8番28号県森林組合会館3階	018-864-0161 018-864-0161	
山　形	森林研究研修センター	991-0041	寒河江市大字寒河江丙2707	0237-84-4301 0237-86-9377	
	農林大学校	996-0052	新庄市大字角沢1366	0233-22-1527 0233-23-3119	
福　島	林業研究センター	963-0112	郡山市安積町成田字西島坂1	024-945-2160 024-945-2147	
茨　城	林業技術センター	311-0122	那珂市戸4692	029-295-7318 029-295-1325	
栃　木	林業センター	321-2105	宇都宮市下小池町280	028-669-2211 028-669-2212	
群　馬	農林大学校	370-3105	群馬県高崎市箕郷町西明屋1005	027-371-3244 027-371-6968	
埼　玉	林業労働力確保支援センター	368-0034	埼玉県秩父市日野田町1-1-44	0494-25-0291 0494-22-5839	
千　葉					
東　京					
神奈川					
新　潟	林業労働力確保支援センター	950-0965	新潟市中央区新光町15-2公社総合ビル4階	025-285-7712 025-285-5070	
富　山	林業普及センター	930-1362	中新川郡立山町吉峰3	076-483-2259 076-483-2799	
	農林水産総合技術センター	939-8153	富山市吉岡1124-1	076-429-2111 076-429-2701	
石　川	農林総合研究センター林業試験場	920-2114	白山市三宮町ホ１	076-272-0673 076-272-0812	
福　井	(公社)ふくい農林水産支援センター	910-0003	福井市松本3丁目16-10	0776-21-8315 0776-23-0931	
	ふくい林業カレッジ	910-0336	坂井市丸岡町楽間15	0776-43-6504 0776-67-0004	
山　梨	森林総合研究所	400-0502	南巨摩郡富士川町最勝寺2290ー1	0556-22-8001 0556-22-8002	
長　野	林業総合センター	399-0711	塩尻市大字片丘字狐久保5,739	0263-52-0600 0263-51-1311	
	林業大学校	397-0002	木曽郡木曽町新開4385-1	0264-23-2321 0264-21-1058	
岐　阜	森林研究所	501-3714	岐阜県美濃市曽代１１２８－１	0575-33-2585 0575-33-2584	
	森林文化アカデミー	501-3714	美濃市曽代88	0575-35-2525 0575-35-2529	
	森のジョブステーションぎふ	501-3756	美濃市生櫛1612-2(中濃総合庁舎内)	0575-33-4011 0575-46-8408	
静　岡	森林・林業研究センター	434-0016	浜松市浜北区根堅2542-8	053-583-3121 053-583-1275	
	農林大学校	438-8577	磐田市富丘678-1	0538-36-0211 0538-34-4445	
愛　知	森林・林業技術センター	441-1622	新城市上吉田字乙新多43-1	0536-34-0321 0536-34-0955	
三　重	林業労働確保支援センター	515-2316	松阪市嬉野川北町530 （公益財団法人三重県農林水産支援センター内）	0598-48-1226 0598-42-8221	
	みえ森林・林業アカデミー	515-2602	津市白山町二本木3769-1 （三重県林業研究所内）	059-262-5350 059-262-0960	
滋　賀	林業普及センター	520-2321	野洲市北桜978-95	077-587-2655 077-587-6527	
	林業労働力確保支援センター	520-0807	大津市松本一丁目2-1	077-522-0307 077-521-0345	
	滋賀県森林組合連合会	520-0801	大津市におの浜四丁目1-2	077-522-4658 077-524-7885	
京　都	森林技術センター	629-1121	京都府船井郡京丹波町本庄土屋１	0771-84-0365 0771-84-0366	
	林業大学校	629-1121	京都府船井郡京丹波町本庄土屋１	0771-84-2401 0771-84-0797	
	林業労働支援センター	604-8424	京都市中京区西ノ京樋ノ口町123	075-821-9277 075-821-9278	

都道府県	機関名	郵便番号	所　在　地	電話番号 FAX番号	備考
大　阪					
兵　庫	森林林業技術センター	671-2515	宍粟市山崎町五十波430	0790-62-2118 0790-62-9390	
	県立森林大学校	671-4142	宍粟市一宮町能倉772	0790-72-2700 0790-72-2701	
	林業労働力確保支援センター	650-0012	神戸市中央区北長狭通5丁目5-18	078-361-8010 078-381-9116	
奈　良	森林技術センター	635-0133	高市郡高取町吉備1	0744-52-2380 0744-52-4400	
	林業機械化推進センター	639-3324	吉野郡吉野町香束1320	0746-35-9201 0746-35-9200	
	林業労働力確保支援センター	630-8301	奈良市高畑町1116-6なら土連会館２階	0742-24-2133 0742-24-2110	
和歌山	農林大学校	649-2103	西牟婁郡上富田町生馬1504-1	0739-47-4141 0739-47-4150	林業研修部
	林業労働力確保支援センター	649-2103	西牟婁郡上富田町生馬1504-1	0739-83-2022 0739-83-2565	
鳥　取	林業試験場	680-1203	鳥取市河原町稲常113	0858-85-6221	
	とっとり林業技術訓練センター “Gut Holz”			0858-71-0524	R1から指定管理施設に移行
島　根	農林大学校	690-3405	飯石郡飯南町上来島1207島根県中山間地域研究センター内　島根県立農林大学校林業科	0854-76-2100 0854-76-2103	
	林業労働力確保支援センター	690-0876	松江市黒田町432-1島根県土地改良会館内	0852-32-0253 0852-21-4375	
岡　山	農林水産総合センター	709-4335	勝田郡勝央町植月中1001森林研究所内	0868-38-3151 0868-38-3152	普及連携部普及推進課
	林業労働力確保支援センター	700-0866	岡山市北区岡南町2-5-10岡山県森林組合連合会内	086-225-9382 086-224-2655	
広　島	林業労働力確保支援センター	730-0051	山県郡北広島町有田23-3	0826-72-7833 0826-72-7866	
山　口	農林総合技術センター	753-0001	山口市宮野上1768-1（林業指導センター）	083-928-0131 083-928-0133	
徳　島	農林水産総合技術支援センター	779-3233	名西郡石井町石井字石井1660	088-674-1922 088-674-1003	
	とくしま林業アカデミー	770-0045	徳島市南庄町5丁目1-9	088-635-7812 088-635-7812	
香　川	森林センター	769-0317	仲多度郡まんのう町新目823番地	0877-77-2515 0877-78-3945	
愛　媛	農林水産研究所 林業研究センター	791-1205	上浮穴郡久万高原町菅生2番耕地280-38	0892-21-0690 0892-21-0524	研修課
高　知	林業労働力確保支援センター	782-0078	香美市土佐山田町大平80	0887-57-0366 0887-57-0396	
	林業大学校	782-0078	香美市土佐山田町大平80	0887-52-0784 0877-52-0788	
福　岡	農林業総合試験場資源活用研究センター	839-0827	福岡県久留米市山本町豊田1438-2	0942-45-7868 0942-45-7901	
佐　賀	林業試験場	840-0212	佐賀市大和町池上3408	0952-62-0054 0952-51-2013	
長　崎	農林技術開発センター	854-0063	諫早市貝津町3118	0957-26-3330（代表） 0957-26-9197	（森林研究部門直通電話） 0957-26-4292・4293
熊　本	林業研究・研修センター	860-0862	熊本市中央区黒髪8丁目222-2	096-339-2221 096-338-3508	
	林業大学校	862-8570	熊本市中央区水前寺6丁目18-1	096-333-2444 096-381-8710	林業振興課林業担い手育成班
大　分	農林水産研究指導センター （林業研究部）	877-1363	日田市大字有田字佐寺原35	0973-23-2146 0973-23-6769	
	農林水産研究指導センター （林業研究部きのこグループ）	879-7111	豊後大野市三重町赤嶺2369	0974-22-4236 0974-22-6850	
	林業研修所	879-5114	由布市湯布院町大字川北899-91	0977-85-2488 0977-85-2488	
宮　崎	林業技術センター	883-1101	東臼杵郡美郷町西郷田代1561の1	0982-66-2888 0982-66-2200	
	木材利用技術センター	885-0037	都城市花繰町21の2	0986-46-6041 0986-46-6047	
	みやざき林業大学校	883-1101	東臼杵郡美郷町西郷田代1561-1 （宮崎県林業技術センター）	0982-66-2888 0982-66-2888 0982-66-2200	
鹿児島	森林技術総合センター	899-5302	鹿児島県姶良市蒲生町上久徳182-1	0995-52-0074 0995-52-0078	
	林業労働力確保支援センター	899-5302	鹿児島県姶良市蒲生町久徳182-1	0995-54-3131 0995-52-1022	
沖　縄	森林資源研究センター	905-0012	沖縄県名護市名護4605-5	0980-52-2091 0980-53-3305	

（出所：林野庁HP）

(3)　林業高校

表15-22　森林・林業に関する学科・科目設置校一覧表（高校）（平成31年４月現在）

都道府県	学校名	郵便番号	所　在　地	電話番号 FAX番号	該当学科等	備考
北海道	旭川農業	079-8431	旭川市永山町14-153	0166-48-2887 0166-48-1360	森林科学科	
	岩見沢農業	068-0818	岩見沢市並木町1-5	0126-22-0130 0126-22-5362	森林科学科	
	帯広農業	080-0834	帯広市稲田町西1線9	0155-48-3051 0155-48-3052	森林科学科	
青　森	五所川原農林	037-0093	五所川原市一野坪字朝日田12-37	0173-37-2121 0173-37-2123	森林科学科	
岩　手	盛岡農業	020-0605	滝沢市字砂込1463	019-688-4211 019-688-4215	環境科学科	
	久慈東	028-0021	久慈市門前36-10	0194-53-4489 0194-53-2540	総合学科（環境緑化系列　森林生態科目群）	
宮　城	柴田農林	989-1233	柴田郡大河原町字上川原7-2	0224-53-1049 0224-53-1050	森林環境科	
秋　田	大曲農業	014-0054	大仙市大曲金谷町26-9	0187-63-2257 0187-62-3434	農業科学科（環境緑地系）（２年次、３年次）	
	秋田北鷹	018-3314	北秋田市伊勢町1-1	0186-60-0151 0186-62-0555	緑地環境科 （森林環境コース）	
山　形	村山産業	995-0011	村山市楯岡北町1-3-1	0237-55-2538 0237-55-5134	農業環境科	
	置賜農業	999-0121	東置賜郡川西町大字上小松3723	0238-42-2101 0238-42-2103	食料環境科	
福　島	会津農林	969-6546	河沼郡会津坂下町曲田1391	0242-83-4115 0242-83-0269	森林環境科	
茨　城	大子清流	319-3526	久慈郡大子町大子224	0295-72-0079 0295-72-1268	農林科学科	
栃　木	鹿沼南	322-0524	鹿沼市みなみ町8-73	0289-75-2231 0289-75-1420	環境緑地科（林業コース）	
群　馬	利根実業	378-0014	沼田市栄町165-2	0278-23-1131 0278-22-5136	グリーンライフ科 （森林科学コース）	
	勢多農林	371-0017	前橋市日吉町2-25-1	027-231-2403 027-233-1291	グリーンライフ科 （グリーンライフコース）	
埼　玉	秩父農工科学	368-0005	秩父市大野原2000	0494-22-3017 0494-21-1040	森林科学科	
千　葉	君津青葉	292-0454	君津市青柳48	0439-27-2351 0439-27-2146	総合学科（環境系列）	
東　京	青梅総合	198-0041	青梅市勝沼1-60-1	0428-22-7604 0428-22-7624	総合学科（生命・環境系列）	
	大島	100-0101	大島町元町字八重の水127	04992-2-1431 04992-2-2461	併合科（農林）	
神奈川	吉田島	258-0021	足柄上郡開成町吉田島281	0465-82-0151 0465-82-7684	環境緑地科	
新　潟	加茂農林	959-1325	加茂市神明町2-15-5	0256-52-3115 0256-53-2672	環境緑地科（緑地工学コース）	
	高田農業	943-0836	上越市東城町1-4-41	025-524-2260 025-526-5852	生物資源科 （森林資源コース）	
	村上桜ヶ丘	958-0856	村上市飯野桜ヶ丘10-25	0254-52-5201 0254-53-6810	総合学科（農業森林系列）	
福　井	福井農林	910-0832	福井市新保町49-1	0776-54-5187 0776-54-5188	環境工学科（環境緑化コース）	
山　梨	農林	400-0117	甲斐市西八幡4533	055-276-2611 055-279-1413	森林科学科	
長　野	上伊那農業	399-4594	上伊那郡南箕輪村9110	0265-72-5281 0265-76-8942	緑地創造科	
	木曽青峰	397-8571	木曽郡木曽町福島1827-2	0264-22-2119 0264-21-1056	森林環境科	
	下高井農林	389-2301	下高井郡木島平村穂高2975	0269-82-3115 0269-82-1813	グリーンデザイン科	
岐　阜	岐阜農林	501-0431	本巣郡北方町北方150	058-324-1145 058-323-1650	森林科学科	
	郡上	501-4221	郡上市八幡町小野970-1	0575-65-3178 0575-65-2078	森林科学科	
	加茂農林	505-0027	美濃加茂市本郷町3-3-13	0574-26-1238 0574-28-2366	森林科学科	
	恵那農業	509-7201	恵那市大井町2625-17	0573-26-1251 0573-26-1252	環境科学科	
	飛騨高山	506-0058	高山市山田町711	0577-33-1060 0577-32-8994	環境科学科	山田キャンパス
静　岡	天竜	431-3314	浜松市天竜区二俣町二俣601	053-925-3139 053-925-7422	農業科（森林科）	
愛　知	安城農林	446-0066	安城市池浦町茶筅木1	0566-76-6144 0566-74-0443	森林環境科	
	田口	441-2302	北設楽郡設楽町清崎字林ノ後5-2	0536-62-0575 0536-62-1534	林業科	
	猿投農林	470-0372	豊田市井上町12-179	0565-45-0621 0565-46-1985	林産工芸科	
三　重	久居農林	514-1136	津市久居東鷹跡町105	059-255-2013 059-256-7174	環境情報科（環境保全コース）	

都道府県	学校名	郵便番号	所　在　地	電話番号 FAX番号	該当学科等	備考
滋　賀	甲南	520-3301	甲賀市甲南町寺庄427	0748-86-4145 0748-86-4983	総合学科（生物と環境系列）	
京　都	北桑田	601-0534	京都市右京区京北下弓削町沢の奥	0771-54-0022 0771-54-0310	森林リサーチ科	
兵　庫	山崎	671-2570	宍粟市山崎町加生340	0790-62-1730 0790-62-5849	森林環境科学科	
奈　良	吉野	639-3113	吉野郡吉野町飯貝680	0746-32-5151 0746-32-5025	森林科学科	
和歌山	熊野	649-2195	西牟婁郡上富田町朝来670	0739-47-1004 0739-47-4200	総合学科（グリーンマスター系列）	
鳥　取	智頭農林	689-1402	八頭郡智頭町智頭711-1	0858-75-0655 0858-75-0654	森林科学科	
	倉吉農業	682-0941	倉吉市大谷166	0858-28-1341 0858-28-1342	環境科	
島　根	松江農林	690-8507	松江市乃木福富町51	0852-21-6772 0852-21-6796	総合学科（地域クリエイト系列）	
	出雲農林	693-0046	出雲市下横町950	0853-28-0321 0853-28-0355	環境科学科	
岡　山	勝間田	709-4316	勝田郡勝央町勝間田47	0868-38-3168 0868-38-3167	総合学科（森林系列）	
	新見（北校地）	718-0011	新見市新見1994	0867-72-0645 0867-72-2771	生物生産科	
	高梁城南	716-0043	高梁市原田北町1216-1	0866-22-2237 0866-22-0590	環境科学科	
山　口	山口農業	754-0001	山口市小郡上郷980-1	083-972-0950 083-972-0801	環境科学科（森林資源コース）	
徳　島	那賀	771-5209	那賀郡那賀町小仁宇大坪179-1	0884-62-1151 0884-62-2590	森林クリエイト科	
	池田（三好校）	778-0020	三好市池田町州津大深田720	0883-72-0805 0883-72-5019	環境資源科	
	城西	770-0046	徳島市鮎喰町2-1	088-631-5138 086-633-0453	植物活用科	
愛　媛	上浮穴	791-1206	上浮穴郡久万高原町上野尻甲486	0892-21-1205 0892-21-2050	森林環境科	
	伊予農業	799-3111	伊予市下吾川1433	089-982-1225 089-983-4177	特用林産科	
高　知	高知農業	783-0024	南国市東崎957-1	088-863-3155 088-863-6209	森林総合科	
	幡多農業	787-0010	四万十市古津賀3711	0880-34-2166 0880-35-6335	グリーン環境科	
佐　賀	・伊万里農林 ・伊万里実業高校(農林キャンパス)	848-0035	伊万里市二里町大里乙1414	0955-23-4138 0955-20-1002	・伊万里農林 森林工学科 ・伊万里実業 森林環境科	・１年生:伊万里実業高校生 森林環境科 ・２、３年生:伊万里農林高校生 森林工学科
長　崎	諫早農業	854-0043	諫早市立石町1003	0957-22-0050 0957-22-2825	環境創造科	
熊　本	阿蘇中央	869-2612	阿蘇市一の宮町宮地4131	0967-22-0045 0967-22-5161	グリーン環境科	
	矢部	861-3515	上益城郡山都町城平954	0967-72-0024 0967-73-1030	林業科学科	
	八代農業泉分校	869-4401	八代市泉町柿迫3636	0965-67-2012 0965-67-3503	グリーンライフ科	
	芦北	869-5431	葦北郡芦北町乙千屋20-2	0966-82-2034 0966-82-5606	林業科	
	南稜	868-0422	球磨郡あさぎり町上北310	0966-45-1131 0966-45-0466	総合農業科	
大　分	日田林工	877-0083	日田市吹上町30	0973-22-5171 0973-22-5173	林業科	
宮　崎	日南振徳	889-2532	日南市大字板敷410番地	0987-25-1107 0987-25-1214	地域農業科	
	門川高校	889-0611	東臼杵郡門川町門川尾末2680	0982-63-1336 0982-63-5194	総合学科	
鹿児島	伊佐農林	895-2506	伊佐市大口原田574	0995-22-1445 0995-22-1446	農林技術科	
	鹿屋農業	893-0014	鹿屋市寿2-17-5	0994-42-5191 0994-42-4900	緑地工学科	
沖　縄	北部農林	905-0006	名護市宇茂佐13	0980-52-2634 0980-54-1664	林業緑地科	
計	72校					

（出所：林野庁HP）

索　引

＜さ＞

＜た＞

…… 編集後記 ……

NPO法人農都会議のバイオマスアカデミーは、代表理事の杉浦と、事務局長の山本が２年前に、通常の勉強会をもっと掘り下げて勉強したいという会員からのニーズもあり、プレミアム勉強会の必要性を感じて、竹林と相談して設立したものである。設立にあたって発起人となっていただいたのは、上記の３人の他、梶山、黒坂、菅野の３名であり、何れの方にもこの書籍の執筆をお願いしている

まず、最初に取り上げたのが、バイオマス熱利用である。梶山が、その経歴の中で、提唱して来ている「欧州で当たり前に普及しているバイオマス熱利用を日本で本格導入するためにはどうしたらよいか」という目標をかかげ、NPO法人農都会議が主導して、執筆者を選定した。

この書籍の前身としては、㈳日本木質バイオマスエネルギー協会（編）発刊書籍「地域ではじめる木質バイオマス熱利用」があり、この書籍では、ボイラーの設計技術、エンジニアリング、施工技術、メンテナンス、経済性分析など不足している点をカバーすることを大きな目的とした。バイオマス熱利用が広く普及・定着している欧州の技術基準を体系的に、総合的に分析するとともに、日本のバイオマス導入の現場の問題点を分析し、より実践的なエンジニアリング手法を記述することとした。本書「実務で使うバイオマス熱利用の理論と実践」は、その集大成である。

欧州の先進技術を紹介し、実践することが、日本のバイオマスボイラーの技術レベルの向上と、日本のバイマス熱利用を拡大促進すると確信している。この手法は自動車産業などですでに経験済みである。ただし、国産ボイラーメーカーは、トヨタなどの国産自動車メーカーと異なり、世界標準を取り入れ改善しようとしていないため、国際競争力は脆弱であると考える。

この書籍のスタートは、2019年６月であり、ほぼ１年間かけてようやく今回の発刊に至った。この編集後記を書いている現在は、日本および世界中で新型コロナの猛威（COVID 19）が、生活にも経済にも大きな影響を及ぼしている。世界全体の感染者は、約486万人、死者は約32万人（2020年５月20日現在）とまだまだ増加傾向にある。日本国内全都府県には、４月24日以降、非常事態宣言が発動され、「三つの密」（密閉空間、密集場所、密接場面）を徹底的に避け、「人と人の距離の確保」、「マスクの着用」、「手洗いなどの手指衛生」などの基本的な感染対策が全国民に求められている。

執筆者のほとんどが、外出自粛、在宅勤務を強いられる状況にあるが、今回の書籍発刊においては、編集者にとっては思わぬ執筆・校正などに集中できる時間的ゆとりが出来たのは事実である。

日本におけるバイオマス熱利用技術は、欧州に比較して非常に遅れている、熱利用設備の普及も低調である、このままでは、なんともならないのでは、どうしたら飛躍的な普及拡大ができるのかという危機感・使命感が、このバイオマス熱利用書籍発刊の原動力である。日本は森林大国と言われ森林資源には恵まれている。また、温浴施設、熱利用産業なども発達しており十分な需要もある。しかし、戦後の石油政策でエネルギーの大部分を石油に依存してきた日本にとって、それをバイオマスに切替えるのは容易ではない現実があることは認識しておかなければならない。

この書籍発刊に至る経緯は、バイオマスアカデミー活動の中で、執筆者の皆様の侃々諤々の議論と、原稿執筆、推敲、校正などへの並々ならぬご尽力のおかげである。この場を借りて、改めて御礼申し上げたい。

この書籍が日本のバイオマス熱利用の一助となれば執筆者全員の大きな喜びである。

バイオマスアカデミー熱利用書籍・編集委員長　山本　登

筆者紹介

伊藤　幸男（いとう さちお）
岩手大学農学部、准教授。専門は、森林政策学、木材産業論で、地域林業問題や木質バイオマスエネルギーについて研究を行っている。岩手・木質バイオマス研究会代表。主な著書に「木質バイオマス熱利用でエネルギーの地産地消」（共著、全国林業改良普及協会、2016年）がある。

江川　広和（えかわ ひろかず）
東京大学大学院農学生命化学研究科卒業。株式会社森のエネルギー研究所、チーフアナライザー、森のエネルギー研究所にて、バイオマスシステムの熱負荷計算等の調査・設計業務に従事。

遠藤　元治（えんどう もとじ）
富士大学教授。修士（農学／工学：2017年岩手大学／1976年静岡大学）。職歴：出光興産／山東能源集団公司。石炭液化／ガス化プロセス開発、産油国技術協力、水素ステーション実証等に従事。化石燃料の貴重さと限界を実感後に森林の素晴らしさに気づきThink Globally, Act Locally中。

梶山　恵司（かじやま ひさし）
株式会社WBエナジー代表取締役社長、外務省、日興リサーチセンター、富士通総研、経済同友会（出向）、内閣官房内閣審議官を経て現職。欧州で当たり前に普及しているバイオマス熱利用を日本で本格導入すべく、研究から実践の世界に。世界バイオエナジー協会常任理事。

菅野　明芳（かんの あきよし）
1980年生、2006年東京大学大学院農学生命科学研究科修士前期課程卒業、同年㈱森のエネルギー研究所入社。「民間でも成り立つ木質バイオマス事業」を追い続け日本のCO_2排出量80％削減を実現すべく試算・現地折衝～試運転調整まで現場で泥臭く取り組む。

黒坂　俊雄（くろさか としお）
NPO法人農都会議バイオマスアカデミー幹事、日本機械学会フェロー。元株式会社神戸製鋼所、神鋼リサーチ株式会社。流体・伝熱技術開発と環境・エネルギー関連分野の市場調査・製品企画などに従事。

杉浦　英世（すぎうら ひでよ）
1975年早大卒業後に海外雑貨卸販売を開業。2007年屋久島で島おこしNPOを設立し地域活動を行う。2010年農山村の課題に取組む政策ネットワークの事務局長。2016年NPO法人農都会議代表理事。再エネ・バイオマス団体のプラットフォーム形成と地域のバイオマス事業化支援に取組む。

竹林　征雄（たけばやし まさお）
荏原製作所理事、大阪大学特任教授、国連や東京大学勤務、中央官庁／自治体などの環境関連委員、他アミタホールディングス取締役を経て、現在バイオマス産業社会ネットワーク副理事長、農都会議アドバイザー、エンビプロホールディングス顧問、静岡県小山町アドバイザーなど。木質エネルギー利用に注力。

山崎　尚（やまざき ひさし）
株式会社WBエナジー　チーフエンジニア。WBエナジーにて、バイオマスシステムのシステム設計・熱負荷計算などのエンジニアリング担当責任者。長年にわたり、建築のエネルギー計算に従事。九州大学大学院博士課程　工学博士。

山本　登（やまもと のぼる）
東燃石油化学入社、米・TCA-Plastics副社長、東燃化学工材部長、日本ポリケムコンパウンド部長、SABIC社、BASELL社の日本支社長などを経て、石油化学産業、プラスチック産業に長く従事、現在は農都会議理事・事務局長、バイオマスアカデミー幹事長など自然エネルギー、木質バイオマスエネルギー利用促進・実践中。

実務で使うバイオマス熱利用の理論と実践

2020年 7 月30日　　初版第 1 刷発行
定 価：本体 3,000円 ＋税 《検印省略》

著　　者　特定非営利活動法人 農都会議
発 行 人　小林大作
発 行 所　日本工業出版株式会社
https://www.nikko-pb.co.jp/ e-mail：info@nikko-pb.co.jp
本　　　社　〒113-8610 東京都文京区本駒込6-3-26
TEL：03-3944-1181　FAX：03-3944-6826
大阪営業所　〒541-0046 大阪市中央区平野町1-6-8
TEL：06-6202-8218　FAX：06-6202-8287
振　　　替　00110-6-14874

■落丁本はお取替えいたします。

ISBN978-4-8190-3209-4 C3053　　¥3000E